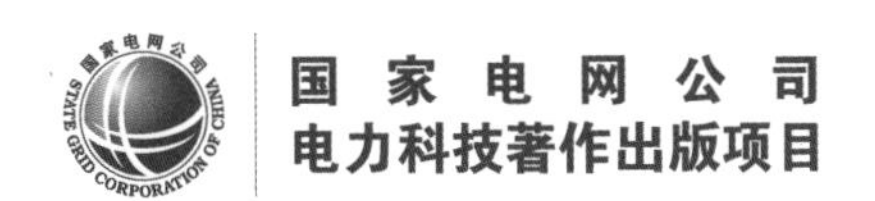

有载调容调压配电变压器技术与应用

盛万兴　王金丽 等　著

内 容 提 要

本书共六章，详细介绍了变压器调容调压原理、有载调容技术、有载调压技术、有载调容调压一体化设计与控制、有载调容调压配电变压器技术及其应用等内容，明确了选用要求，并给出了典型应用案例。本书系统全面，理论与实践相结合，内容深入浅出，语言通俗易懂，便于读者学习与掌握。

本书可供从事配电变压器设计、生产、运行、管理等领域的相关技术人员和管理人员学习使用，也可供高等院校相关专业的师生、研究人员等学习参考。

图书在版编目（CIP）数据

有载调容调压配电变压器技术与应用 / 盛万兴等著 . —北京：中国电力出版社，2022.12
ISBN 978-7-5198-7089-8

Ⅰ．①有…　Ⅱ．①盛…　Ⅲ．①配电变压器－研究　Ⅳ．① TM421

中国版本图书馆 CIP 数据核字（2022）第 184390 号

出版发行：中国电力出版社
地　　址：北京市东城区北京站西街 19 号（邮政编码 100005）
网　　址：http://www.cepp.sgcc.com.cn
责任编辑：刘丽平
责任校对：黄　蓓　郝军燕
装帧设计：赵丽媛
责任印制：石　雷

印　　刷：河北鑫彩博图印刷有限公司
版　　次：2022 年 12 月第一版
印　　次：2022 年 12 月北京第一次印刷
开　　本：787 毫米 ×1092 毫米　16 开本
印　　张：11.5
字　　数：241 千字
印　　数：0001—1000 册
定　　价：65.00 元

前　言

配电变压器是电网向用户供电的关键设备，仅中国挂网在运的就多达 1000 万台，量大面广，其安全、经济运行关乎国计民生、影响千家万户。一直以来，我国用电负荷普遍呈现峰谷差大、年平均负载率低等显著特征，常规配电变压器容量固定不可调节，无法与负荷变化相匹配。用电高峰时，易发生过载烧损事故；用电低谷时，配电变压器长时间轻、空载运行，空载损耗占比高、不经济。另外，传统无载调压方式需停电操作，影响供电可靠性，存在调节不及时、供电电压质量差等突出问题。近年来，分布式发电、电动汽车发展迅猛，发电间歇性强、用电峰谷差大的特征更加显著，配电变压器过载烧损、运行损耗高、电压越限等问题更加突出，因此，保障配电变压器安全、经济运行的需求更加迫切。

有载调容配电变压器是一种能够适应负荷变化，通过调容开关带载、快速切换高低压绕组接线方式，实现大小两种容量自动调节的新型变压器。用电高峰时大容量运行，避免配电变压器过载烧损；用电低谷时小容量运行，大幅降低空载损耗。而有载调容调压配电变压器则是对有载调容配电变压器进行了有载调压功能的集成与扩展，能够自动跟踪负荷变化进行容量方式匹配和电压调整，实现配电变压器安全、经济运行，并保障对用户的供电电压质量。供电企业和电力用户对有载调容调压配电变压器系列产品的功能、性能及应用效果逐步认可，但由于其成本价格要稍高于普通的配电变压器，如何获得较好的投入产出比是大家更加关心的问题。除了因不同厂家的生产设计工艺存在差异之外，其综合控制策略制定的科学性和应用场景选择的合理性，均对有载调容调压配电变压器的应用效果及效益产生较大影响。

本书作者自 2005 年开始研究配电变压器有载调容和调压的相关技术，并先后参与完成了国家科技支撑计划“农村新能源开发与节能关键技术研究”、北京市科技计划“未来科技城国网研究院区域配电智能化及综合节能技术示范应用”、国家电网公司计划“节能环保型变压器关键技术研究及产品研制”等项目，研发了有载调容配电变压器和有载调容调压配电变压器系列产品，在理论和工程实践等方面均积累了丰富经验。技术成果先后获得中国机械工业科学技术一等奖、北京市科学技术一等奖、国家科学技术进步奖二等奖。相关产品在 20 多个省市配电网低电压治理、“煤改电”等工程中得到应用，同时推广至石油、石化等领域，并已远销印度、印度尼西亚、埃塞俄比亚等国家。

本书围绕中国原创、世界首创的有载调容调压配电变压器技术，首次系统阐述了变压器调容调压基本原理、有载调容技术、无弧有载调压技术、有载调容调压一体化设计与控制、有载调容调压配电变压器应用技术等内容。同时，还结合作者所在攻关团队的经验积累与研判，对有载调容调压配电变压器技术的发展趋势与前景进行了展望。本书从基础理论、关键技术、工程应用以及经济社会效益等方面，深入分析了有载调容调压配电变压器关键技术与实际应用所涉及的热点与难点问题，希望能够为本领域的相关专家学者提供借鉴。

由于作者水平所限，书中不妥之处在所难免，敬请广大读者批评指正！

作　者

2022 年 11 月

目　录

第一章　变压器调容调压原理

第一节　变压器调容技术原理

一、变压器调容结构原理

变压器作为电网的核心设备，量大面广，其安全、可靠、经济运行性能一直备受关注。据统计，全国变压器总损耗约占系统发电量的10%；而在占电网总损耗60%～65%的中低压电网损耗中，配电变压器损耗约占70%。配电变压器长时间处于轻载和空载运行，导致空载损耗在电能损耗中占比较高，因此降低配电变压器的空载损耗具有较大的节能潜力。通过采用新材料、新技术、新结构、新工艺，配电变压器的技术性能水平不断提升。具有容量调节功能的配电变压器又称调容变压器，属于节能型配电变压器，为解决城乡负荷年平均负载率低、季节性强、空载损耗比例高等问题提供了新思路，成为近年来配电变压器节能技术研究的焦点之一。

截至目前，调容变压器的发展经历了无载调容无载调压型配电变压器、有载调容无载调压型配电变压器（简称有载调容配电变压器）、有载调容有载调压型配电变压器（简称有载调容调压配电变压器）三个主要阶段，后两种可统称为有载调容型变压器。无载调容无载调压型配电变压器因需停电进行大小容量方式和电压分接切换，所以一般只作季节性调整，期间负荷和电压有时会发生较大变化，因无法实时进行调整而发生变压器烧损事件，造成巨大损失。有载调容无载调压型配电变压器和有载调容调压配电变压器都具有一定的自适应负荷能力。有载调容配电变压器具有大、小两个容量，可根据实际负荷大小通过有载调容开关自动调节额定容量运行方式，降低空载损耗，但在实现调压功能时需停电进行人工操作，影响供电可靠性，只适于季节性调整，无法满足城乡电网电压波动频繁的需求。有载调容调压配电变压器能够自动跟踪判断实时负荷大小和电压偏移情况，自行实施调容和调压操作，极大发挥了变压器层级的降损节能潜力和电压调节作用。目前应用较为普遍的均为集成了有载调压功能的有载调容配电变压器，即有载调容调压配电变压器。

有载调容型变压器较适用于用户用电季节性强、具有明显的周期性特征、负荷波动大、用电相对集中且年平均负载率低的配电台区，或昼夜用电负荷差异较大的住宅小区和企事业单位以及分布式电源并网等。有载调容配电变压器和有载调容调压配电变压器在中国电力系统中均得到了小批量应用。

有载调容型变压器主要是通过结构设计来实现调容功能，较为成熟的技术方案是高压绕组星形-三角形变换、低压绕组串-并联变换，使变压器具有 3∶1 大小两种额定容量。大容量方式的绕组联结组别为 Dyn11，小容量方式的绕组联结组别为 Yyn0，通过高压绕组的星形-三角形变换，实现匝电压的改变；通过低压绕组的串-并联变换实现电压比不变。变压器有载调容实现原理如图 1-1 所示。

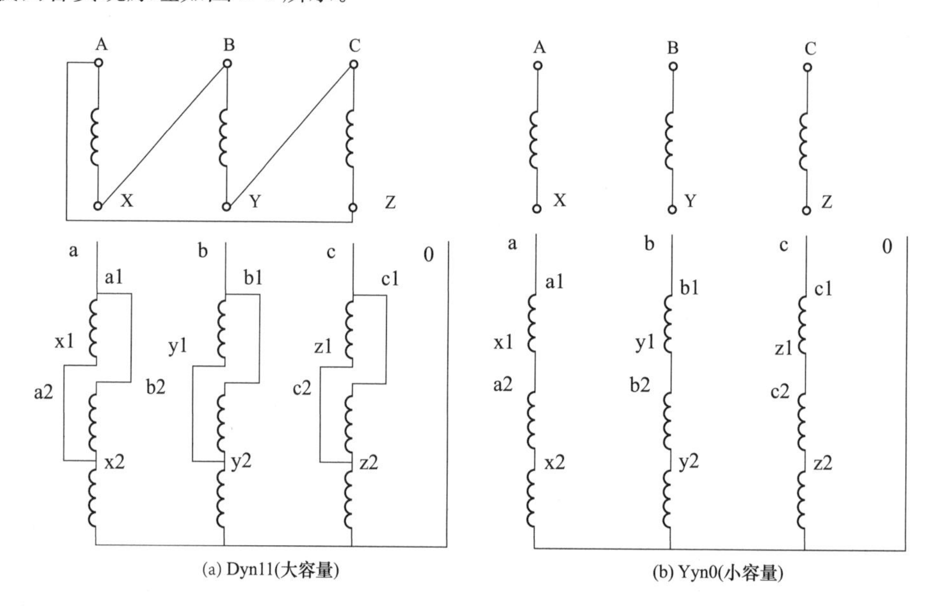

图 1-1　变压器有载调容实现原理

有载调容型变压器的低压绕组由三段组成，第Ⅰ段与第Ⅱ段截面相同，均为第Ⅲ段的 50%，第Ⅲ段绕组匝数占 27%，第Ⅰ段与第Ⅱ段并联时匝数为 73%。当变压器高压绕组为角形联结时，每相低压绕组的第Ⅰ段与第Ⅱ段并联再与第Ⅲ段串联，三相低压绕组为 y0 联结，此时变压器具有大额定容量，联结组为 Dyn11。当高压绕组为星形联结时，低压绕组的第Ⅰ段与第Ⅱ段由并联换成串联以维持原来的变压比，联结组为 Yyn0，此时变压器的容量减小为大额定容量的 1/3 左右，空载损耗和空载电流相应降低。有载调容型变压器内部结构原理如图 1-2 所示，X1、X2、X3、Y1、Y2、Y3、Z1、Z2、Z3 分别为高压绕组的电压分接抽头。

二、变压器调容控制原理

变压器有载调容控制架构包括有载调容控制器及配套设备（如计量和测量部分），如图 1-3 所示。

1. 调容控制功能

变压器调容开关档位分为两级：大容量档位和小容量档位；控制方式有手动控制和自

动控制两种，两种方式的投入与退出由定值整定来实现，且互为闭锁。

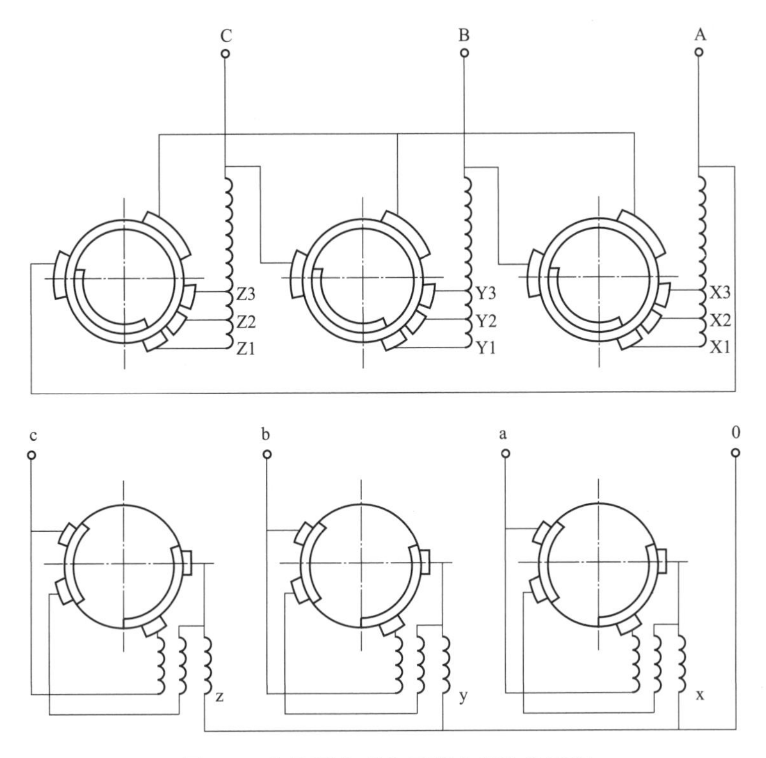

图 1-2　有载调容型变压器内部结构原理

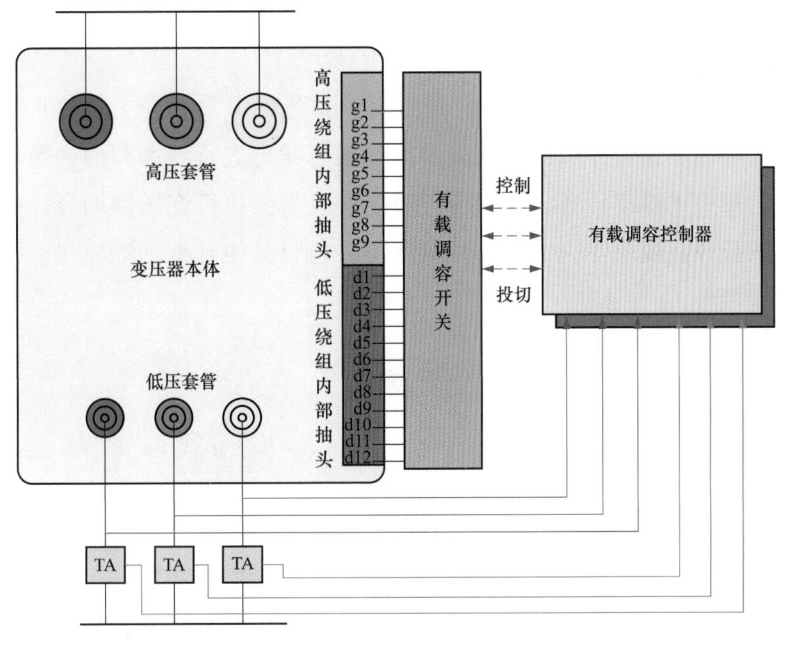

图 1-3　变压器有载调容控制架构

（1）自动控制方式。调容控制根据所采集到的相关数据进行综合分析判断，在保证不间断供电的情况下，合理调整变压器的运行容量方式，以减少变压器空载损耗，从而达到节能降损和改善供电质量的目的。

（2）手动控制方式。根据实际负荷状况，手动进行容量档位调整。

2. 有载调容控制器其他功能

除实现自动调容的基本功能外，还应具有相应参数的显示功能，如变压器相关运行电量参数、运行定值、控制对象的位置状态、控制装置和控制对象异常以及系统异常闭锁等参数的显示；以及相关闭锁功能，如变压器过流开关动作时闭锁，调容开关出现联调或拒动时闭锁并报警，控制装置自检异常时闭锁并报警等。有载调容总体控制流程如图 1-4 所示，图中控制器输入/输出用虚线表示，这是因为这些信号都进行了光电隔离。

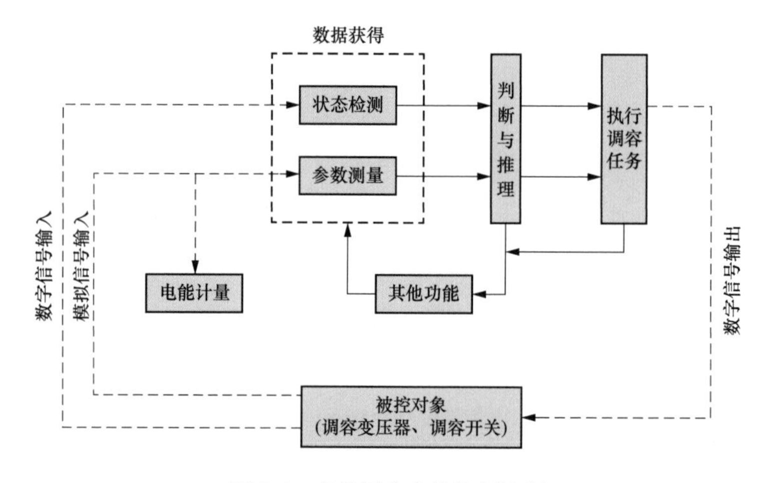

图 1-4　有载调容总体控制流程

控制器硬件结构框图如图 1-5 所示。通过对模拟量的采集和开关量的状态检测可以进行电能计量；还可以根据被控对象的相关参数和运行状态进行一系列的判断与推理，确定控制条件去执行相应的操作任务。如果条件满足并且需要执行变压器调容任务，则程序进入变压器容量调整任务模块，完成操作任务后再去执行其他辅助功能模块；否则，直接执行其他辅助功能模块。

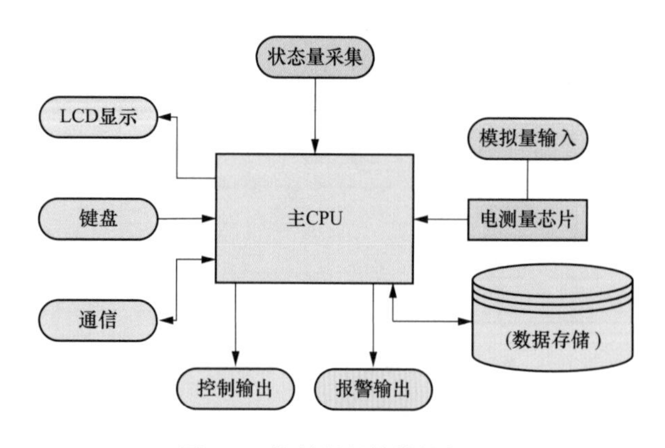

图 1-5　控制器硬件结构框图

3. 调容控制方法

根据采集的变压器低压侧总回路 A、B、C 三相电流计算并分析有载调容变压器低压侧总回路 A、B、C 三相平均电流 I_{sj}，根据 I_{sj} 和低压侧总回路 A、B、C 三相电流持续时间 t_R，进行额定容量运行方式调整控制。

（1）当满足 $I_{sj}>I_{zd}$，且 $t_R>t_{Rzd1}$ 时，通过控制有载调容开关，由小容量运行方式切换至大容量运行方式。其中，I_{zd} 为大小容量调整临界点的整定电流值；t_{Rzd1} 为小容量运行方式切换至大容量运行方式的延时调整时间整定值。

（2）当满足 $I_{sj}<I_{zd}$，且 $t_R>t_{Rzd2}$ 时，通过控制有载调容开关，由大容量运行方式切换至小容量运行方式。其中，t_{Rzd2} 为大容量运行方式切换至小容量运行方式的延时调整时间整定值。

4. 调容定值配置方法

有载调容变压器的调容动作定值需要科学设定，通过计算找到大小容量运行方式下共同的最佳经济运行分界点，以保证调容操作使变压器始终处于经济高效运行状态，使综合损耗最低。有载调容定值设定流程如图 1-6 所示。

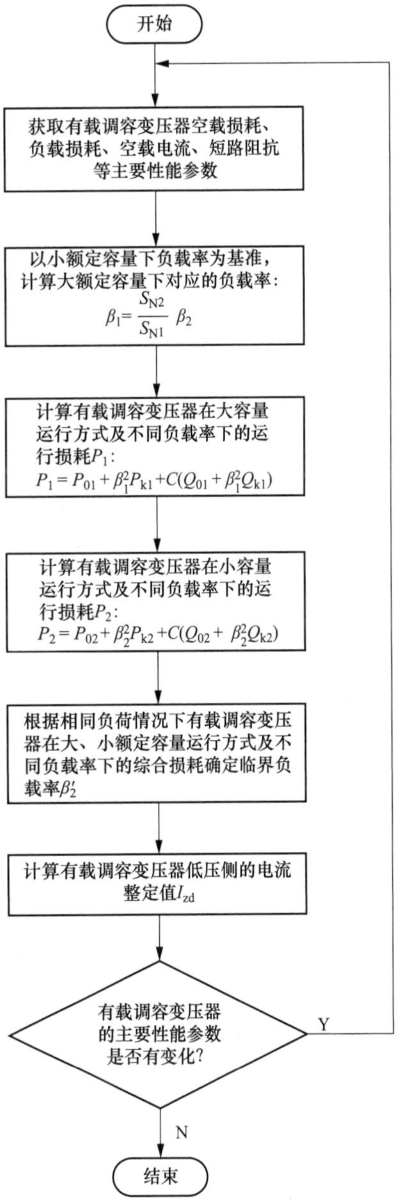

开始

获取有载调容变压器空载损耗、负载损耗、空载电流、短路阻抗等主要性能参数

以小额定容量下负载率为基准，计算大额定容量下对应的负载率：$\beta_1=\frac{S_{N2}}{S_{N1}}\beta_2$

计算有载调容变压器在大容量运行方式及不同负载率下的运行损耗 P_1：$P_1=P_{01}+\beta_1^2P_{k1}+C(Q_{01}+\beta_1^2Q_{k1})$

计算有载调容变压器在小容量运行方式及不同负载率下的运行损耗 P_2：$P_2=P_{02}+\beta_2^2P_{k2}+C(Q_{02}+\beta_2^2Q_{k2})$

根据相同负荷情况下有载调容变压器在大、小额定容量运行方式及不同负载率下的综合损耗确定临界负载率 β_2'

计算有载调容变压器低压侧的电流整定值 I_{zd}

有载调容变压器的主要性能参数是否有变化？（Y：返回；N：结束）

结束

图 1-6　有载调容定值设定流程

具体说明如下：

（1）通过实际测试或出厂试验报告获取有载调容变压器的空载损耗、负载损耗、空载电流、短路阻抗等性能参数。

（2）以有载调容变压器的小额定容量下的负载率为基础，计算大额定容量下对应的负载率，有载调容变压器在大额定容量运行方式下的负载率计算公式为：

$$\beta_1=\frac{S_{N2}}{S_{N1}}\beta_2 \tag{1-1}$$

式中　S_{N1}——有载调容变压器在大额定容量运行方式下的额定容量，kVA；

S_{N2}——有载调容变压器在小额定容量运行方式下的额定容量，kVA；

β_1——有载调容变压器在大额定容量运行方式下的负载率；

β_2——有载调容变压器在小额定容量运行方式下的负载率。

（3）分别确定有载调容变压器在大小额定容量运行方式及不同负载率下的运行损耗，计算公式分别表示为：

$$P_1 = P_{01} + \beta_1^2 P_{k1} + C\ (Q_{01} + \beta_1^2 Q_{k1}) \tag{1-2}$$

$$P_2 = P_{02} + \beta_2^2 P_{k2} + C\ (Q_{02} + \beta_2^2 Q_{k2}) \tag{1-3}$$

式中　P_1——有载调容变压器在大额定容量运行方式下的运行损耗，kW；

P_2——有载调容变压器在小额定容量运行方式下的运行损耗，kW；

P_{01}——有载调容变压器在大额定容量运行方式下的额定空载有功损耗，kW；

P_{02}——有载调容变压器在小额定容量运行方式下的额定空载有功损耗，kW；

P_{k1}——有载调容变压器在大额定容量运行方式下的额定负载有功损耗，kW；

P_{k2}——有载调容变压器在小额定容量运行方式下的额定负载有功损耗，kW；

C——无功经济当量，取值为 0.1，kW/kvar；

Q_{01}——有载调容变压器在大额定容量运行方式下的额定空载无功损耗，kvar；

Q_{02}——有载调容变压器在小额定容量运行方式下的额定空载无功损耗，kvar；

Q_{k1}——有载调容变压器在大额定容量运行方式下的额定负载无功损耗，kW；

Q_{k2}——有载调容变压器在小额定容量运行方式下的额定负载无功损耗，kW。

（4）根据不同容量方式下的运行损耗，确定小额定容量运行方式下的临界负载率 β'_2，对应的大额定容量运行方式下的临界负载率为 β'_1，且 $P'_1 = P'_2$；当 $\beta_2 > \beta'_2$时，$P_1 < P_2$；当 $\beta_2 < \beta'_2$时，$P_1 > P_2$。

临界负载率 β'_2和 β'_1分别表示为：

$$\beta'_1 = \frac{I'_1}{I_{N1}} \tag{1-4}$$

$$\beta'_2 = \frac{I'_2}{I_{N2}} \tag{1-5}$$

式中　I'_1——有载调容变压器在大额定容量运行方式下低压侧的实测电流，A；

I'_2——有载调容变压器在小额定容量运行方式下低压侧的实测电流，A；

I_{N1}——有载调容变压器在大额定容量运行方式下的额定电流，A；

I_{N2}——有载调容变压器在小额定容量运行方式下的额定电流，A；

P'_1——有载调容变压器在大额定容量运行方式下的实际运行损耗，kW；

P'_2——有载调容变压器在小额定容量运行方式下的实际运行损耗，kW。

P'_1和 P'_2分别表示为：

$$P'_1 = P_{01} + \beta'^2_1 P_{k1} + C\ (Q_{01} + \beta'^2_1 Q_{k1}) \tag{1-6}$$

$$P'_2 = P_{02} + \beta'^2_2 P_{k2} + C\ (Q_{02} + \beta'^2_2 Q_{k2}) \tag{1-7}$$

（5）根据步骤（4）所描述的临界负载率 β'_2，确定有载调容变压器低压侧电流整定值，低压侧电流整定值表示为：

$$I_{zd}=\frac{\beta'_2 S_{N2}}{\sqrt{3}U_{N2}} \tag{1-8}$$

式中　I_{zd}——有载调容变压器低压侧电流整定值，A；

U_{N2}——有载调容配电变压器低压侧额定电压值，V。

（6）判断有载调容变压器的技术性能指标是否变化，若技术性能参数有变化，则返回步骤（1）；否则，流程结束。

根据有载调容变压器技术性能参数的不同，或运行中有载调容变压器技术性能参数的变化情况，计算并确定大小容量运行方式的调整定值 I_{zd}。通过合理调整有载调容变压器容量运行方式，使变压器始终保持在最佳经济运行状态。

以 S11-ZT-315（100）有载调容变压器为例，其在大小额定容量运行方式下的运行损耗曲线如图 1-7 所示。图中，AB 为大额定容量方式下变压器的运行损耗曲线，CD 为小额定容量方式下变压器的运行损耗曲线。以小额定容量负载率为基准，在 0.6～0.7 之间两曲线存在交叉点 E，即说明了确定小额定容量运行方式下的临界负载率 β'_2，对应的大额定容量运行方式下的临界负载率为 β'_1，且 $P'_1=P'_2$；同时，不难看出，$\beta_2>\beta'_2$时，$P_1<P_2$；当 $\beta_2<\beta'_2$时，$P_1>P_2$。也就是说，当负载率小于临界负载率 β'_2时，有载调容变压器应保持在小额定容量运行方式下运行，变压器运行损耗较低；当负载率大于临界负载率 β'_2时，有载调容变压器应由小额定容量运行方式调整为大额定容量运行方式，以保证变压器运行时具有较低的综合损耗，最大限度发挥有载调容变压器的技术性能优势。

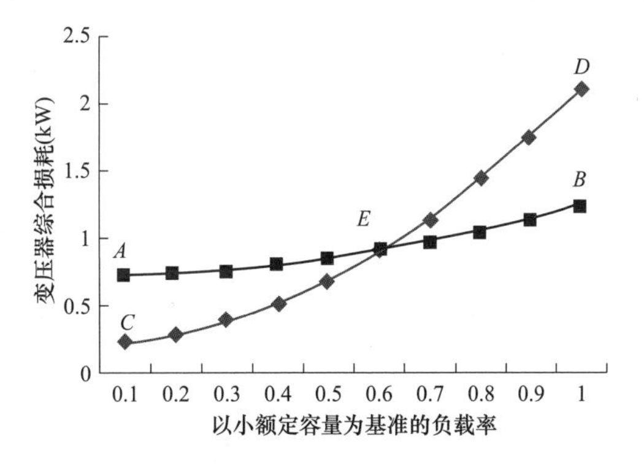

图 1-7　有载调容变压器在大小额定容量方式下的运行损耗曲线

综上，配置有载调容变压器的调容定值时，首先，确定有载调容变压器的调容定值电流，根据该有载调容变压器的出厂试验报告或交接试验等来获取空载损耗、负载损耗、空载电流和短路阻抗等主要技术性能参数；以小额定容量为基准，计算大额定容量方式下相同负荷情况时对应的负载率，利用式（1-1）进行计算。其次，分别计算有载调容变压器在大小额定容量运行方式及不同负载率下的运行损耗 P_1 和 P_2；根据不同容量方式下的运行损耗大小，确定小额定容量运行方式下的临界负载率 β'_2，然后按照式（1-8）来计算有载调容变压器低压侧电流整定值 I_{zd}；当运行中有载调容变压器的技术性能参数发生变化时，或更换为其他有载调容变压器产品时，应按照以上步骤重新计算并确定大小容量调整的电流定值 I_{zd}，使有载调容变压器始终保持运行在最经济方式。由此看出，调容定值配置的准确性与合理性直接影响到有载调容变压器的经济可靠运行水平。

为防止调容控制回路出现故障，升容控制宜设计为并联回路或互为闭锁的两个独立回路，并增加回路监测输入判断，其他控制回路即使出现故障也不会造成严重后果，为简化设计和降低成本通常设计为单回路控制。

其他功能模块是指除了有载调容功能之外的通用的、辅助性的功能模块，其中包括：①显示功能，如变压器低压侧的电压、电流、无功功率、有功功率、运行档位、位置状态等；②键盘指令管理功能是指接受键盘信息，并且对其进行相应的处理等。这些辅助功能有助于产品友好交互和便于使用。

手动调容方式投入时，系统只采集和显示模拟量，但不发出控制命令，手动控制调容操作；自动调容方式投入后，系统会将当前容量与调容定值进行比较，假如容量满足启动条件，即启动调容。启动条件有两种情况：①当前容量持续低于调容定值的时间大于延时定值，且变压器运行在高档位；②当前容量持续高于调容定值的时间大于延时定值且变压器运行在低档位。

在控制器出口调容控制命令输出后，根据开关状态信号检测调容操作是否成功，如不成功，则控制器闭锁报警。

三、变压器调容节能原理

变压器在额定运行或满载运行时本身损耗以负载损耗为主，在空载或轻载运行时以空载损耗为主，故调容变压器在空载或轻载时间较长的地区应用节能效果特别明显，在满载或负荷变化不明显的地区节能效果则不够显著。

有载调容变压器大容量运行方式时高压绕组为三角形连接，低压绕组为并联连接。由大容量调整为小容量运行方式后，高压绕组为星形连接，低压绕组为串联连接，低压绕组匝数增加为原来的$\sqrt{3}$倍。由于：

$$W=U_{\phi}/E_{t} \tag{1-9}$$

式中 U_{ϕ}——相电压，V；

W——绕组匝数，匝；

E_{t}——每匝电势，V/匝。

由式（1-9）可以推出，对于确定的U_{ϕ}，E_{t}降低为原来的$1/\sqrt{3}$，有：

$$B=45E_{t}/A \tag{1-10}$$

式中 A——铁心有效截面积，cm^2；

B——铁心磁通密度，T。

对确定的铁心，A是定值，从而B降低为原来的$1/\sqrt{3}$。工程上，铁心（心柱与铁轭截面相同时）空载损耗的计算公式为：

$$P_{0}=K_{0}\cdot P_{C}\cdot G_{F} \tag{1-11}$$

式中　P_0——铁心空载损耗，W；

K_0——铁心的附加系数；

P_C——铁心的单位质量损耗，W/kg；

G_F——铁心的质量，kg。

对于确定的铁心，K_0 及 G_F 是不变值，而 $P_C \propto B^2$，从而 P_0 也就降低为原来的 1/3 左右。同理，可以推知空载电流也大幅减小。

由于设计时调容变压器绕组导线的截面是按大容量选取的，在调整为小容量后，因电流大幅降低，所以导线的电流密度大幅变小。对于已定铜线绕组：

$$P_R = 2.4 \cdot \Delta^2 \cdot G \tag{1-12}$$

式中　P_R——绕组电阻损耗，W；

Δ——导线的电流密度，A/mm^2；

G——导线的质量，kg。

可以推知，电阻损耗大大降低。这样，调容配电变压器就有效实现了降损节能。

对于高压绕组星-三角形变换、低压绕组串—并联变换的调容变压器，在设计其容量时，小容量选为大容量的 1/3 左右，阻抗电压大致不变，基本上接近标准值。大容量调整为小容量时，由于低压侧绕组匝数的增加，铁心磁通密度大幅度降低，使硅钢片单位损耗变小，空载损耗和空载电流相应降低，从而达到了降损节能的目的。

第二节　变压器调压技术原理

一、变压器调压结构原理

变压器有载调压技术广泛应用于配电系统，是电力系统中极为重要的调压手段。有载分接开关是变压器实现有载调压的核心部分，其工作原理是在变压器高压绕组中引出若干分接头，通过它在不中断负载电流的情况下，由一个分接头切换到另一个分接头，改变绕组有效匝数，以改变变压器的电压比，从而达到调压的目的。

传统的有载分接开关本体一般由选择器（包括范围开关）、切换开关、电动机构和机构连接系统等组成。

1. 选择器

在换接过程中，选择器按分接次序将要换接的分接头预先接通，并承担连续负载电流部分，也称无励磁开关。范围开关则根据调压电路的需要，扩大选择开关的调压范围，以形成正反调、粗细调或更多范围调的部分，调压级数较少时可以不用，与选择器紧密配合。

2. 切换开关

切换开关承担切换负载电流的部分，与一个分接选择器配合使用，以传送接通或断开已选择好的通路中的电流。切换开关也称转换开关或接触器。

3. 过渡阻抗

过渡阻抗是由一个或 n 个单元组成的电阻器或电抗器，用以把使用中的分接头和相邻一个分接头桥接起来，在负载情况下从一个分接转到另一个分接而不切断负载电流，或在两分接同时被使用期间，限制其循环电流。

4. 操动机构

操动机构也称传动机构，是上述几部分共同动作的动力源，通常是电动的，必要时亦可手动，并且安装有限动、安全联锁、位置指示等附属装置。

有载分接开关主要有两种类型：一种是复合式分接开关，一种是组合式分接开关。复合式分接开关一般用于电流不大、级电压不高的变压器，其切换开关与选择触头合二为一，直接在各个分接头上转换。组合式分接开关适用于大容量、高电压的变压器有载调压，专门由切换开关完成切换电流的任务，分接选择器在无负载下完成分接头选择，选择结束后，切换开关动作使该分接头承载负载电流。

有载调压电路是变压器绕组调压时所形成的电路，分为基本调压电路、自耦调压电路和三相调压电路等，而基本调压电路又分为线性调压、正反调压和粗细调压电路三种，如图 1-8 所示。

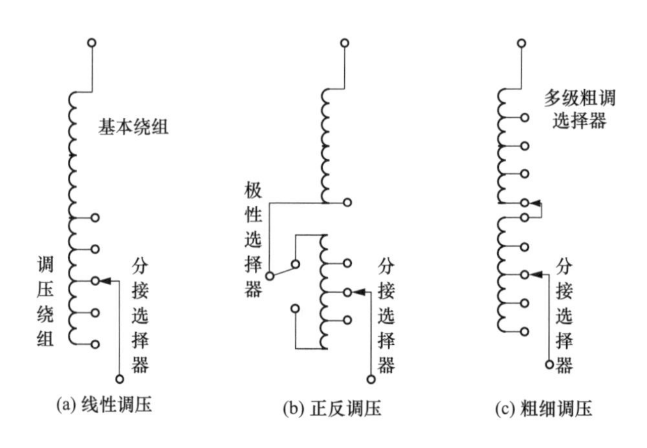

图 1-8　基本调压电路

线性调压电路组成为基本绕组加上线性调压绕组，调压范围一般为 15%。正反调压为基本绕组可正接或反接调压绕组，在相同的调压绕组上调压范围可增加一倍。粗细调压有较大的调压范围，但绕组结构布置复杂。线性调压和正反调压适用于电力变压器。

三相调压电路包括三相星形中性点调压、三角形联结线端调压、三角形联结中部调压三类，具体如图 1-9 所示。三相星形中性点调压的调压绕组可以做成分级绝缘，其要求的绝缘水平低，且可共用一台星形联结的分接开关，结构紧凑，广泛应用于有载调压电力变压器。三角形联结调压电路适用于高压三角形联结的电力变压器。

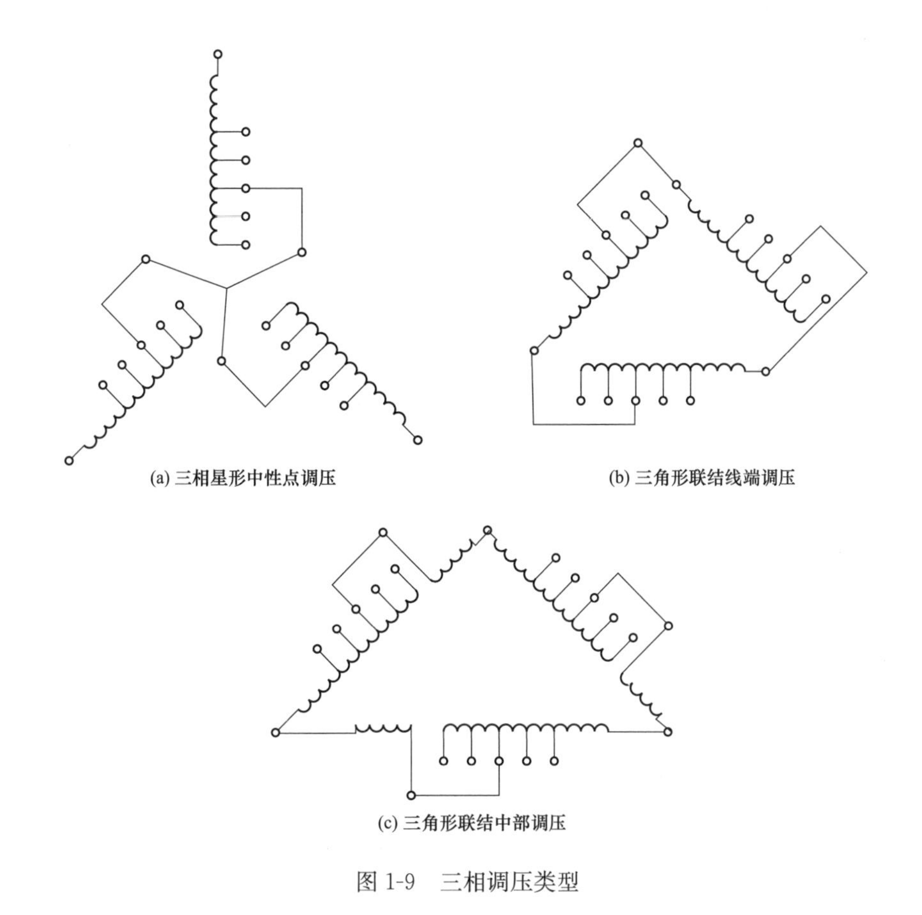

(a) 三相星形中性点调压　(b) 三角形联结线端调压

(c) 三角形联结中部调压

图 1-9　三相调压类型

二、变压器调压控制原理

变压器有载调压控制技术相对成熟，主要是根据采集的变压器低压侧总回路 A、B、C 三相电压计算并分析变压器低压侧总回路 A、B、C 三相平均电压，根据电压偏移 ΔU、电压分接级差 U_e 和电压偏移持续时间 t_u，进行电压分接头档位调整控制；电压分接头档位数量 d_w 满足 $1 \leqslant d_w \leqslant m$，$m$ 为电压分接头最大档位。当 $\Delta U > U_e$，且电压偏移持续时间 t_u 大于调压时间整定值 t_{uzd} 进行升档调节时，满足 $d_w < m$；进行降档调节时，则满足 $d_w > 1$；通过输出控制有载调压开关动作，进行电压分接头上下相邻档位的切换，实现电压分接档位的调整。

三、变压器调压实现原理

有载分接开关能够在变压器带负载状态下切换分接位置，因此在切换分接的过程中，必然要在某一瞬间同时连接两个分接，以保证负载电流的连续性。在桥接的两个分接间，必须串入阻抗以限制循环电流，保证不发生分接间短路，使分接切换顺利进行。分接开关一般采用过渡电路原理来实现分接变换操作。按照过渡电阻的数目可分为单电阻、双电阻、四电阻或多电阻。较为常用的是单电阻和双电阻过渡电路，图 1-10 描述了双电阻式有载分接开关的结构及分接转换过程。

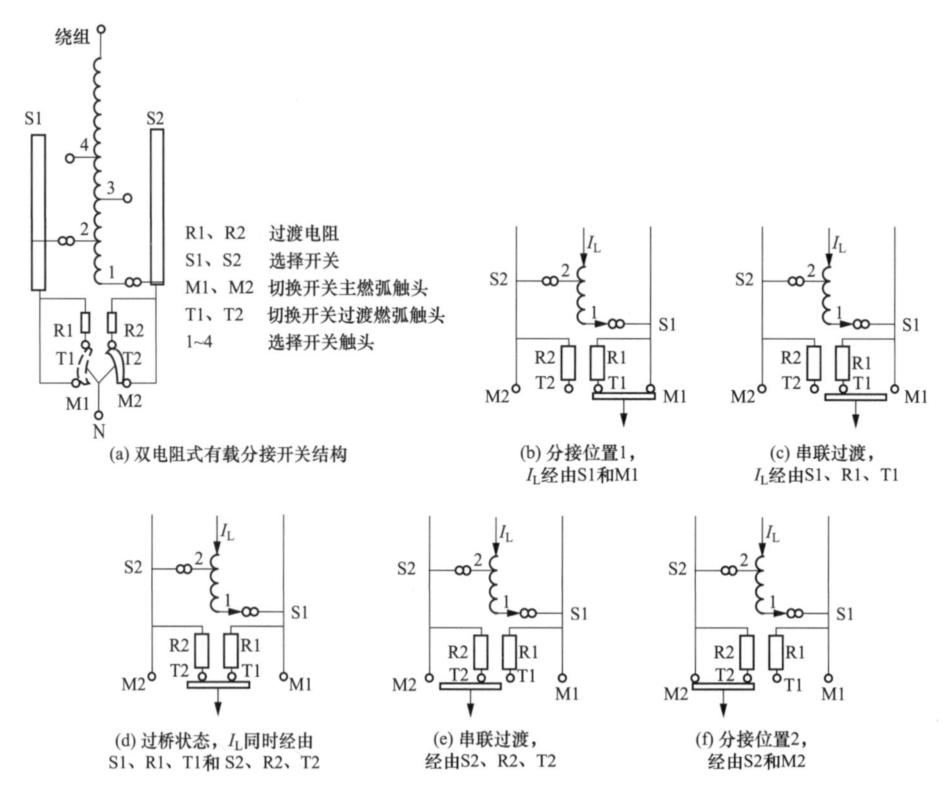

图 1-10　双电阻式有载分接开关的结构及分接转换过程

由图 1-10（b）～（f）看出，右侧选择开关 S1 位于分接头 1 位置，左侧选择开关 S2 位于分接头 2 位置，切换开关与第 1 分接电压位置相对应。负载电流经由选择开关 S1 和切换开关定触头 M1 从主绕组流向中性点。当需要由分接 1 切换到分接 2 时，在图（c）中，切换开关动触头与主燃弧动触头 M1 脱离接触，在切换开关动触头与定触头 M1 之间的燃弧将一直持续到第一次电流过零时刻。则负载电流经过渡电阻 R1 而流通，流经 R1 的负载电流将在定触头 M1 和动触头之间感应一个恢复电压，其大小为 $I_L R_1$。为了使恢复电压相对较低，R1 的电阻值应该尽可能小。但是，为了限制循环电流的值，R1 的电阻值应尽可能大。切换电阻 R1 的实际值要根据情况综合考虑。在图（d）中，切换开关动触头和过渡电阻 R1 和 R2 都有接触，在分接头 2 和分接头 1 之间要经过渡电阻 R1 和 R2 形成循环电流。循环电流的大小等于（R_1+R_2）去除分接 1、2 间的级间电压。图（e）中切换开关动触头已经转过足够距离，与过渡电阻 R1 的触头 T1 完全脱离，动触头与 R1 的过渡触头 T1 重燃电弧，且一直持续到电流过零为止。图（f）表示分接变换已经完成，负载电流经由 S2 和 M2 流向绕组中性点。

过渡电阻是电阻式有载分接开关的一个重要组成部分，在有载分接开关变换操作时，跨越变压器调压绕组相邻两分接头，使负荷电流不间断地从一个分接转换到另一个分接上，同时限制了两分接桥接时的循环电流，避免了级间短路。由于分接开关的快速变换操作，过渡电阻的电阻值小、承载电流大，常处于短时的断续工作状态。

选择过渡电阻是以变压器额定电流的最大值为依据。通常变压器额定电流的变化范围与额定电压的变化范围一致。在三相变压器中，通过分接开关的电流是指通过每相绕组的相电流，三相变压器的额定电流是指线电流，可通过实例来说明变压器的最大额定电流、级电压与变压器容量、额定电压的关系。

对于三相星形中性点调压，带极性选择器，如图 1-11 所示，S_N 为变压器容量（kVA），U_N 为变压器额定电压（kV），U_2 为变压器二次输出电压（kV），U_R 为分接绕组两端间的电压（kV），U_S 为级电压（相电压，kV），I_N 为变压器的额定电流（A），I_{max} 为变压器通过分接开关的最大电流，a 为分接绕组固有的调压级数，X 为调压级数与每级调压的百分比的乘积。$U_{N\min} \leqslant U_N \leqslant U_{N\max}$，$U_2$、$S_N$ 保持恒定。

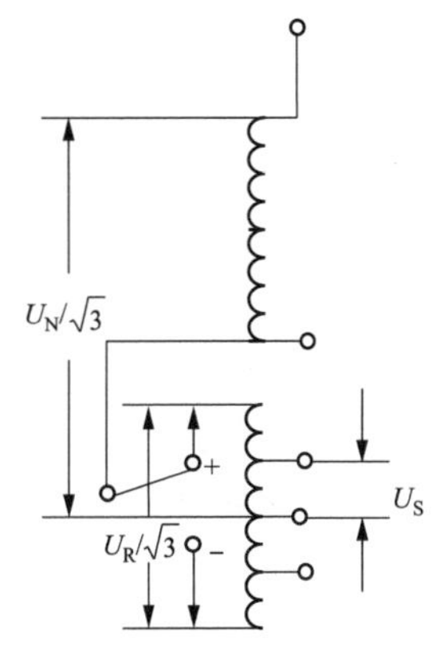

图 1-11　星形中性点正反调压

在一个中间位置时，有

$$U_R = \frac{U_{N\max} - U_{N\min}}{2} + \sqrt{3}U_S \tag{1-13}$$

$$U_S = \frac{U_{N\max} - U_{N\min}}{2\sqrt{3}\ (a-1)} \tag{1-14}$$

在三个中间位置时，有

$$U_R = \frac{U_{N\max} - U_{N\min}}{2} \tag{1-15}$$

$$U_S = \frac{U_R}{\sqrt{3}a} \tag{1-16}$$

则

$$I_{max} = \frac{S_N}{\sqrt{3}U_{N\min}} \tag{1-17}$$

额定电压的最大值和最小值可以根据调压范围得到，即

$$U_{N\max} = U_N\ (1 + X\%) \tag{1-18}$$

$$U_{N\min} = U_N\ (1 - X\%) \tag{1-19}$$

同样，可得到

$$I_{max} = I_N\ (1 - X\%) \tag{1-20}$$

基于过渡电阻阻值小、承载电流大和短时断续工作的特点，过渡电阻的匹配一般按照交流稳态情况考虑，并遵循有利于改善触头切换任务、提高触头电气寿命和工作可靠的原则进行。过渡电阻的大小影响触头的开断电流和恢复电压，电阻器的选择还要考虑其热容量以及所占有的空间。下面以双电阻过渡电路为例来说明电阻值的确定与开关过渡性能的

关系。

过渡触头的最大开断容量为

$$P_K=\frac{E^2}{2R}+\frac{I^2R}{2}+EI \tag{1-21}$$

式中 P_K——过渡触头的最大开断容量，MVA；

E——过渡触头的恢复电压，kV；

I——过渡触头的开断电流，kA；

R——过渡触头的电阻值，Ω。

对式（1-21）求导并令其为零，则

$$\frac{I^2}{2}-\frac{E^2}{2R^2}=0 \tag{1-22}$$

$$R=\frac{E}{I} \tag{1-23}$$

则 $R=\frac{E}{I}$时，P 最小。

而主通断触头的开断容量为

$$P'_K=I^2R \tag{1-24}$$

P'_K与 R 成正比，R 越大，P'_K越大，P 宜偏小为好。

如果采用过渡电阻系数 n，则过渡电阻 $R=nE/I$，使得各触头的开断容量总和 P_Z 最小，此时 $R=(\sqrt{3}/3)\frac{E}{I}=0.577\frac{E}{I}$。过渡电阻系数 n 的取值范围为 0.577～1，当开关负载率小，即电流小时，为降低过渡触头的开断容量，n 应取 1；当开关负载率大或切换频繁时，n 应取 0.577。

在过渡过程中，过渡电阻通过电流的时间约为 20ms，是很短的。但过渡电阻的电流密度不能选择太高，在一次切换过程中产生的热量为

$$Q=0.24I^2R\Delta t=0.24\delta^2\rho V\Delta t \tag{1-25}$$

这些热量全部用来提高电阻的温升，则

$$\theta_0=\frac{Q}{CV}=0.24\delta^2\rho\Delta t/C \tag{1-26}$$

式中 δ——电阻电流密度，A/mm^2；

ρ——电阻材料的电阻率，Ω·mm/m；

V——电阻材料的体积，cm^3；

C——电阻材料的密度，g/cm^3；

Δt——通过过渡电阻的时间。

为防止变压器油老化，根据有关标准的规定，电阻在半个周期内连续切换的温度应不

超过 300℃，根据切换电流 I 选择电阻材料的截面积或直径，再按照电阻值$\left(R=\frac{E}{I}\right)$选择电阻材料的长度。

变压器带负荷时，其端电压随负载电流的增大而变化。当输入电压和负载功率因数不变时，二次电压 U_2 随二次电流 I_2 变化的关系，即 $U_2=f(I_2)$，称为变压器的外特性。可用外特性曲线来表示，如图 1-12 所示。

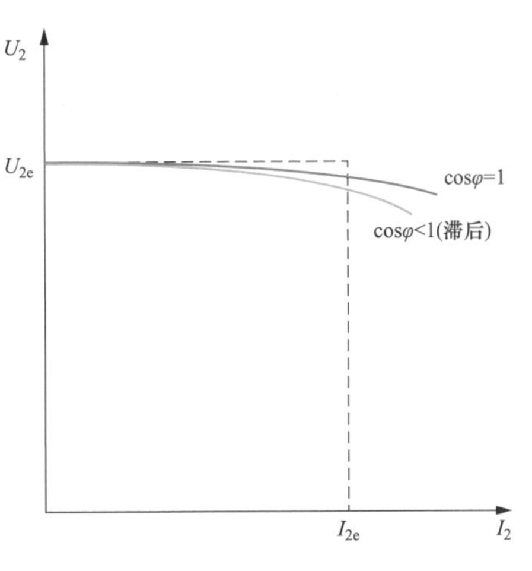

图 1-12　变压器外特性曲线

变压器负载为电阻性和电感性时，随着负载电流 I_2 的增大，变压器二次电压逐渐降低，即变压器具有下降的外特性。在相同的负载电流下，其电压下降的程度取决于负载功率因数的大小，负载功率因数越低，端电压下降越大。如果是电容性负载，变压器具有上升的外特性，也就是说，随着负载的增大，次级电压将逐渐升高。变压器的外特性标志着供电电压的质量。从用电负载的角度来看，当负载变动时，总希望电源电压越稳定越好。

改变变压器的变比可以升高或降低低压绕组的电压，电力变压器的有载调压分接开关大多接在高压绕组上，首先可以认为设置分接线段的目的是为了补偿外施电压的变化，外施电压都加在高压绕组上。当外施电压升高时，需要使用分接开关改变分接位置以增加高压绕组的匝数，从而维持绕组每匝电压和低压输出电压不变。当外施电压降低时，减少高压绕组匝数从而改变高低压绕组变比，维持输出电压恒定。绕组每匝电压维持不变，则铁心中的磁通密度就不变，因此变压器铁心不会由于外施电压偏离其额定值而达到饱和的危险程度。其次，分接开关设置在高压侧是因为高压绕组内流过的电流较小，需要的分界线的尺寸也小，分接开关本身流过的电流也小，有利于有载分接开关的绝缘设计。

通过改变变压器变比来实现调压，实际上就是根据调压要求适当选择绕组分接头。有载调压可以在不中断负荷电流的情况下完成分接头的选择与切换动作。下面以降压变压器分接头选择为例，说明具体的选择方法。图 1-13 中变压器是向用户供电的降压变压器。

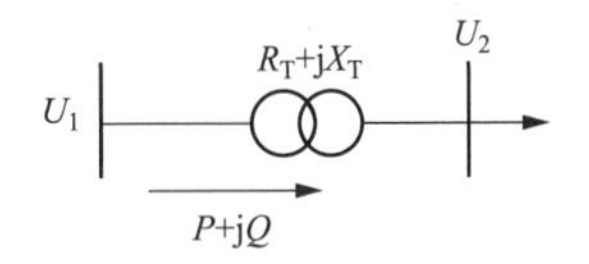

图 1-13　降压变压器

高压侧的实际电压为 U_1，视在功率为 $P+\mathrm{j}Q$，归算到高压侧的变压器阻抗为 $R_T+\mathrm{j}X_T$，归算到高压侧的变压器电压损耗为 ΔU_t，低压侧得到的电压为 U_2，则有

$$\Delta U_t=(PR_T+QX_T)/U_1 \tag{1-27}$$

$$U_2=(U_1-\Delta U_t)/k \tag{1-28}$$

式中，$k=U_{1t}/U_{2N}$是变压器的变比，即高压绕组分接头电压 U_{1t} 和低压绕组额定电压

U_{2N}之比。将 k 代入式（1-28），可得到高压侧的分接头电压为：

$$U_{1t}=\frac{U_{1t}-\Delta U_t}{U_2}U_{2N} \tag{1-29}$$

当变压器通过不同的功率时，高压侧电压 U_1、电压损耗 ΔU_t 以及低压侧电压 U_2 均发生变化，通过计算可以求出，在不同的负荷下为满足低压侧电压要求所应选择的高压侧分接头电压。

变压器有载调压分接头可以在带电的情况下进行自动切换，这需要通过自动调压控制系统来完成，把实际电压采样值与电压整定值相比较，发出相应升压或降压控制命令，改变高、低压侧变比，从而保证低压侧供电电压质量在合格范围内。

第三节　变压器有载调容调压一体化原理

一、变压器有载调容调压一体化结构原理

有载调容调压配电变压器在大小两种容量方式下，带并联过渡电阻支路的连接方法及结构原理如图 1-14 和图 1-15 所示。

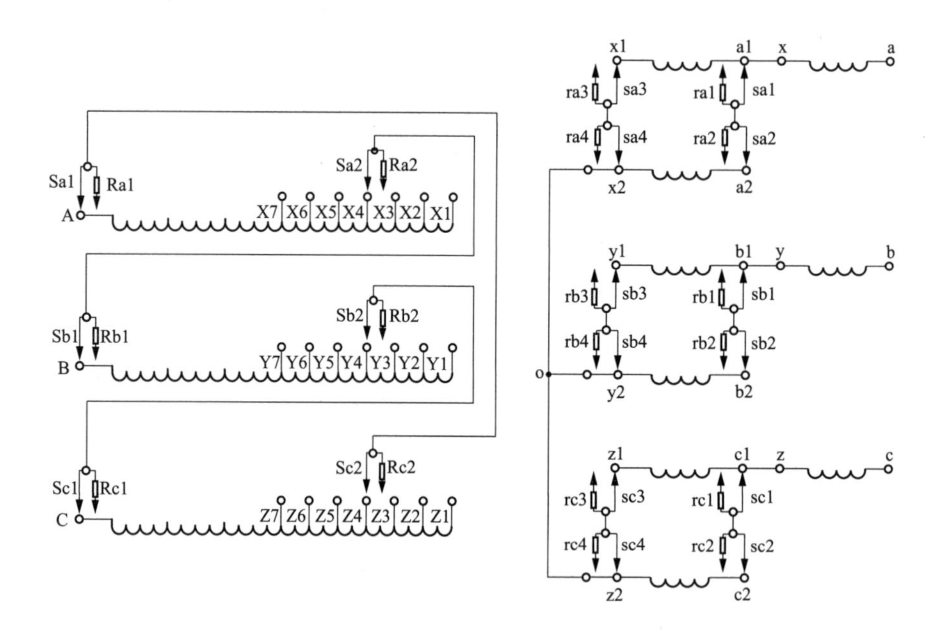

图 1-14　有载调容调压配电变压器大容量方式连接方法及结构原理

图 1-14 和图 1-15 中 A、B、C 为变压器高压绕组出线端；X1、X2、X3、X4、X5、X6、X7 为变压器高压绕组 A 相电压分接抽头；Y1、Y2、Y3、Y4、Y5、Y6、Y7 为变压器高压绕组 B 相电压分接抽头；Z1、Z2、Z3、Z4、Z5、Z6、Z7 为变压器高压绕组 C 相电压分接抽头；Sa1、Sb1、Sc1 分别为变压器高压绕组 A、B、C 相电压分接支路；Sa2、Sb2、Sc2

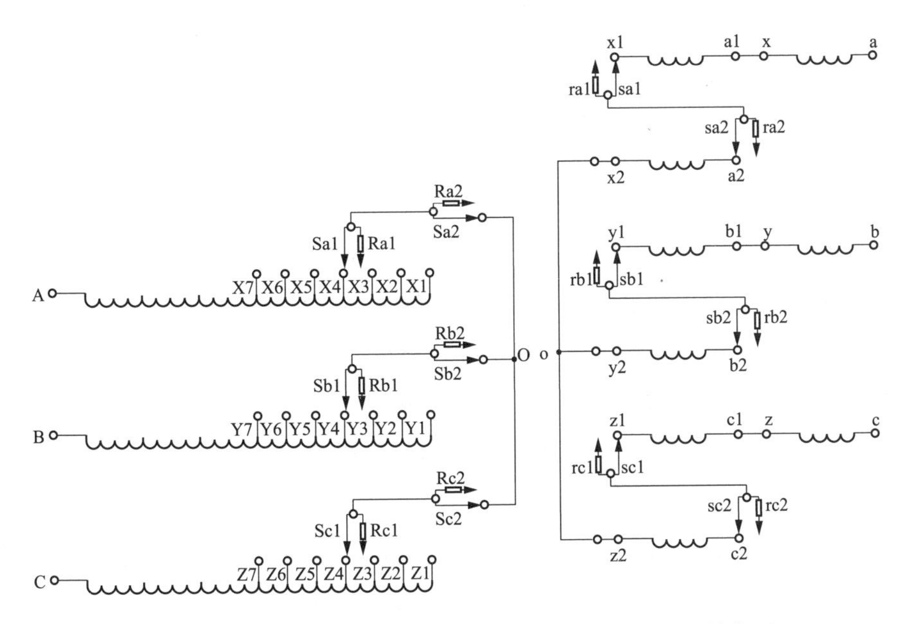

图 1-15　有载调容调压配电变压器小容量方式连接方法及结构原理

分别为变压器高压绕组 A、B、C 相星形-三角形连接转换支路；Ra1、Rb1、Rc1 分别为高压绕组 A、B、C 相电压分接并联过渡电阻支路；Ra2、Rb2、Rc2 分别为高压绕组 A、B、C 相星形-三角形连接转换的并联过渡电阻支路。变压器低压绕组每相包括三个部分，即 xa、x1a1 和 x2a2，yb、y1b1 和 y2b2，zc、z1c1 和 z2c2；sa1、sa2、sa3、sa4、sb1、sb2、sb3、sb4、sc1、sc2、sc3、sc4 分别为变压器低压绕组 A、B、C 相串—并联转换支路；ra1、ra2、ra3、ra4、rb1、rb2、rb3、rb4、rc1、rc2、rc3、rc4 分别为变压器低压绕组 A、B、C 相串—并联转换的并联过渡电阻支路。

当有载调容调压配电变压器根据实际负荷监测判断需要以大容量方式运行时，由综合控制单元发出控制命令驱动电机带动有载调容开关动作，使有载调容调压配电变压器高低压绕组由星形连接转换为三角形连接，低压绕组的 x1a1 和 x2a2、y1b1 和 y2b2、z1c1 和 z2c2 由串联变换为并联连接。

当有载调容调压配电变压器根据实际负荷监测判断需要以小容量方式运行时，由综合控制单元发出控制命令驱动电机带动有载调容开关动作，使有载调容调压配电变压器高低压绕组由角接转换为星接，低压绕组的 x1a1 和 x2a2、y1b1 和 y2b2、z1c1 和 z2c2 由并联变换为串联连接。

二、变压器有载调容调压一体化控制原理

变压器调容调压一体化控制功能的实现需密切结合三相负荷不平衡调整和分相无功补偿、有载调容、有载调压等技术的综合应用与协调配合。通过优化控制操作流程，确定优先调控顺序，即三相不平衡调整—分相无功补偿—有载调容—有载调压，各控制操作之间

相互闭锁，不允许有两种及以上控制操作同时进行。为提升配电变压器有载调容控制操作的科学性，避免为片面降低空载损耗而导致的综合损耗增大，经济运行水平降低，按照优化控制操作流程，能够保证各项控制操作的有效性，避免因其中一项的操作而导致其他控制操作反复或无效，提升配电变压器整体性能水平，充分发挥其功能潜力。

1. 在线负荷调相控制

通过分析有载调容调压配电变压器低压侧总回路三相负荷不平衡情况，根据不平衡状况和持续时间，利用优化控制算法，在保持连续供电的情况下，将重载相线上的部分负荷通过在线负荷调相装置转移调整至轻载相线上，实施有载调容调压配电变压器所带局部负荷在 A、B、C 三相上的重新分配，完成三相负荷均衡控制。

2. 分相无功补偿控制

通过分析有载调容调压配电变压器低压侧总回路 A、B、C 三相功率因数，根据三相无功功率 Q_A、Q_B、Q_C 和三相无功功率持续时间 t_{Qzd}，根据分相无功补偿控制命令，控制投切相应无功补偿分组开关设备，完成分相无功补偿控制。分相无功补偿容量包含固定补偿和动态补偿，其中：固定补偿主要补偿配电变压器自身无功消耗和基荷部分；动态补偿主要补偿无功负荷波动部分。

3. 有载调容控制

同本章第一节的二、变压器调容控制原理。

4. 有载调压控制

同本章第二节的二、变压器调压控制原理。

5. 动作定值设定方法

（1）在线负荷调相动作定值设定。三相不平衡调整定值依据有载调容调压配电变压器的负载率 β 大小进行设定：

1）满足 $\beta \geqslant \beta_m$ 时，三相不平衡调整定值设定为 μ_1，其中 β_m 为高负载率整定值；

2）满足 $\beta_m > \beta > \beta_l$ 时，三相不平衡调整定值设定为 μ_2，其中 β_l 为低负载率整定值；

3）满足 $\beta \leqslant \beta_l$ 时，三相不平衡调整定值设定为 μ_3。

三相负荷不平衡对电网有功损耗的影响主要与各相负荷大小和网架参数有关。当总负荷一定、三相负荷均匀分配时，即 $\beta_{a1} = \beta_{b1} = \beta_{c1} = \beta$，电网有功损耗为 P_1，三相负荷不均匀分配时，如 $\frac{1}{2}\beta_{a1} = \frac{3}{2}\beta_{b1} = 3\beta_{c1} = \beta$，电网有功损耗为 P_2，则 $P_2 = 1.52P_1$，三相负荷严重不平衡将使电网有功损耗大幅度增加。P_1、P_2 的计算公式为

$$P_1 = (\beta_{a1}^2 + \beta_{b1}^2 + \beta_{c1}^2) I_n^2 R = 3\beta^2 I_n^2 R \tag{1-30}$$

$$P_2 = (\beta_{a2}^2 + \beta_{b2}^2 + \beta_{c2}^2) I_n^2 R = 4\frac{5}{9}\beta^2 I_n^2 R \tag{1-31}$$

在线负荷调相动作定值主要包括两个部分：一是低压三相负荷不平衡度；二是动作延时时间。具体在线负荷调相动作定值设定方案如表 1-1 所示。

表 1-1　在线负荷调相动作定值设定方案

设定内容	配电变压器负载区间		
	$\beta \leqslant 30\%$	$30\% < \beta \leqslant 60\%$	$\beta > 60\%$
动作判定值	15%	10%	5%
动作延时时间（min）	15	10	5

由于同等的三相负荷不平衡程度在配电变压器重负荷情况下的影响远大于轻负荷情况下的影响，按照变压器负载率可分为三个等级，即轻负荷（负载率 $\beta \leqslant 30\%$）、一般负荷（负载率 $30\% < \beta \leqslant 60\%$）、重负荷（负载率 $\beta > 60\%$），也可以根据实际负荷的具体分布情况精细划分。为有效降低因三相负荷不平衡造成的电网损耗和避免负荷波动造成的开关频繁动作，在线负荷调相三相负荷不平衡动作判定值可相应分为 15%、10%、5%三个等级，动作间隔时间的确定需结合变压器的负载率水平来确定。当处于轻负荷状态时，影响程度相对较小，动作延时时间可设定为 15min；当处于一般负荷状态时，动作延时时间可设定为 10min；当处于重负荷状态时，由于影响程度较大，当三相负荷不平衡度持续大于动作判定值时，延时 5min 即可启动在线负荷调相控制操作。

（2）分相无功补偿动作定值设定。分相无功补偿动作定值应依据 A、B、C 三相的实际动态无功功率 Q_A、Q_B、Q_C，A 相无功分组配置容量 Q_{A1}、Q_{A2}、……、Q_{An}，B 相无功分组配置容量 Q_{B1}、Q_{B2}、……、Q_{Bn}，C 相无功分组配置容量 Q_{Bn}，Q_{C1}、Q_{C2}、……、Q_{Cn}，对这三组中的一组或至少两组进行配置计算，完成一致性设定。

（3）有载调容动作定值设定方法同本章第一节二、4. 调容定值配置方法。

（4）有载调压动作定值。配电变压器高压绕组的电压分接头档位数量 d_w 应满足 $1 \leqslant d_w \leqslant m$，$m$ 为电压分接头最大档位；当 $\Delta U > U_e$（其中 ΔU 为电压偏移值，kV；U_e 为电压分接级差，kV）且电压偏移持续时间 t_u 大于调压时间整定值 t_{uzd}时，进行升档调节，需满足 $d_w < m$；进行降档调节，需满足 $d_w > 1$。d_w 可根据实际电压波动情况进行定制，一般为 5 个或 7 个；U_e 一般为 $2.5\%U_N$；t_{uzd}一般整定为 5～15min。

三、变压器有载调容调压一体化实现原理

有载调容调压配电变压器的功能架构如图 1-16 所示，主要包括配电变压器本体单元、有载调容调压一体化单元、配套设备单元及综合控制单元（控制器）。

配电变压器本体单元主要包括高压绕组和低压绕组，作为有载调容调压配电变压器大、小容量方式转化和电压分接头切换的基础与结构支撑。

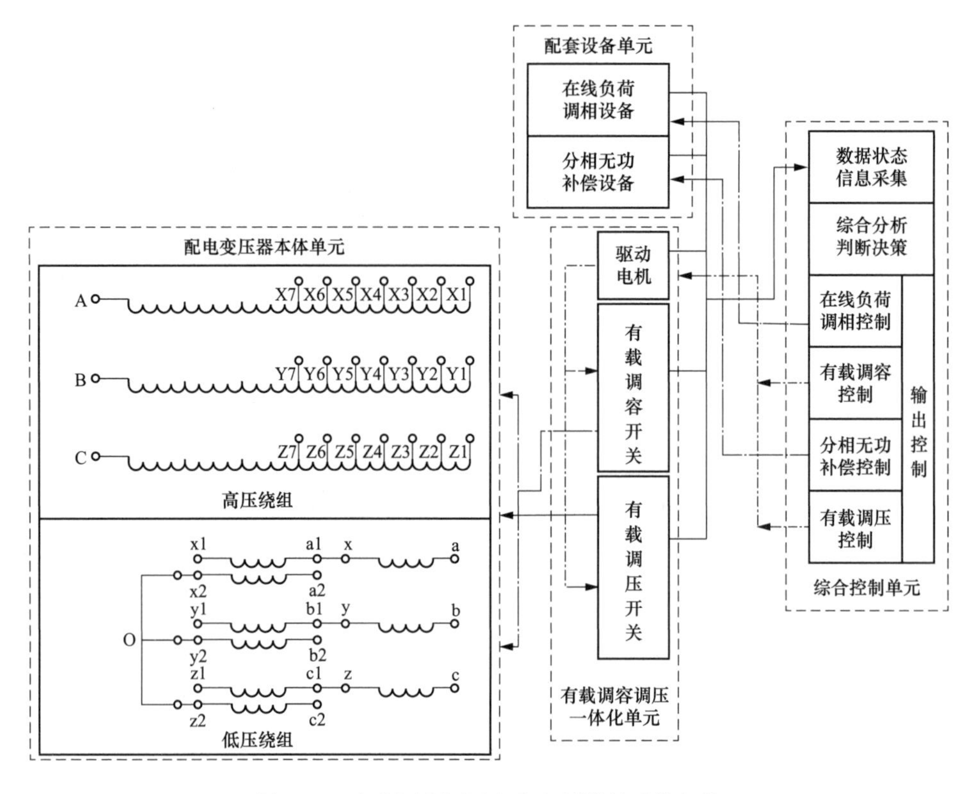

图 1-16　有载调容调压配电变压器的功能架构

有载调容调压一体化单元主要包括驱动电机、有载调容开关和有载调压开关，与配电变压器本体单元对应连接，实现有载调容调压配电变压器在带载情况下，由大容量运行方式转换为小容量运行方式时，高压绕组由三角形连接变为星形连接，低压绕组由并联变为串联；由小容量运行方式转换为大容量运行方式时，高压绕组由星形连接变为三角形连接，低压绕组由串联变为并联；同时还能够实现电压调整时上、下分接头间的带载转换。

配套设备单元主要包括在线负荷调相设备和分相无功补偿设备。在线负荷调相设备能够通过综合控制单元的分析、决策判断与控制，实现带载情况下负荷在相间的切换，达到配电变压器低压侧出线 A、B、C 三相负荷平衡分配的目的，降低因三相负荷不平衡造成的线路损耗，改善重载相的供电电压质量。分相无功补偿设备可以通过综合控制单元的分析、决策判断与控制，根据配电变压器低压侧 A、B、C 三相的无功需求，实施分相无功补偿，达到配电变压器低压侧无功就地平衡的目的，降低配电变压器及上级线路的运行损耗，改善供电质量。

综合控制单元（即控制器）是有载调容调压配电变压器功能实现的核心部分，主要包括数据状态信息采集功能模块、综合分析判断决策功能模块和输出控制模块，输出控制模块又包括在线负荷调相控制、有载调容控制、分相无功补偿控制和有载调压控制 4 个功能单元。通过对配电设备单元、有载调容调压一体化单元、配电变压器本体单元等运行数据、开关状态、操作及反馈信息的采集，进行综合分析、判断与决策，形成控制策略和相应控制命令，控制配电设备单元和有载调容调压一体化单元动作，实现有载调容、有载调压、在线负荷调相及分相无功补偿等功能。

总体来说，变压器实现了功能一体化和结构一体化。在功能一体化方面，综合控制单元是变压器的大脑，担负着运行数据采集、处理、分析、决策、控制等重要功能；配电变压器本体及有载调容调压一体化单元是执行部件。实际运行中，综合控制单元与有载调容调压一体化单元协调联动、就地控制，共同完成带载调容、调压等操作，实现自适应负荷变化有载调容调压功能。在结构一体化方面，综合控制单元与变压器本体统一设计，安装方式与信号接口按标准化设计布置。变压器内置电流互感器用于电流信号取样，电压直接从内部低压侧取样。电压电流信号、有载调容调压一体化单元控制和状态信号通过密封端子从变压器内引出，用电缆线接入综合控制单元。通常综合控制单元放置在变压器油箱外部的侧壁。

第二章　变压器有载调容技术

第一节　有载调容技术难点

变压器有载调容技术为中国原创、国际首创，需要在不改变变压器安装使用环境、不影响用户正常用电的约束条件下，安全、快速、平滑、可靠、准确地实现带载容量调节。国内外均无此类可借鉴成果，对有载调容机理、模型、带载切换暂态过程的多物理场变化不清楚。本领域技术专家历经多次失败经历，经过十余年的努力才实现了有载调容变压器的真正挂网试运行。在研发过程中，主要遇到了以下四方面的技术难题：

一是带载调容时变压器高压侧恢复电压高，而低压侧切换电流大，引起比较严重的电弧重燃问题，开关可靠灭弧困难。有载调容开关切换过程中，瞬态恢复电压高达 21kV，如此高的电压极有可能造成电弧重燃，引发严重的绕组短路事故。交流过零点时，电弧会因为没有能量输入而熄灭，此时介质开始逐渐恢复绝缘特性，但如果此刻恢复电压较高，就很有可能再次击穿正在恢复中的绝缘，而使电弧重燃。有载调容开关在调容过程中，除了高压侧需开断和接通负载电流外，低压侧也需要开断和接通负载电流，因低压侧电流较大，所以开断过程中产生的电弧以及接通负载瞬间因预击穿而产生的电流都很大，因此设计大电流耐烧蚀的低压触头是有载调容开关的一个技术难点。另外，有载调容过程中，如果设计为高压触头先开断负荷，低压侧触头在开断负荷电流时开断的仅为感性负荷的续流时，调容开关低压触头系统寿命将大幅增加，因此操作过程中通过机械传动配合，实现上述功能也是有载调容开关的技术难点。选用真空管作为灭弧介质也需考虑上述因素。

二是调容切换过程应对负荷影响小，故有载调容暂态过程持续时间应尽量短，对开关动作速度要求高。在调容过程中由于过渡电阻的参与可以保证供电的连续性，但当过渡电阻串联入电路时，无论是高压过渡电阻还是低压过渡电阻均会产生压降，引起电压畸变，若要对负荷影响小，故有载调容暂态过程持续时间应尽量短，对开关动作速度要求高。但过快的动作速度也可能使开关转换到位时电弧还未完全熄灭而造成短路，另外也可能使弹跳时间过长而烧坏触头，这就需要在一定范围内控制调容开关的动作速度。因此，设计合适的弹簧操动机构或永磁操动机构也是有载调容开关的技术难点。

三是变压器空间范围有限，开关触头数量多、电气连接复杂，需解决调容开关小型化优化设计的难题。配电变压器油箱空间有限，过多的增加变压器油箱的体积，除了会直接影响变压器的安装，还会大幅增加变压器的成本，降低了调容变压器的性价比。因此，在安全的前提下尽可能地压缩调容开关的体积是一个关键技术难点，同时调容开关的安装方式和进出线结构都会影响变压器的引线难易程度，特别是低压引线的长度也会显著影响调容变压器的整体成本。因此，设计合适的调容开关安装方式及进出线结构也是设计的难点。

第二节　永磁真空有载调容开关

一、永磁真空有载调容开关特点

1. 快速切换及稳定控制性能

永磁真空有载调容开关采用永磁操动机构、真空灭弧方式，动作快速。开关切换需三相联动，高、低压绕组同步动作，在约 20ms 的切换过程中，还需配合真空泡和过渡电阻切换。影响动作稳定性的因素主要包括三相同期性、合闸弹跳、各触点动作时序的精确配合以及触头磨损后的机械特性一致性等。通过采用电流正反向操作分合的双线圈串联推拉式永磁操动机构，实现了体积不变动力倍增；利用基于阻尼助力模块的双极对称稳定控制开关快速分合闸技术，解决了机构快速操动弹跳问题，实现了开关动作快速稳定控制。

2. 免维护设计

永磁真空有载调容开关结构简单，零部件数量少，储能电容寿命在 55℃下长达 30 年，操动机构是机械寿命达 50 万次免维护的永磁机构，配合机械寿命高达 80 万次的真空管灭弧，不在油中产生电弧，不会污染变压器油，从而免去了滤油维护。真空管在使用寿命周期内也无需维护，因此永磁真空有载调容开关真正达到了免维护与长寿命。

3. 扁平化结构设计

永磁真空有载调容开关采用扁平化设计，通常安装在变压器顶盖上，高、低压出线端子正对着调容变压器绕组的抽头，因此高、低压引线距离极短，大幅节约了引线的制造成本，降低了负载损耗。同时，因为体积小，相比普通变压器无励磁调压开关占据的空间略有增加，因此实际增加的油箱尺寸小、注油量少。

4. 绝缘油选择

永磁真空有载调容开关多为油浸式，且埋入变压器主油箱内部。油浸式真空开关需要采用变压器油作为绝缘介质，同时具有润滑和冷却的作用。变压器油具有良好的绝缘和冷却功能，虽然润滑特性相对较差，但对于真空开关的机械操作还是足够的。从绝缘、导热冷却和润滑的效果考虑也可以采用其他种类的合成“油”（液体），但应当慎重的是如何保证它和真空开关材料的兼容性。

对于埋入型油浸式的真空调容开关，尽管采用免维护的真空管灭弧，但为防止真空管因不可预知的损坏而造成的变压器油污染，避免污染或劣化油与变压器油箱内的清洁油相混，需要一个单独密封的油室。该油室内的油应与变压器油箱内的油采用相同的牌号，只有在变压器油符合低温性能要求时，才能在低温下操作。油浸式真空调容开关在低温环境下，因变压器油变稠，油中的石蜡结晶使油混浊，甚至使油凝固，严重威胁真空开关投运时低温操作的可靠性。因此，如果变压器油的温度低于－25℃，应选择一种低黏度、低凝固点的变器油（如40号变压器油），或在切换机构油室里安装加热器，或采取禁止在低于这一温度限值时进行分接变换的其他防范措施。

二、永磁真空有载调容开关技术参数

永磁真空有载调容开关的型号与含义如图2-1所示。

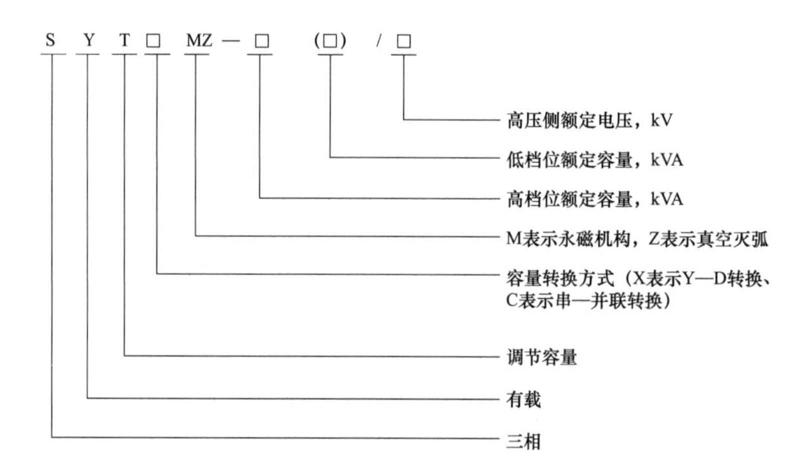

图2-1　永磁真空有载调容开关的型号与含义

永磁真空有载调容开关的技术参数如表2-1所示。

表2-1　永磁真空有载调容开关的技术参数

型号	SYTXMZ-200（63）/10	SYTXMZ-400（125）/10	SYTXMZ-630（200）/10
	SYTCMZ-200（50）/10	SYTCMZ-400（100）/10	SYTCMZ-630（160）/10
高、低压最大额定通过电流（A）	30/300	30/600	30/1000
额定频率（Hz）	50～60		
联结方式	SYTX型：大容量时联结组别为Dyn11，小容量时为Yyn0；SYTC型：联结组别为Dyn11		
最大级电压（V）	SYTX型为5774/167，SYTC型为10000/230		
高、低压侧临界转换电流（线电流，A）	SYTX型：2.19/54.71 SYTC型：1.85/46.30	SYTX型：4.19/104.3 SYTC型：3.60/90.12	SYTX型：6.28/158.93 SYTC型：5.40/134.94
匹配调容变压器短路阻抗（%）	4	4	4.5

续表

型号		SYTXMZ-200（63）/10 SYTCMZ-200（50）/10	SYTXMZ-400（125）/10 SYTCMZ-400（100）/10	SYTXMZ-630（200）/10 SYTCMZ-630（160）/10
高、低压侧热稳定电流（A）		750/7500	750/15000	667/25000
高、低压侧动稳定电流（A）		1875/18750	1875/37500	1667/62500
对地绝缘（kV）	设备最高电压	12/0.48		
	工频电压	35/5		
	冲击耐受电压	75（高压侧）		
级间绝缘（kV）	工频电压	35/5		
	冲击耐受电压	75（高压侧）		
机械寿命		≥100000次		
电气寿命		≥50000次		
配用机构		永磁机构		
灭弧形式		真空		
绝缘等级		A		

三、永磁真空有载调容开关结构

永磁真空有载调容开关的永磁操动机构如图2-2所示。

在分合位置由永磁铁的磁保持力保持，变换操作时依靠分、合操作线圈中直流电流产生强大的磁场，动铁心受到的磁场力大于永磁铁保持力后，由原平衡位置移动到对面，永磁铁产生的磁力使动铁心保持在此位置，分、合线圈中的直流电流断开时，依然能够保持。储能装置为分、合闸储能弹簧，其作用是加速断开以提高分闸初始速度，并且在到达另一稳定位置时降低速度以减小弹跳时间，永磁机构的动铁心连接着操动杆，操动杆带动真空管进行变换操作。

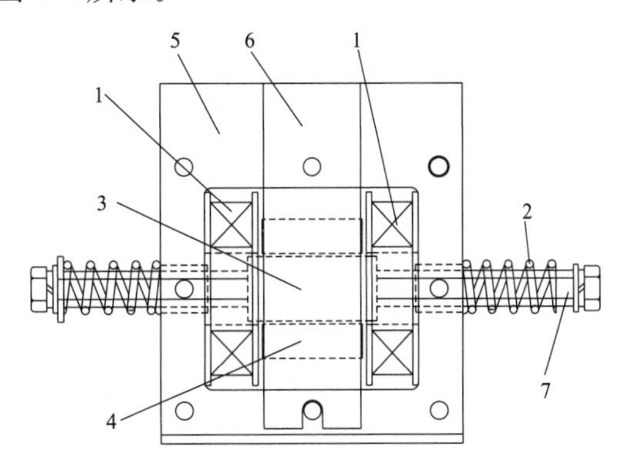

图2-2　永磁操动机构

1—操作线圈；2—储能装置；3—磁芯（动铁心）；4—永磁铁；5—磁轭；6—限位装置；7—操动杆

永磁真空有载调容开关由永磁机构的传动轴带动主轴、拐臂带动调容真空泡进行转换操作。永磁机构真空有载调容开关采用扁平化设计，可安装在变压器顶盖上。相比普通变压器无励磁调压开关占据的空间略有增加，因此实际增加的油箱尺寸小、注油量少。

永磁真空有载调容开关的高、低压侧封板如图2-3和图2-4所示。

永磁真空有载调容开关的高、低压侧封板由DMC材料及高、低接线端子压制而成，需保证端子处、封板与开关安装框架间的密封性能，并在高压侧封板上安装着调容开关的过渡电阻，以减少调容开关的整体体积，同时过渡电阻也采用扁平结构，如图 2-5 所示。

图 2-3　永磁真空有载调容开关低压侧封板

图 2-4　永磁真空有载调容开关高压侧封板

图 2-5　永磁真空有载调容开关的过渡电阻

过渡电阻是有载调容开关的重要组成部分，应选择合适的过渡电阻阻值。过渡电阻阻值过低会使变换操作过程中流过真空管的内部循环电流变大，需避免级间短路；过渡电阻阻值过高会使仅通过过渡电阻给负载供电时压降过大，电压降低太多而影响供电连续性，为保障一般的电器设备的正常使用需使压降不超过额定值的 20%，一般的电器设备可以正常运行。

在有载调容过程中过渡电阻流过的电流是由稳态分量和暂态分量组成的，但暂态分量大多在几毫秒内就衰减到零，采用无电感设计的过渡电阻几乎无暂态过程。因此，过渡电阻的匹配可以按稳态情况考虑。过渡电阻的匹配大多根据交流稳态级电压和负荷电流情况计算，即 $R=nU_S/I_N$，其中，U_S 为级电压，I_N 为额定临界转换电流，n 为匹配系数。过渡电阻的选择需遵循三个原则：①改善触头切换任务；②提高触头电气寿命；③确保有载调容开关工作可靠性。通过综合考虑匹配方案，从中筛选最佳匹配值。

对于相同容量的油浸式有载调容变压器，铜钨触头过渡电阻的匹配原则均适用于真空型，但两者在过渡电阻匹配系数 n 的选取上允许有稍微差异。铜钨触头过渡电阻的匹配系数和阻值选得略低些，有利于降低电弧触头间的恢复电压，确保电弧能够可靠熄灭；而对于真空型，真空管的断流容量极大，无需这种考虑，过渡电阻的匹配系数和阻值可选得略高些，以降低级间跨接的循环电流分量，有利于提高真空触头寿命。

过渡电阻热容量的设置取决于其温升。过渡电阻的温升应符合标准要求：有载调容开关高、低压两侧的过渡电阻应在 1.5 倍临界转换电流和额定级电压下连续操作一个循环（如由三角形连接到星形连接再返回），高、低压两侧的过渡电阻器对周围变压器油介质的温升不应超过 350K。温升受开关变换操作频次，过渡电阻的载流时间、散热状况（热时间常数）和电阻材料（电阻率、密度、热导率和允许最高工作温度）等因素的影响。

（1）开关变换操作频次。有载调容开关在系统中运行时，其变换操作取决于电网运行的实际需要。仅在负荷大小发生较大变化时方进行变换操作。因此，过渡电阻按一次切换状况来考虑热容量。

（2）过渡电阻载流时间。过渡电阻是与过渡触头串接的，因此，过渡电阻载流时间包括过渡触头单独载流时间、过渡触头桥接时间与过渡触头燃弧时间，其载流时间与触头变换总时程基本相当。

（3）过渡电阻散热状况。过渡电阻散热状况与电阻器结构、工作介质（油、空气的导热能力）和电阻器运动与否密切相关，油的导热能力比空气强得多。

（4）电阻材料。过渡电阻常采用镍铬合金（$Ni_{80}Cr_{20}$）和铁铬铝合金（$Cr_{25}Al_5$）两类。这两类电阻元件均具有高的电阻率和高的工作温度。镍铬合金加工性较好，但价格高昂，仅适用于大中容量有载开关。铁铬铝合金性硬易脆，不易加工，但价格低廉，适用于中小容量有载开关。

为了确保过渡电阻的温升符合国标的要求，在过渡电阻器结构设计和材料选定之后，就必须限定过渡电阻的电流密度。经过分析与计算，过渡电阻的电流密度推荐值为 60～90A/mm^2。

永磁真空有载调容开关的安装引线如图 2-6 和图 2-7 所示。

图 2-7 中，3 只电流互感器应分别套装在 a3 和 a4 引线、b3 和 b4 引线、c3 和 c4 引线上，配套控制器应根据低压侧绕组串并联方式自动计算回路电流，二次引线的外绝缘必须采用耐油耐高温的绝缘材料。调容开关安装引线后的效果如图 2-8 所示。

开关同器身的连接线裕度应充足，高压引线应打圈，低压连线留 10～20mm 裕度，避免器身同开关相对运动时使开关发生局部变形。变压器器身调整到比油箱尺寸高 0～3mm 后，将器身同顶盖紧固连接（螺栓紧固），顶盖至四周器身底脚高度偏差应控制在 2mm 内；开关油箱同变压器本体上部留 20mm 以上空隙；开关与器身各连接线的绝缘距离应符合变压器结构设计的要求。

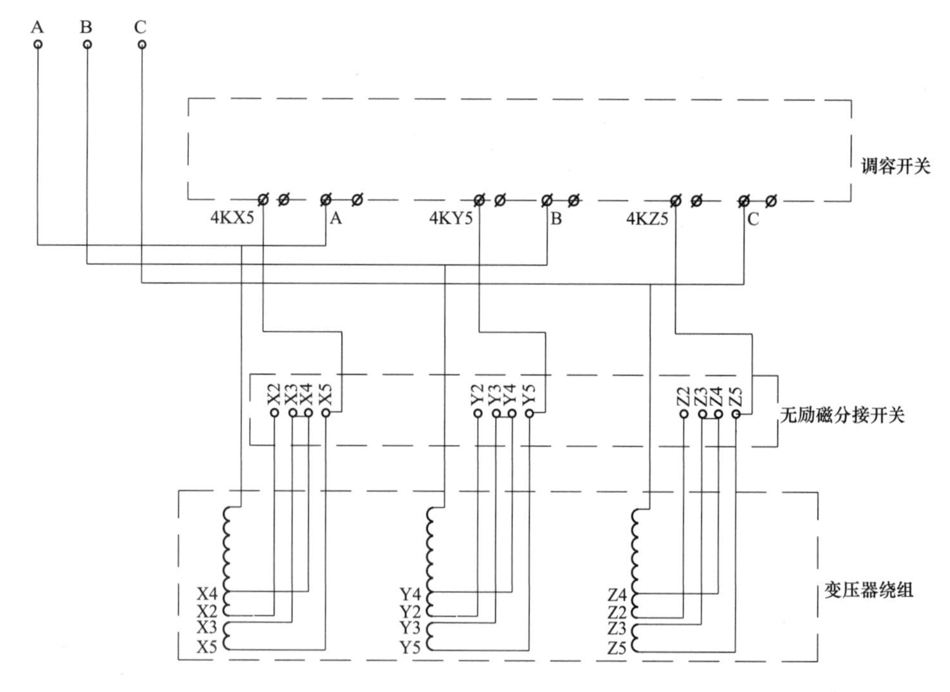

图 2-6　调容开关高压侧同变压器绕组对接接线

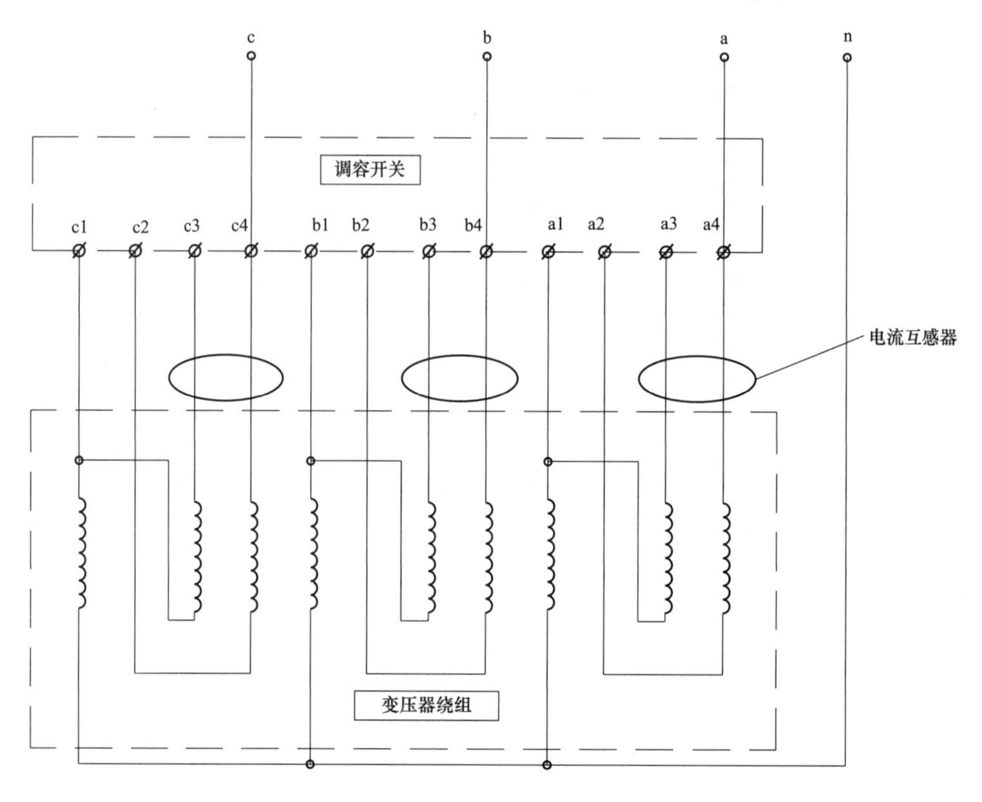

图 2-7　调容开关低压侧同变压器绕组对接接线

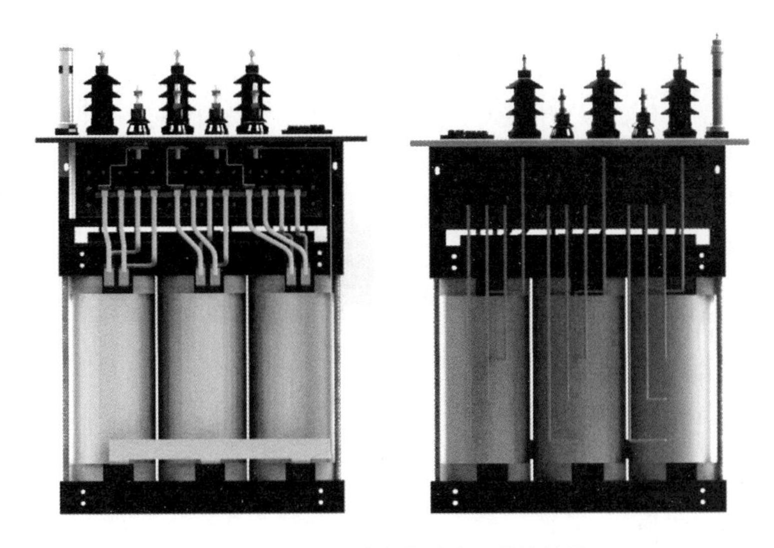

图 2-8 调容开关安装引线后的效果图

四、永磁真空有载调容开关工作原理

1. 调容开关高压侧工作原理

永磁真空有载调容开关高压侧工作原理如图 2-9 所示。

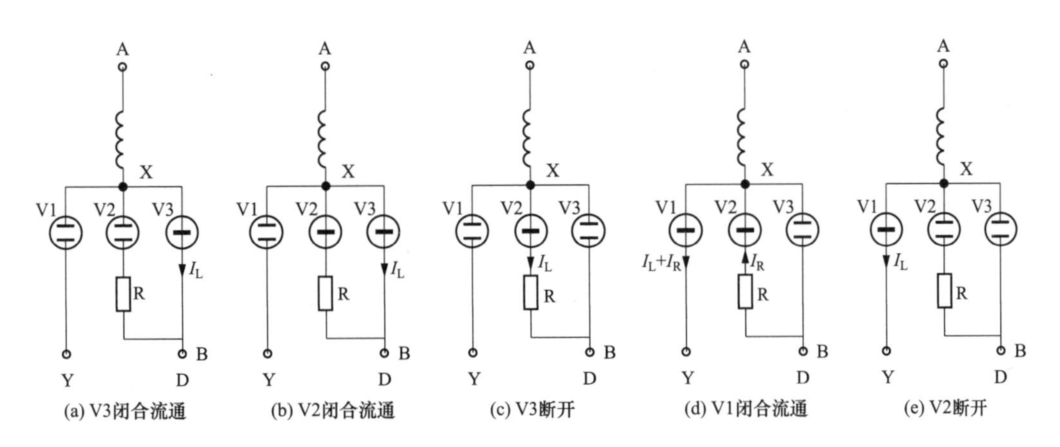

图 2-9 永磁真空有载调容开关高压侧工作原理

图 2-9（a）位置：负载电流经闭合真空管 V3 流出，真空管 V1、V2 断开。V2 承受电压为 0V，V1 承受电压为 $U/\sqrt{3}$，U 为系统线电压。

图 2-9（b）位置：过渡电阻回路真空管 V2 闭合，负载电流仍经真空管 V3 流出，真空管 V1 断开。V2 承受电压为 0V，V1 承受电压为 $U/\sqrt{3}$。

图 2-9（c）位置：真空管 V3 断开，电弧熄灭后，负载电流经真空管 V2 流出，真空管 V1 仍处于断开。V3 断口处产生恢复电压 $U_{V3}=I_L R$，引起负载输出电压降落 $I_L R$，V1 承受电压约为 $U/\sqrt{3}$，R 为高压侧过渡电阻。

图 2-9（d）位置：真空管 V1 也闭合，负载电流经真空管 V1 流出，同时过渡电阻回路电流变为 $I_R=U/(\sqrt{3}R)$。此电流也从真空管 V1 流出，因此流经 V1 处的总电流为 I_L+I_R，V3 断口处电压 $U_{V3}=U/\sqrt{3}$。负载输出电压降落到 $U/\sqrt{3}$，低压侧也改变接法时输出电压无降落。

图 2-9（e）位置：真空管 V2 断开，负载电流经真空管 V1 流出，V2 两端的恢复电压 $U_{V2}=U/\sqrt{3}$。V3 断口处电压 $U_{V3}=U/\sqrt{3}$，此时低压侧输出电压无降落。

2. 调容开关低压侧工作原理

调容变压器通过真空调容开关从大容量变换为小容量，高压侧的工作过程结束，低压侧工作过程如图 2-10 所示。

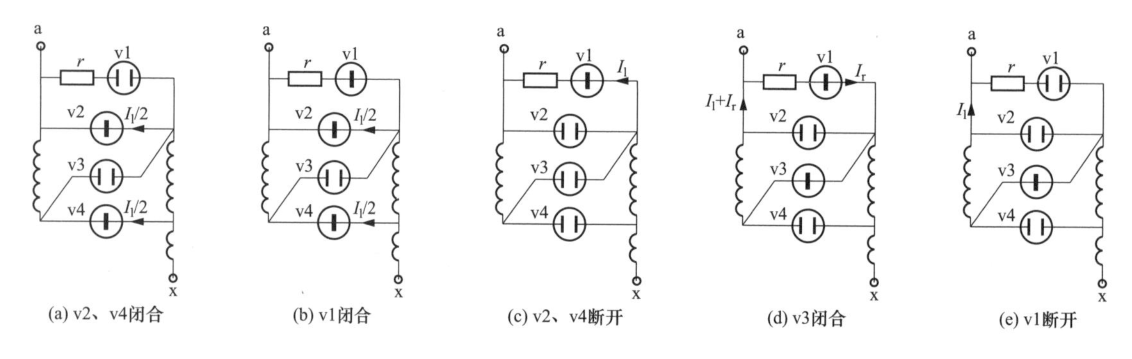

图 2-10　有载真空调容开关低压侧工作原理

图 2-10（a）位置：负载电流经闭合真空管 v2、v4 流出，流经 v2、v4 的电流为低压侧负载电流的一半，即 $I_1/2$，真空管 v1、v3 断开。v1 承受电压为 0V，v3 承受电压为 $U_e\times 73\%$，U_e 为低压相电压。

图 2-10（b）位置：过渡电阻回路真空管 v1 也闭合，负载电流仍经真空管 v2、v4 流出，真空管 v3 断开，承受电压为 $U_e\times 73\%$。

图 2-10（c）位置：真空管 v2、v4 断开，电弧熄灭后，负载电流经真空管 v1 流出，真空管 v3 仍处于断开。v2 断口处产生恢复电压 $U_{v2}=I_1r$，低压侧引起的负载输出电压降落为 I_1r，v3 承受电压为 $U_e\times 73\%+I_1r$，v4 断口处产生恢复电压 $U_{v4}=I_1r$，r 为低压侧过渡电阻。

图 2-10（d）位置：真空管 v3 闭合，负载电流经真空管 v3 流出，同时过渡电阻回路电流变为 $I_r=U_e\times 73\%/(1+73\%)/r$。此电流也从真空管 v3 流过。因此流经 v1 处的总电流为 I_1+I_r，v2 断口处电压为 $U_{v2}=U_e\times 73\%/(1+73\%)$，此时低压侧过渡电阻不会对负载产生电压降。v4 断口处电压为 $U_{v4}=U_e\times 73\%/(1+73\%)$。

图 2-10（e）位置：真空管 v1 断开，负载电流经真空管 v3 流出，v1 两端的恢复电压为 $U_{v2}=U_e\times 73\%/(1+73\%)$。v2、v4 断口处电压为 $U_e\times 73\%/(1+73\%)$，此时低压侧输出

电压无降落。

3. 调容开关转换过程

永磁真空有载调容开关在调容变压器的临界转换电流下转换时，其时序转换任务见表 2-2，其中 K 为变压器变比。

表 2-2　　永磁真空有载调容开关转换任务表（大到小容量）

过程		高压侧真空管			低压侧真空管			
		V1	V2	V3	v1	v2	v3	v4
(a)	流过或开断电流	0	0	I_L	0	$I_l/2$	0	$I_l/2$
	端电压或恢复电压	$U/\sqrt{3}$	0	0	0	0	$U_e\times73\%$	0
	所需断口容量	0	0	0	0	0	0	0
	负载电压降低	0						
(b)	流过或开断电流	0	0	I_L	0	$I_l/2$	0	$I_l/2$
	端电压或恢复电压	$U/\sqrt{3}$	0	0	0	0	$U_e\times73\%$	0
	所需断口容量	0	0	0	0	0	0	0
	负载电压降低	0						
(c)	流过或开断电流	0	$\approx I_L$	I_L	I_l	$I_l/2$	0	$I_l/2$
	端电压或恢复电压	$\approx U/\sqrt{3}$	0	I_LR	0	I_lr	$U_e\times73\%+I_lr$	I_lr
	所需断口容量	0	0	I_L^2R	0	$I_l^2r/2$	0	$I_l^2r/2$
	负载电压降低	$I_LR/K/\sqrt{3}+I_lr$						
(d)	流过或开断电流	I'_L+I_R	I_R	0	I_r	0	I_l+I_r	0
	端电压或恢复电压	0	0	$U/\sqrt{3}$	0	$U_e\times42\%$	0	$U_e\times42\%$
	所需断口容量	0	0	0	0	0	0	0
	负载电压降低	0						
(e)	流过或开断电流	I'_L	I_R	0	I_r	0	I_l	0
	端电压或恢复电压	0	$U/\sqrt{3}$	$U/\sqrt{3}$	$U_e\times42\%$	$U_e\times42\%$	0	$U_e\times42\%$
	所需断口容量	0	$I_RU/\sqrt{3}$	0	$U_N^2\times18\%/r$	0	0	0
	负载电压降低	0						

表 2-2 中高压侧临界转换电流在大容量时为 I_L，实际是 D 接内部电流，小容量时的临界转换电流是电流 I'_L，低压侧临界转换电流为 I_l。高压真空管端电压的最大值约为 $U/\sqrt{3}$，也就是高压相电压。因此，取线电压作为真空管额定电压是合适的。而临界转换时流过真空管的电流或需真空管开断的电流最大值为 I'_L+I_R，若选择合适的过渡电阻，则此电流值远低于变压器大容量时的额定电流 I_N，对应的开断容量也小于 UI_N。因此，高压侧真空管选择额定电压为系统电压，电流大于额定电流的真空管是合适的。在此临界转换电流下从小容量调到大容量，选择的真空管参数仍然合适。

低压真空管端电压的最大值为 $U_N\times73\%+I_lr$，若选择合适的低压过渡电阻，则此电压值远小于低压线电压。因此，选择低压线电压作为真空管额定电压。而临界转换时流过真空管的电流或需真空管开断的电流最大值为 I'_L+I_R，此值也小于大容量时低压额定电流 I_n 的 1/2，开断容量小于 $UI_N/2$ 也是合适的。在此临界转换电流下从小容量调到大容量，选择的真空管参数仍然合适。

上述过程（c）中过渡电阻串入供电回路使负载电压降低，表 2-2 中数值是假设过渡电阻投入，临界转换电流不变时的值，实际值也不难求出。

上述转换过程需要图 2-11 所示的真空管工作时序配合。

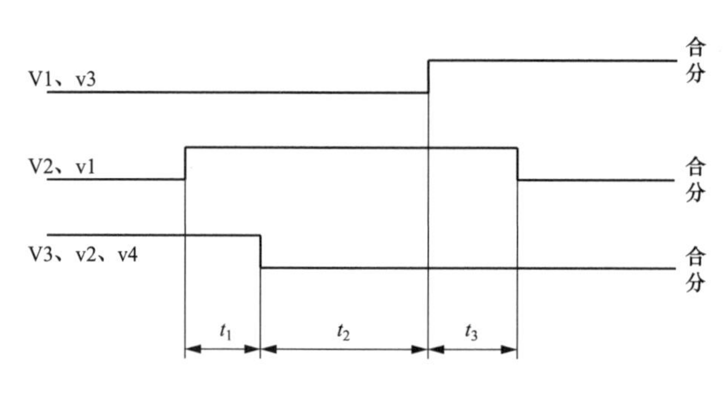

图 2-11　真空管的工作时序配合

上述过程中考虑到不同调容开关的合闸弹跳时间约为 2～5ms，t_1 应大于此值，t_2 根据可靠灭弧时间大于 1.2/2f，即 12ms，一般规定为≥20ms，t_3 也应大于合闸弹跳时间，调容变压器的相关标准规定 $t_1+t_2+t_3$ 为 20～40ms。

第三节　立柱式有载调容开关

一、立柱式有载调容开关特点

立柱式有载调容开关由开关本体及远程控制箱组成，其中，开关本体由切换油室、快速机构、电机、手动轴头、压力释放装置、抽油接头等组成。开关本体下部的切换油室穿过变压器油箱盖装在变压器油箱中，并且与油箱内变压器油密闭隔离，切换油室外部有接线出头与变压器引线接头相连接。快速机构位于切换油室上方与其连通且高出变压器油箱盖，其内装有供开关实现快速调容的机构、档位指示器件及电机步进控制件等。开关在使用前需在切换油室内注满高燃点油或耐压大于 40kV 的 25 号变压器油，切换油室与外部通过上法兰盖实现密封隔离。

立柱式有载调容开关采用机械式操动机构及油灭弧方式，开距小、速度相对慢。有载调容开关的切换在全电压工况下进行，变压器高压侧瞬时工频恢复电压高，低压侧切换电流大，高低压调容切换引起的电弧重燃问题突出，通过采用夹片式动触头来增大接触面积，降低电弧重燃造成的不利影响。夹片式动触头的材料采用适于高、中压开关的铜钨合金，耐弧性能好，可以保证开断 5 万次的电气寿命；通过特殊的镀银工艺，加大了弹簧压力，降低了低压触头的接触电阻，延长了触头的寿命。立柱式有载调容开关还通过串联多断口优化设计，将一个高电压分摊在多个串联触头上，共同完成切换任务。电压被均匀分布后，降低了高压侧触头的切换电压和低压侧触头的切换电流，减小了对开关触头的损伤，在电气与物理上均可安全地阻断电弧重燃。考虑到开关高压侧的过渡电阻值很大，因此采用无感式缠绕方式，避免产生感应电动势。另外，还通过采用过死点快速机构与马耳他机构相结合的设计方法，确保开关结构简单、动作可靠准确、速度适中，其机械寿命可以超过 10 万次。

二、立柱式有载调容开关技术参数

立柱式有载调容开关的型号与含义如图 2-12 所示。

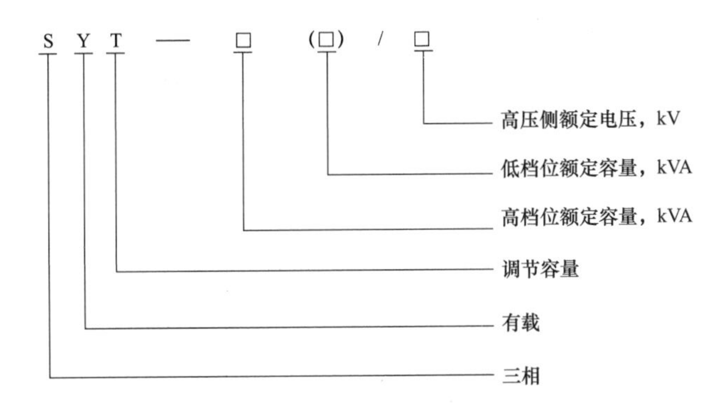

图 2-12 立柱式有载调容开关的型号与含义

立柱式有载调容开关的技术参数如表 2-3 所示。

表 2-3 立柱式有载调容开关的技术参数

应用范围	油浸式配电变压器
连接方式	SYT（高压 Y—D，低压串并联）
三相最大额定通过电流（A）	60（高压侧），550（低压侧）
最大额定电压（kV）	10
最大额定级电压（V）	250
设备最高电压 U_m（kV）	10
切换时间（ms）	20～40
三相不同期（ms）	＜4
机械寿命（次）	≥100000
电气寿命（次）	≥50000
配用机构	弹簧机构步进电机
灭弧形式	绝缘油
绝缘等级	A

三、立柱式有载调容开关结构

综合考虑可靠性、经济性以及便于制造等因素，立柱式有载调容开关的设计采用传统的复合式结构，其设计结构如图 2-13（a）所示。有载调容开关的最上部是机械部分，处于变压器的外部；下面是触头切换机构，分为高压部分和低压部分，它们处在变压器油中。有载调容开关在切换时变压器始终要保持励磁状态，为防止电流过大，在切换电路中加入限流元件即过渡电阻。有载调容开关整机如图 2-13（b）所示。

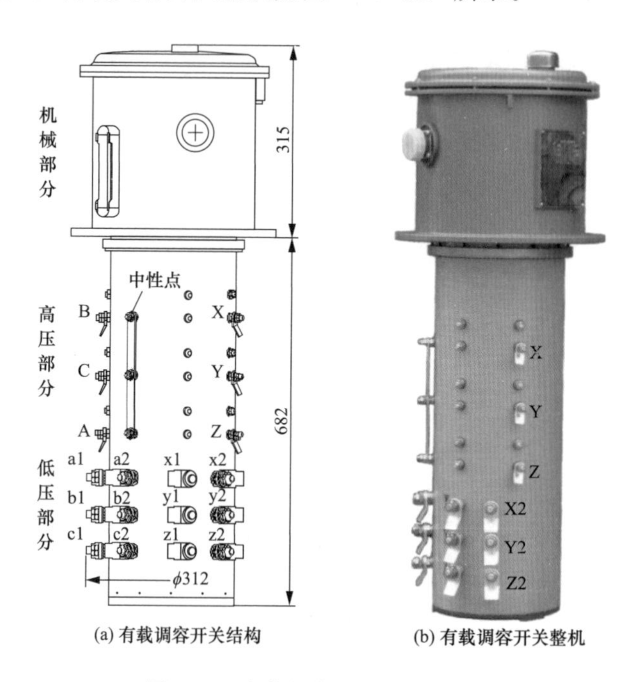

(a) 有载调容开关结构　　(b) 有载调容开关整机

图 2-13　有载调容开关结构与整机

有载调容开关的机械部分如图 2-14（a）所示，采用过死点快速机构与马耳他机构相结合的设计方法。这种经典的设计具有工作可靠、速度适中、动作准确、结构简单等特点，机械寿命可以超过 10 万次。

有载调容开关的触头切换机构如图 2-14（b）所示，动触头采用夹片式，触头材料采用适于高、中压开关的铜钨合金，耐弧性能好，可以保证开断 5 万次的电气寿命。有载调容开关高压侧的过渡电阻如图 2-14（c）所示，过渡电阻体积较大，通常采用无感式缠绕，可避免产生感应电动势。

四、立柱式有载调容开关工作原理

立柱式有载调容开关在切换电路中加入过渡电阻后，其整个切换过程相对要复杂些。下面以一相为例论述有载调容配电变压器从大容量工作方式切换到小容量工作方式的切换过程。

(a) 机械部分

(b) 触头切换机构

(c) 过渡电阻

图 2-14　立柱式有载调容开关主要部件

1. 高压侧切换过程

有载调容变压器从大容量工作方式切换到小容量工作方式，高压侧绕组从三角形连接向星形连接切换过程如图 2-15 所示。具体包括以下五个步骤：

第一步：X 与 B 由主触头连接，串有过渡电阻的过渡触头悬空；

第二步：在主触头没断开的情况下接入过渡触头；

第三步：过渡触头接入，主触头断开，形成电弧；

第四步：过渡触头仍然接入，将主触头 X 与 Y 连接；

第五步：过渡触头断开，形成电弧，主触头完成星形连接，切换结束。

如果有载调容配电变压器从小容量工作方式切换到大容量工作方式，高压侧绕组则由星形连接向三角形连接切换，触头反向旋转即可。

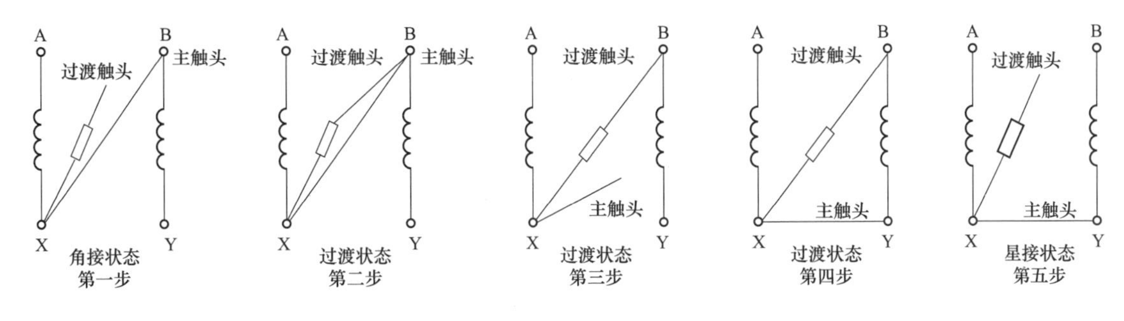

图 2-15　高压侧切换过程

2. 低压侧切换过程

有载调容变压器从大容量工作方式切换到小容量工作方式时，高压侧绕组从三角形连接向星形连接切换，为保证输出电压的稳定，低压侧绕组需要同时进行串并联的切换，低

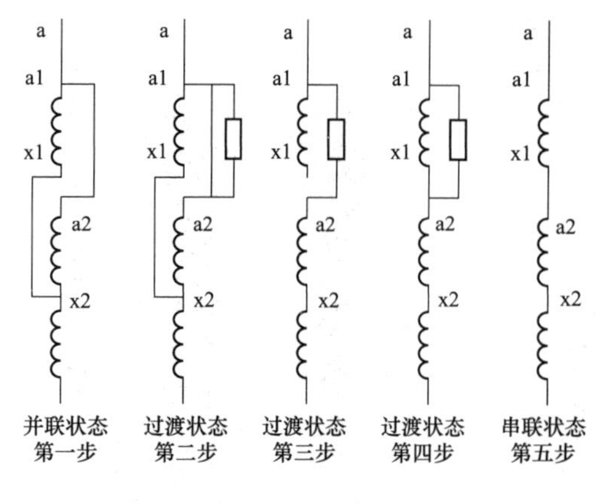

图 2-16　低压侧切换过程

压侧切换过程如图 2-16 所示。具体包括以下几个步骤：

第一步：对应高压侧三角形连接状态，低压绕组的 a1、a2 连接，x1、x2 连接；

第二步：低压过渡电阻接入；

第三步：a1、a2 断开，x1、x2 断开，产生电弧，过渡电阻串入回路；

第四步：x1、a2 连接；

第五步：过渡电阻断开，对应高压侧星形连接状态。

3. 切换过程关键要点

在高压侧切换过程中，其第二步与第五步都会形成电弧，触头间恢复电压可以高达 6kV，如此高的电压极有可能造成电弧重燃，产生严重的短路事故。另外，开关低压侧的接触电阻要小于 300$\mu\Omega$，各触头偏差要小于 100$\mu\Omega$，这是有载调容开关实现切换的关键要点。

4. 可靠息弧设计

为实现立柱式有载调容开关在高电压下能够安全熄弧，将串联多断口技术应用于开关的设计中，即把一个高的电压分布于多个串联的触头，共同完成切换任务，从而保证每个触头承受的切换电压都小于 2000V，这样就可以保证开关具有良好的熄弧效果。应用串联多断口技术后的高压侧切换过程如图 2-17 所示。

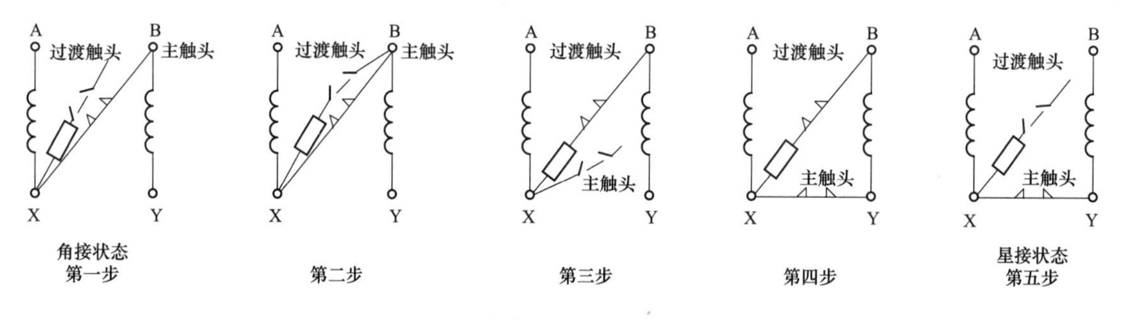

图 2-17　多断口下高压侧切换过程

5. 接触电阻

为了降低低压触头的接触电阻并延长其使用寿命，通常采用特殊的镀银工艺，并加大弹簧压力，铜钨合金也可以有效延长触头寿命。

第三章　变压器有载调压技术

电压是检验电能质量的一个重要指标。随着国民经济的快速发展和人民生活水平的不断提高，对供电质量和供电可靠性提出了更高的要求。电力系统运行中因各种原因造成的电压偏移，严重时会给电力设备、电力用户及系统本身带来巨大损失与破坏。有载调压变压器能够带负荷调节电压，是电压控制的有效手段。在无功电源充裕的电网中，利用有载调压变压器调压，是保证电力用户获得良好电压质量的重要技术手段。因此，近年来有载调压变压器在配电网中逐步得到普及应用。

第一节　有载调压技术难点

变压器有载调压是在带负荷的情况下，利用有载调压开关进行绕组间分接头切换，改变高、低压绕组匝数比，从而改变变压器高、低压侧变比以实现电压调整的目的。有载调压开关是变压器实现有载调压的核心部件，其带载动作时常出现各种故障，不能可靠动作，直接影响变压器整体安全稳定运行。

（1）机械触头式有载调压开关切换产生电弧且容易发生故障。传统的有载调压变压器，其分接开关均为机械触头式开关，由复杂的机械构件和电动部件组成，切换时产生电弧，长期运行会影响变压器的绝缘特性，并容易引起触头烧蚀，发生触头脱落、滑档、操作机构失灵、限位装置失灵、主轴扭断和电气机械连接失灵等故障。而且机械式有载调压开关有调节速度慢与不能频繁操作的固有缺陷，大大制约了变压器有载调压功能的发挥。为解决传统有载调压开关存在的上述问题，近年来新提出了一种机械式真空灭弧型有载调压开关方案，它不同于传统采用绝缘油灭弧的油浸式开关，其分接头切换是在真空管中完成，所以不存在切换电弧造成油劣化和污染问题。另外，随着电力电子技术的发展，晶闸管的容量及性能有了很大提高和改善，新型的快速响应的无弧、无冲击的电力电子调压技术取代传统的机械式有载调压技术已是大势所趋，国内外科研机构都加大了对这一领域的研究力度，相继提出了各自的无弧有载调压技术方案。利用电力电子器件无弧和可快速控制等特性，解决传统机械式有载分接开关的固有问题，具有调压响应速度快（几十毫秒）、故障率低等优点，但也存在电力电子器件的用量较大、结构复杂、成本较高等缺点。在电力电子式有载调压分接开关结构设计、保护控制系统与控制方法设计以及整机上电启动等方面，如何考虑电力电子器件的耐压水平、运行的安全性和可靠性等还存在需要深入探讨的问题。

（2）有载调压开关控制参数设置的准确合理性直接影响电压质量。为了保证变压器的稳定运行，需要正确设置开关控制参数。在进行有载调压开关档位调整之前，需获取到采样电压数值，然后与设置的基准控制电压值进行对比，进而对驱动电机发出升压和降压控制命令，控制电机的行动方向和旋转角度。在调压控制之前，需要把基准电压、上下限数值、过电压、补偿电阻等参数设置好。控制参数设置是否合理，决定着变压器输出侧的电压质量，尤其是基准电压应该符合用电设备的电压质量要求。在实际运行过程中，还需要考虑到压降、采样误差等多种综合因素的影响，实现对有载调压开关的有效控制，避免产生热缺陷故障。

第二节　永磁真空有载调压开关设计

一、有载调压开关类型与特点

配电变压器新型有载调压开关大体可分为机械式、电力电子式、复合式三大类。机械式又可分为改进型、带在线滤油装置型和真空灭弧型三种。机械式真空灭弧型有载调压开关功能实现的关键是真空切换开关的选择与过渡电路的设计，性能水平主要取决于真空触点的性能参数（包括额定电流、额定电压与额定容量）及操动机构。

传统的操动机构有直流电磁式、气压式、液压式和弹簧式等，其传动环节多、机械零件多、累计运动公差大且响应缓慢、可控性差、效率低。因此，动作时间的分散性、不可控性决定了传统操动机构很难实现同步控制。永磁机构通过电磁铁与永久磁铁特殊的组合方式，实现了传统断路器操动机构的全部功能，为同步关合技术的实现提供了可能性。永磁机构动作时运动部件少，各部件连接简单且紧密，从而大大减少了动作时间的分散性，比其他机构更加符合同步控制对机构动作时间分散性的要求。通过对电磁线圈中电流的控制，可以控制机构的启动、停止和运动过程。因此，永磁机构比其他机构更容易进行控制。永磁机构的机械零件比其他传统的机构少，所占的空间体积小。如果为断路器的每一极各配一个永磁机构，可以实现断路器三极独立操动。永磁真空有载调压开关则是基于机械式真空灭弧型有载调压技术与永磁机构相结合研发而成。

二、有载调压真空开关永磁机构选取

有载调压真空开关的关键在于有效利用永磁机构的功能及控制。永磁机构自身具有结构简单、机械可靠性高、易于实现控制、永磁保持能耗低等特点，因此成为电力设备开关控制的一种重要操动机构，有助于实现电力设备开关等部件的智能化。

永磁机构通过对线圈的通电控制实现铁心的分、合闸动作，通过永久磁铁的吸合作用

实现动铁心在分、合闸位置的保持功能，有时只实现合闸保持。永磁机构的工作原理基本相同，但具体的结构形式却有所区别。根据外形的不同，永磁机构可以分为方形机构和圆形机构两类。当所需的合闸保持力相同时，由于方形机构的磁场分布不均匀，要使中心磁场不至于过饱和，需增大永久磁铁的体积。且在动铁心高度相同的情况下，方形机构动铁心的受力面积小于圆形机构，为使动铁心受到同样大小的力，方形机构的动铁心需要具有更大的高度。因此，方形机构总体积较圆形机构大。又因为线圈电流产生的磁场在方形机构中只能在两侧形成闭合磁路，而圆形机构四周均能形成闭合磁路，产生同样大小的磁力方形机构所需的电流更大。由于方形机构动铁心质量大，单次分、合闸操作过程中消耗的能量更多。但是方形机构的结构比较灵活，对应用场合的空间限制较小，且主要部件为冲压件，利于批量生产。因此，选取方形永磁机构作为有载调压真空开关的操动机构。

三、有载调压真空开关永磁机构的稳态结构

永磁机构主要由以下几部分组成：静铁心和磁轭为永磁机构提供磁路通道；动铁心为机构主要的运动部件；永久磁铁提供机构保持所需的磁力；线圈控制机构完成分、合闸动作，对于单稳态永磁机构，线圈主要负责合闸动作；驱动杆连接操动机构与开关的传动机构。永磁机构根据分闸操作的不同，可以分为双稳态永磁机构和单稳态永磁机构。双稳态永磁机构有两个线圈，分别控制永磁机构的分、合闸动作，控制分闸动作的为分闸线圈，控制合闸动作的为合闸线圈。因为主工作气隙的存在，永久磁铁的绝大部分磁通都通过下方的低磁阻抗回路。图 3-1 所示为双稳态永磁机构的合闸过程。

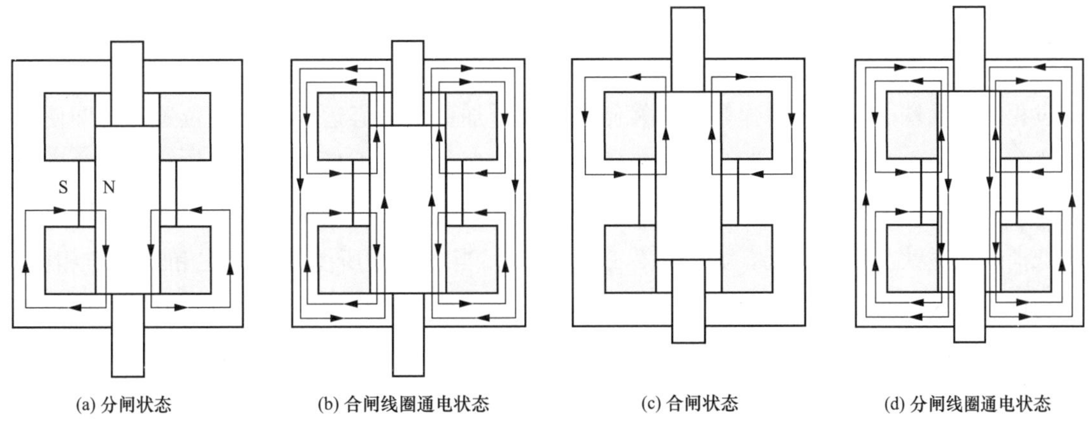

图 3-1　双稳态永磁机构的合闸过程

动铁心在永久磁铁的作用下，稳定保持在下方的分闸位置，如图 3-1（a）所示。对上方合闸线圈通电如图 3-1（b）所示，电流产生的磁场将削弱永久磁铁对动铁心的作用。电流增大到一定值时，动铁心所受到的吸力与负载反力相等，即动铁心与静铁心之间的压力为零。此时动铁心将向上运动，开始合闸。一旦运动开始，动铁心下方的气隙增大，上方气隙减小，永久磁铁的磁通逐渐由下方回路移动到上回路。最终在线圈电磁场和不断增加

的永久磁铁产生磁场的作用下，动铁心加速运动至合闸。到达合闸位置后，永久磁铁将在上方回路形成较强磁场。此时，即使切除线圈电流，动铁心依旧可以在永久磁铁的作用下稳定保持在合闸位置，如图 3-1（c）所示。分闸过程与合闸过程类似，对分闸线圈通电如图 3-1（d）所示，即可完成分闸操作。

单稳态永磁机构只有一个线圈，主要负责永磁机构的合闸动作。分闸过程则主要依靠释放分闸弹簧的储能来完成，图 3-2 表示了单稳态永磁机构的合闸过程。

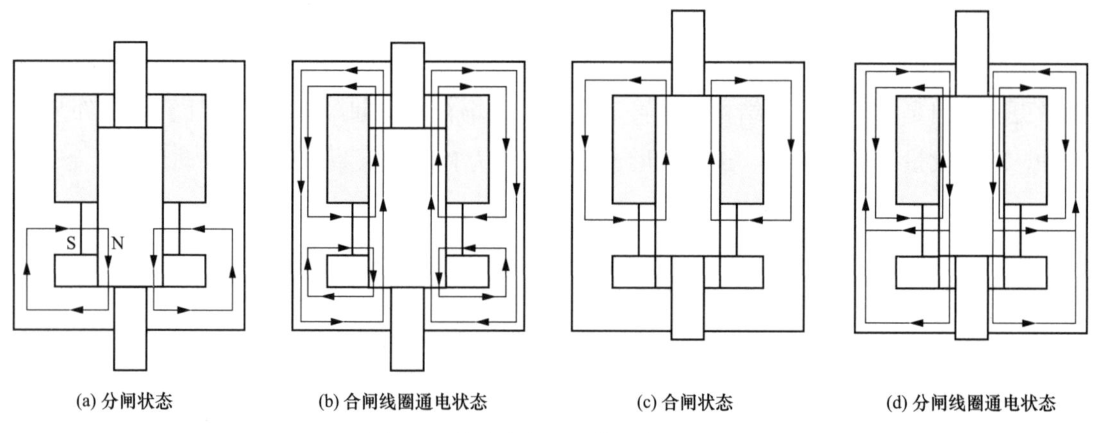

图 3-2　单稳态永磁机构的合闸过程

动铁心在分闸弹簧的作用下保持在分闸位置如图 3-2（a）所示，由于永久磁铁磁路具有很大气隙，因此永久磁铁几乎对动铁心的状态没有影响。此时对合闸线圈通电，线圈电磁场产生的磁通经过磁轭、永久磁铁、动铁心、主工作气隙、静铁心形成闭合磁路，如图 3-2（b）所示。线圈电流的方向是使线圈电磁场产生的磁场与永久磁铁的磁场方向相同。随着电流不断增加，动铁心所受磁力逐渐增大。当磁力之和大于反力时，动铁心开始合闸动作。合闸过程中，动铁心不断压缩弹簧，弹簧储能不断增加。动铁心运动至合闸位置后，即使切除线圈电流，永久磁铁通过动铁心、静铁心和磁轭形成的强大磁场，还是使动铁心稳定保持在合闸位置，如图 3-2（c）所示。分闸时，向分闸线圈通以相反方向电流，使线圈电磁场抵消永久磁铁产生的磁场，如图 3-2（d）所示。当动铁心所受的磁力之和与反力相同，即动铁心与静铁心之间的压力为零时，弹簧储能将迅速得到释放，动铁心在弹簧的作用下迅速完成分闸。至分闸位置，动铁心所受的永久磁铁吸力十分小，且弹簧具有一定预压力，动铁心因此能够稳定保持在分闸位置。

双稳态永磁机构具有如下特点：

（1）机构合闸过程不需对分闸储能，合闸能量较小；

（2）机构在合闸位置的反力较小，对永久磁铁提供的永磁保持力要求较低；

（3）机构结构对称，无论分闸动作还是合闸动作，运动开始时速度均较低，动作后期由于永久磁铁推动作用的增加导致速度过高；

（4）机构包含两个线圈，制造成本略高。

单稳态永磁机构具有如下特点：

（1）机构合闸动作需要对分闸弹簧进行储能，合闸能量较高。分闸时，线圈电流只需抵消永久磁铁磁力与系统反力之差，由分闸弹簧释放储能完成，分闸能量较低。

（2）机构不对称，合闸过程运动反力逐渐增大。分闸时，弹簧短时间内释放储能，使动铁心具有较高的初始速度，有利于快速切除故障。

（3）分闸弹簧加大了机构的反力，因此需要永久磁铁提供更大的永磁保持力。

（4）机构只有一个线圈，整体体积较小，适用场合较多，便于安装在户外箱体内。而且，通过调整分闸弹簧来改变机构的运动特性及出力特性，方便在不同应用场合适时对机构进行必要的调整。

针对两种稳态结构特点，选用两个双稳态永磁机构作为操动机构以实现多级调压开关的扁平化和小型化设计。永磁真空开关作为转换开关，断路器作为选择开关，协同配合实现变压器有载无弧免维护调压，提高有载调压开关的可靠性和适用性。

四、永磁真空有载调压开关工作原理

永磁真空有载调压开关的工作原理如图 3-3 所示。

图 3-3 中的档位选择开关触点 K1、K2 由同一永磁机构控制，K3 和 K4 各自采用永磁机构控制，上述触头为油内触点，真空切换开关触点 V1 和 V2 由同一永磁机构控制。

图 3-3（a）位置：选择开关选择的分接位置为 X5，变压器负载电流 I_L 经闭合真空管 V1 流出，过渡电阻回路真空管 V2 断开。V2 承受电压为 $2U_s$，U_s 为额定级电压。对于 SYYMZ-10D/±2×2.5%型开关，$U_s=250V$。

图 3-3（b）位置：过渡电阻回路真空管 V2 闭合，由分接头 X5 及 X3 间级电压 $2U_s$ 在过渡电阻回路产生内部循环电流 I_R 并流经 V2，$I_R=2U_s/R$，I_L+I_R 经真空管 V1 流出。

图 3-3（c）位置：真空管 V1 断开，电弧熄灭后，负载电流 I_L 经过渡电阻及真空管 V2 流出。V1 断口处产生恢复电压 $U_{v1}=I_LR+2U_s$，引起负载输出电压降落 I_LR。

图 3-3（d）位置：在真空管 V1 断开后，档位选择开关 K1 在无载状态下动作，选择 X4 分接头，K2 因同 K1 受同一电磁铁控制由选择分接点 X2 转换为 X3。V2 保持闭合，流过负载电流 I_L，V1 断口电压变为 U_s，引起负载输出电压降落 I_LR。

图 3-3（e）位置：真空管 V1 闭合，分接头 X4 及 X3 间级电压在过渡电阻回路产生内部循环电流 I'_R流经 V2，$I'_R=U_s/R$，$I_L+I'_R$经真空管 V1 流出。

图 3-3（f）位置：真空管 V2 断开，分接头 X3 提供电压输出，变压器负载电流 I_L 经闭合真空管 V1 流出，V2 断口处产生恢复电压 $U_{v1}=U_s$。

永磁真空有载调压开关所采用的切换过渡方式与常规的单电阻三触点式和双电阻四触点式真空切换开关过渡方式相比，每相节省了 1～2 个真空管，在调压档位要求不多的 10kV 系统可满足有载调压要求。

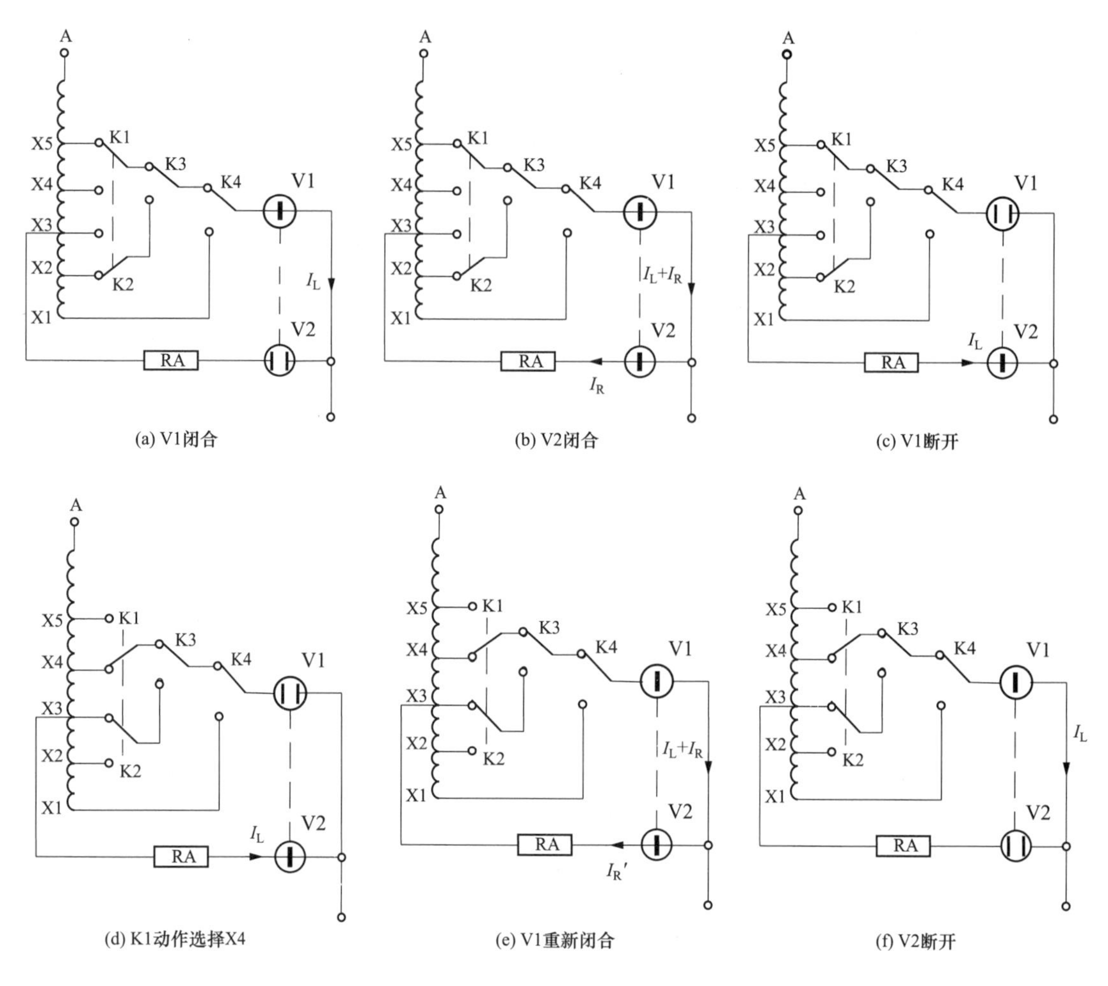

(a) V1闭合　(b) V2闭合　(c) V1断开

(d) K1动作选择X4　(e) V1重新闭合　(f) V2断开

图 3-3　永磁真空有载调压开关的工作原理

由表 3-1 可知：真空管端电压长期最大值为 $2U_s$，过渡切换时瞬时恢复电压最大值为 $2U_s+I_LR$，选择合适的过渡电阻，一般此电压小于 $4U_s$。真空管额定电压应依据 $2U_s$ 大小确定并留有裕度，而计算断口容量时应按照 $2U_s+I_LR$ 计算确定。真空管开断电流最大为 I_L+I_R，选择合适的过渡电阻，一般此电流小于 $2I_N$，开断容量也对应小于$(I_LR+2U_s)\times(I_L+I_R)$，此值一般小于 $8U_sI_L$。上述分析对于切换开关配合档位选择开关进行档位调整时，结论也是适用的。

表 3-1　　**永磁真空有载调压开关转换任务表**

过程		真空管	
		V1	V2
(a)	流过或开断电流	I_L	0
	端电压或恢复电压	0	$2U_s$
	所需断口容量	0	0
	负载电压降低	0	

续表

过程		真空管	
		V1	V2
(b)	流过或开断电流	I_L+I_R	I_R
	端电压或恢复电压	0	0
	所需断口容量	0	0
	负载电压降低		
(c)	流过或开断电流	I_L+I_R	I_L
	端电压或恢复电压	I_LR+2U_s	0
	所需断口容量	$(I_LR+2U_s)\times(I_L+I_R)$	0
	负载电压降低	I_LR	
(d)	流过或开断电流	0	I_L
	端电压或恢复电压	I_LR+2U_s	0
	所需断口容量	0	0
	负载电压降低	I_LR	
(e)	流过或开断电流	$I_L+I'_R$	I_R
	端电压或恢复电压	0	0
	所需断口容量	0	0
	负载电压降低	0	
(f)	流过或开断电流	I_L	I'_R
	端电压或恢复电压	0	U_s
	所需断口容量	0	$U_sI'_R$
	负载电压降低	0	

所选择过渡电阻的温升应符合标准要求：有载调压开关过渡电阻应在 1.5 倍额定通过电流和相关额定级电压下连续操作半个循环（1→N），过渡电阻器对周围变压器油介质的温升不应超过 350K。温升受开关变换操作频次、过渡电阻的载流时间、散热状况（热时间常数）和电阻材料（电阻率、密度、热导率和允许最高工作温度）等因素的影响。过渡电阻散热与电阻器运动与否密切相关，比如复合式调压开关的过渡电阻器随同切换动弧触头一起绕中心绝缘传动轴转动。因此，它的散热状况比组合式调压开关的固定式过渡电阻器的散热状况好。

上述转换过程需要图 3-4 所示的切换开关及选择开关工作时序配合。

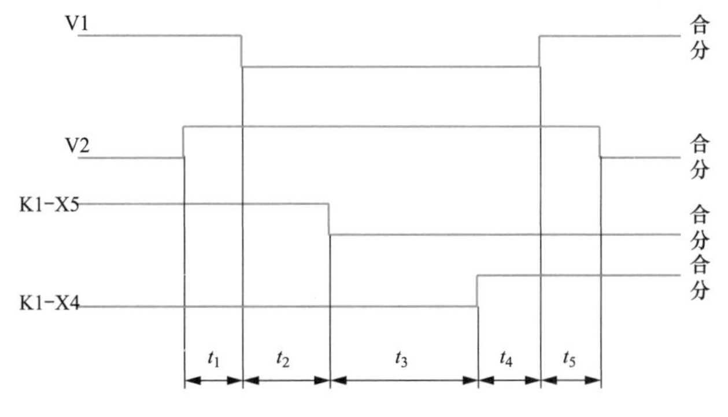

图 3-4　切换开关及选择开关工作时序配合

上述过程中，考虑到不同开关的合闸弹跳时间相差 2ms 左右，t_1 应大于此值；根据可靠灭弧时间 t_2 大于 $1.2/2f_s$ 即 12ms，因在档位选择开关在无载条件下切换；t_3 理论上越短越好，实际考虑到级间绝缘及开关速度，一般在 20ms 左右；t_4、t_5 考虑到合闸弹跳时间，也应在 2ms 以上。根据相关标准规定，配电变压器用有载调压开关的动作时间 $t_1+t_2+t_3+t_4+t_5$ 应为 20～40ms。

第三节　无弧有载调压开关设计

一、无弧有载调压开关设计思路

连接和切换变压器分接抽头的装置称为分接开关，当前有载调压变压器广泛采用的是机械触头式分接开关。由于机械开关不存在断态电压及通态电流限制，所以机械触头式有载分接开关可应用于各种容量与电压等级的变压器中。但从长期运行经验可知，机械式分接开关存在很多缺陷，如电弧的产生、动作时间长以及调压机构复杂等。在机械式有载分接开关切换过程中会产生电弧，引起触点烧蚀甚至粘连以及变压器的绝缘油介质老化，影响变压器运行特性和绝缘特性。机械机构动作速度慢、时间长，而电力系统中暂态时间十分短暂，需要快速得到响应。机械式有载调压分接开关由分接开关、分接选择器、电动机和传动机构组成，分接开关切换时涉及环节太多，任何一个环节出现问题都将容易引起故障，影响变压器正常运行，给电网运行的安全性带来了威胁。其分接开关动作速度慢、故障率较高等问题仍未解决，并且其成本较高，极大影响了有载调压变压器在配电网中的功能发挥。

国内对有载调压开关的研究一致认为，有载分接开关实现快速无弧化是必然趋势，无弧调压开关技术正处于试验和摸索阶段。有效改善传统有载调压变压器在配电网中的应用现状，其关键是消除机械式有载调压开关进行分接头切换时所产生的电弧烧蚀触头问题。目前，无弧调压的设计思想大体分两种，一种是采用取消机械式触头的大功率晶闸管来实现有载调压，另一种是机械触头与晶闸管相结合的混合式有载调压。随着电力电子器件及其应用技术的发展，基于电力电子开关的各种有载调压方案纷纷出现，这其中主要集中在两个方向：一是专注于解决机械式有载分接开关切换时产生电弧问题的晶闸管辅助式有载分接开关；二是利用电力电子开关直接代替机械开关的全电力电子式有载分接开关。晶闸管辅助式有载分接开关在传统机械触头式有载分接开关的基础上，利用晶闸管无触点通断的特点来实现分接头切换过程的灭弧目的。由于开关主体仍是带有复杂机构的机械式分接开关，动作时间长且不能频繁的操作，所以还有待对高性能开关进行深入的研究。利用电力电子开关直接代替机械开关的全电力电子式有载分接开关，其以电力电子器件作为调压装置的执行机构，以单片机技术为控制器核心，通过采集变压器二次侧电压并与系统设置的基准值比较，控制分接开关的工作状态，实现整个调压装置的自动工作。整个调压装置中没有机械部分，可频繁操作且不产生电弧，控制方式简单实用，稳定性和可靠性高，造价低廉，将会成为配电变压器有载调压技术发展的新方向。

电力电子开关型有载调压是指采用电力电子开关技术，通过控制电力电子开关器件的导通角或者通断来实现变压器分接头的切换和有载调压。由于其在响应速度及自动控制方面的优势，相关领域的研究成为热点。随着电力电子元器件的容量及性能的提高，电力电子开关型有载调压技术取得了较大的发展，研究主要集中在电力电子开关结构、开关拓扑、电力电子开关类型等方面。我国在电力电子技术与有载分接开关结合使用方面也进行了大量研究：将固态继电器或者晶闸管作为分接开关，设计有载自动调压变压器，对电力电子开关的结构进行改进，采用不同的拓扑结构以实现有载调压的大范围平滑调节。

电力变压器在电力系统中应用广泛，二次侧电压高于一次侧电压的变压器称为升压变压器；反之，称为降压变压器；二次侧直接供电给用户的变压器称为配电变压器。下面对电压等级为 10kV 和 35kV 额定容量为 500kVA 和 3150kVA 的两种配电变压器进行绕组计算。两种配电变压器的技术性能参数如表 3-2 所示，10kV 和 35kV 配电变压器的高压绕组各分接电压及匝数分别如表 3-3 和表 3-4 所示。

表 3-2　两种配电变压器的技术性能参数

型号	额定容量（kVA）	额定电压（kV）		联结组别	损耗（kW）		空载电流（%）	阻抗电压（%）
		一次	二次		空载	负载		
S13—500/10	500	10±5%	0.4	Dyn11	0.48	5.41	0.16	4
SZ11—3150/35	3150	35±3×2.5%	10.5	Yd11	3.23	24.7	0.5	7

表 3-3　10kV 配电变压器高压绕组各分接电压及匝数

名称	+5%分接	主分接	−5%分接
线电压（V）	10500	10000	9500
相电压（V）	6062	5774	5485
高压绕组匝数	577	550	523

表 3-4　35kV 配电变压器高压绕组各分接电压及匝数

名称	+7.5%	+5%	+2.5%	主接头	−2.5%	−5%	−7.5%
线电压（V）	37625	36750	35875	35000	34125	33250	32375
相电压（V）	21722	21218	20713	20210	19703	19197	18690
高压绕组匝数	890	869	848	827	807	786	765

低压绕组线电压为：400V

相电压为：231V

低压绕组匝数为：22

匝电压（V/W）为：10.4973

高压绕组额定电流为：

$$I_1=\frac{S_N}{\sqrt{3}U_1}=\frac{500}{\sqrt{3}\times 10}=28.87\ (A) \tag{3-1}$$

低压绕组额定电流为：

$$I_2=\frac{S_N}{\sqrt{3}U_2}=\frac{500}{\sqrt{3}\times 0.4}=721.7\ (A) \tag{3-2}$$

高压绕组分接头间电压差约为：

$$U_{s10}=27\times 10.4973=283.4271\ (V) \tag{3-3}$$

低压绕组线电压为 10500V

低压绕组匝数为：430

匝电压为：24.4186V/W

高压绕组额定电流为：

$$I_1=\frac{S_N}{\sqrt{3}U_1}=\frac{3150}{\sqrt{3}\times 35}=51.96\ (A) \tag{3-4}$$

低压绕组额定电流为：

$$I_2=\frac{S_N}{\sqrt{3}U_2}=\frac{3150}{\sqrt{3}\times 10.5}=173.21\ (A) \tag{3-5}$$

高压绕组分接头间电压差约为：

$$U_{s35}=21\times 24.4186=512\ (V) \tag{3-6}$$

电力变压器的有载调压分接开关大多在高压绕组上，这是因为：①设置分接开关的目的是为了补偿外施电压的变化，外施电压都是加在高压绕组上。当外施电压增高时，需要使用分接开关来改变分接位置以增加高压绕组的匝数，从而维持绕组每匝电压和低压输出电压不变；当外施电压降低时，减少高压绕组匝数，从而改变高、低压绕组的变比，维持输出电压恒定。维持绕组每匝电压不变，铁心中的磁通密度就不变，可有效避免因外施电压偏离其额定值而使变压器铁心达到饱和的危险程度。②分接开关设置在高压侧是因为高压绕组内流过的电流较小，其本身流过的电流也小。

通过以上计算可以看出，额定容量为 500kVA 的 10kV 配电变压器高压绕组的额定电流为 28.87A，额定容量为 3150kVA 的 35kV 配电变压器的高压绕组额定电流为 51.96A，而目前大功率电力电子开关的额定电压高达万伏，额定电流也达上千安，所以用组合合理的大功率电力电子开关替代机械式有载调压分接开关是可行的。电力电子开关具有良好的开断特性，但必须为运行中可能出现的涌流留有 1/3 或更多裕度，以防过载烧毁。

二、无弧有载调压方案设计

（一）典型设计方案一

电力电子开关双向晶闸管与传统的分接选择器相结合，开关切换原理如图 3-5 所示。

为简化明了起见，图中只画出了变压器一个高压绕组的两个抽头 X1 和 X2；R 为过渡电阻，并起限流作用；SCR1、SCR2 为无触点电力电子开关双向晶闸管；ST 为分接选择器，在无负载下选择分接头。

工作原理：如果有载调压变压器工作在高压绕组的 X1 分接头，双向晶闸管 SCR1 处于全导通状态，1-ST-R 通路中无电流，SCR2 处于阻断状态。由于系统电压发生变化，经计算分析，要保持低压侧输出电压恒定需要变压器工作在分接头 X2，首先分接选择器在无负载的情况下由 1 转换到 2，关断 SCR1，则电流通路为 X2-2-ST-R，触发导通 SCR2，电流通路变为 X2-SCR2，完成一次分接的转换。

（二）典型设计方案二

以大功率固态继电器组代替方案一中的分接选择器 ST，完成分接选择任务，图 3-6 所示为接线方式，这样可免去传统机械式有载调压变压器中的所有运动部件及相关的电动机构，消除原有的机械和电动机构故障隐患，更易于通过软件控制快速完成分接选择和切换。

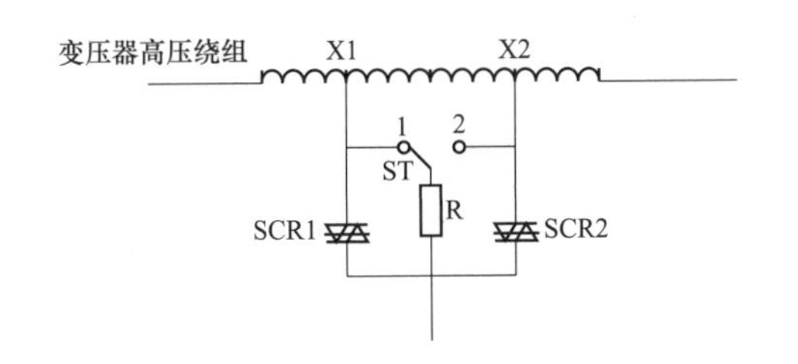

图 3-5　方案一无弧切换原理

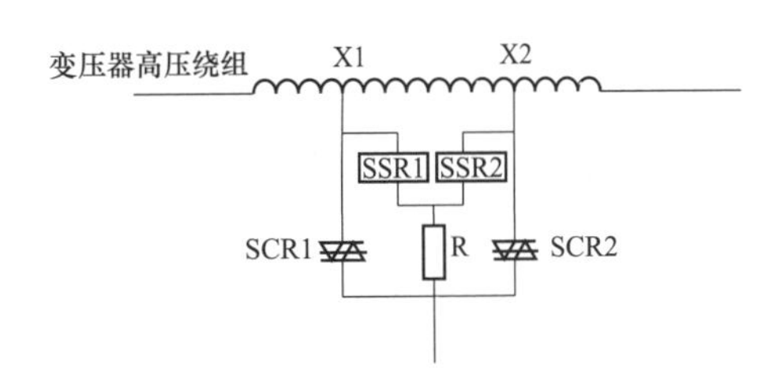

图 3-6　方案二无弧切换原理

无弧有载调压分接开关方案二的工作原理如下：假如有载调压变压器正运行在高压绕组的分接头 X1 位置，双向晶闸管 SCR1 处于全导通状态，电流通路为 X1-SCR1，SSR1、SSR2 及 SCR2 处于断开状态；当系统电压发生波动，为保证低压侧供电质量，经控制系统计算和逻辑判断，要求变压器运行在分接头 X2，首先触发导通固态继电器 SSR2，再关断 SCR1，电流通路变为 X2-SSR2-R，然后触发导通 SCR2，电流通路变为 X2-SCR2，完成一次分接转换。

方案一属于机械电子混合式调压，虽然实现了无弧有载调压，但结构比较复杂。方案二完全避免了机械和运动部件，结构简单、开断快速，易于实现自动控制，在 35kV 及以下电压等级的配电变压器中使用，具有较大优势。在仿真分析与低压试验中选择使用方案二。以 10kV 三相配电变压器为例，高、低压绕组为Y/△联结方式，无弧有载调压开关方案二与变压器本体连接情况如图 3-7 所示。

三、无弧有载调压方案仿真分析

对无弧有载调压方案进行仿真试验，其仿真原理如图 3-8 所示。由于仿真元件库中无带分接抽头的变压器，故将 3 个单相变压器的一、二次绕组分别串联起来，通过适当的参数设置和连接，组成高压绕组电压调节范围为±20%的有载调压变压器。为了实现模拟电力系统中负荷变化所造成的电压波动效果，采用升压变压器模型，通过参数设置得到等变比（即 1∶1）的双绕组单相变压器，在二次侧设置 3 个时控开关，通过参数设置改变绕组串入的匝数以改变输出电压，通过电压采样反映到带抽头变压器，自动控制电力电子开关进行合理的切换，选择适当的高压绕组分接头，以确保低压输出电压在规定范围内，这样在实际电力系统中就可确保对用户的供电质量。

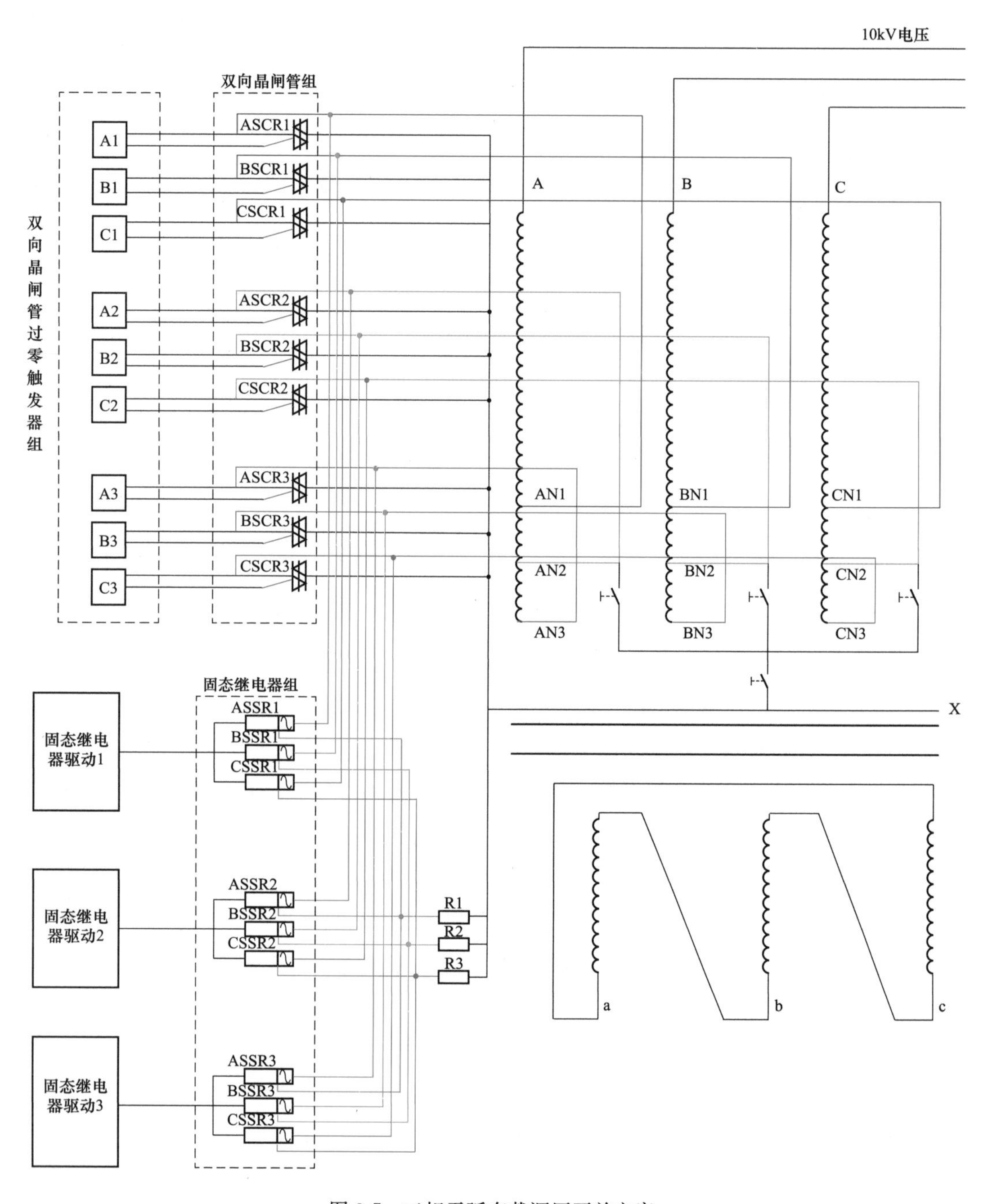

图 3-7　三相无弧有载调压开关方案

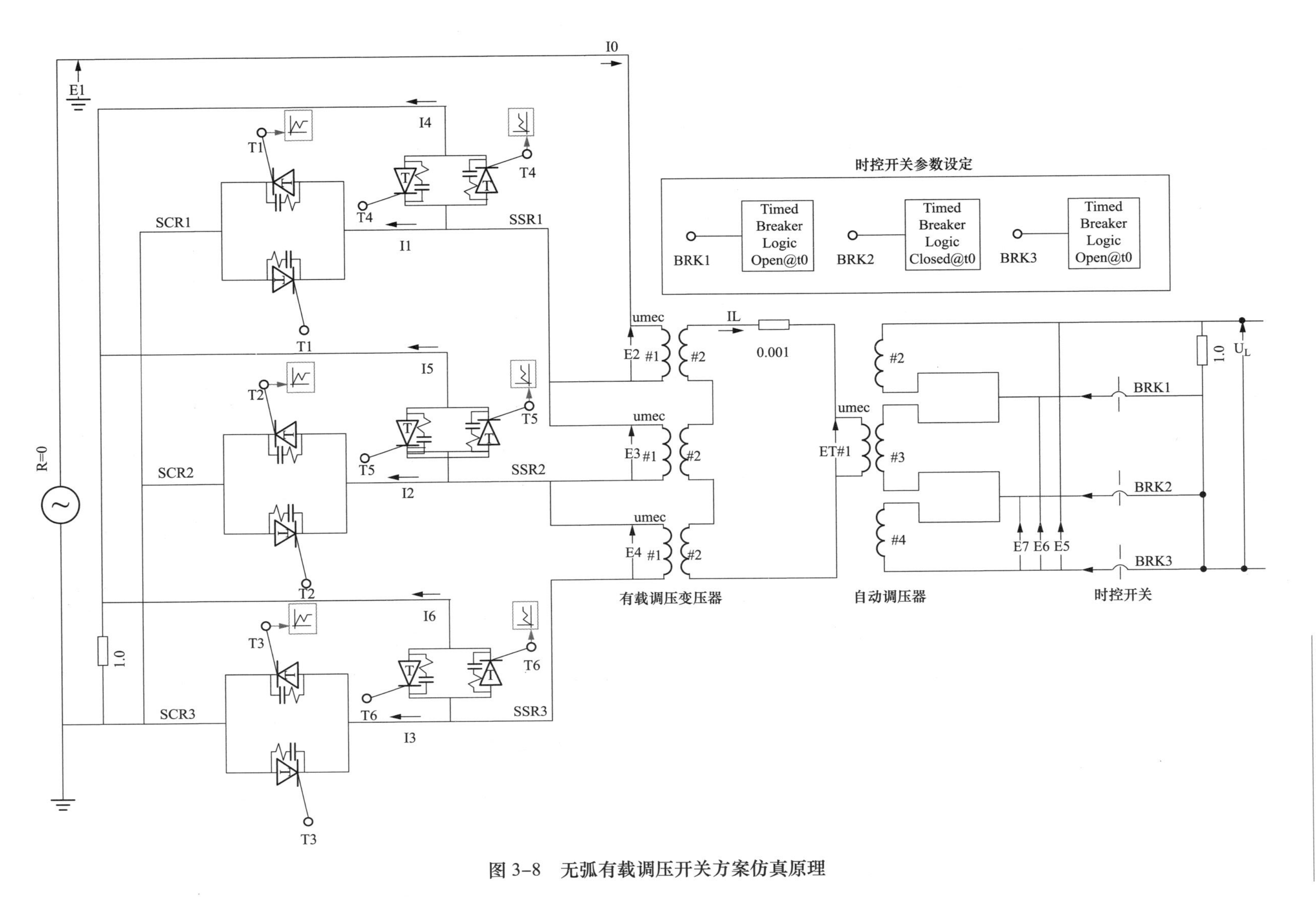

图 3-8　无弧有载调压开关方案仿真原理

在仿真研究中，通过观察流过各支路反并联晶闸管的电流，就可了解各反并联晶闸管的导通和阻断状态，以及根据负荷电压波动自动切换绕组分接头的详细过程。各开关相互切换过程以及切换过程中的各支路电压、电流波形如图 3-9 所示。

假设开始负荷侧电压在正常范围内，变压器运行在主抽头 2，双向晶闸管 T2 处于导通状态，其余均为阻断状态；通过时间控制 break1、break2 和 break3 闭合和断开改变负荷侧电压幅值。如果负荷侧电压发生波动产生较大的正向偏移，需要减小变压器高、低压绕组的变比以降低负荷侧的电压输出。首先触发导通双向晶闸管 T6，晶闸管 T6、T2 与过渡电

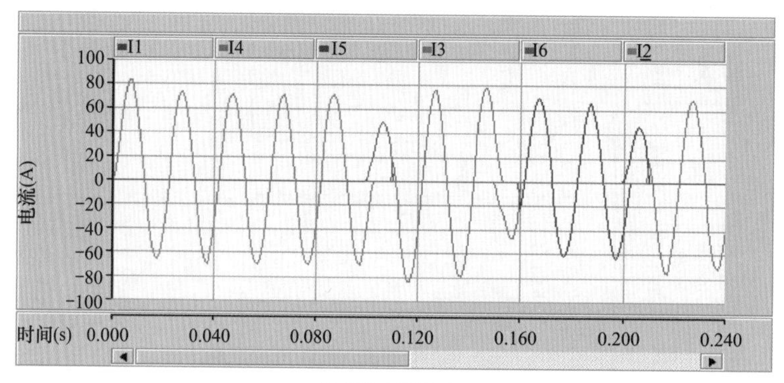

(a) 切换电流波形

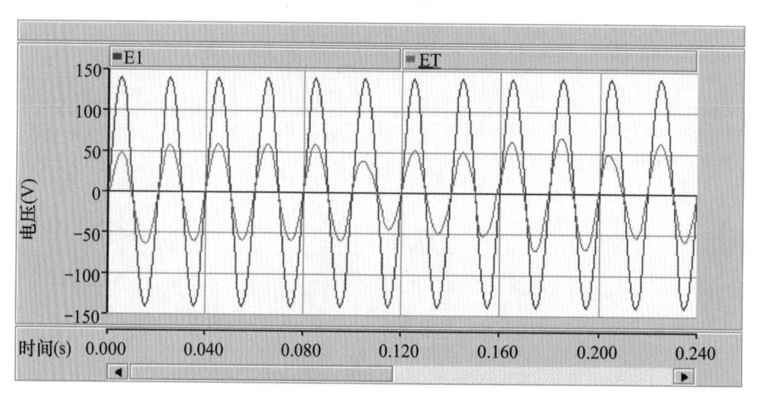

(b) 电源电压及负荷侧电压波形

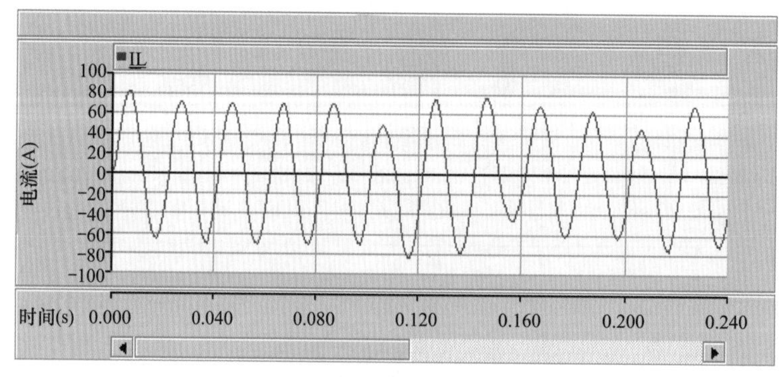

(c) 负荷侧电流波形

图 3-9 开关切换过程及各支路电压、电流波形（一）

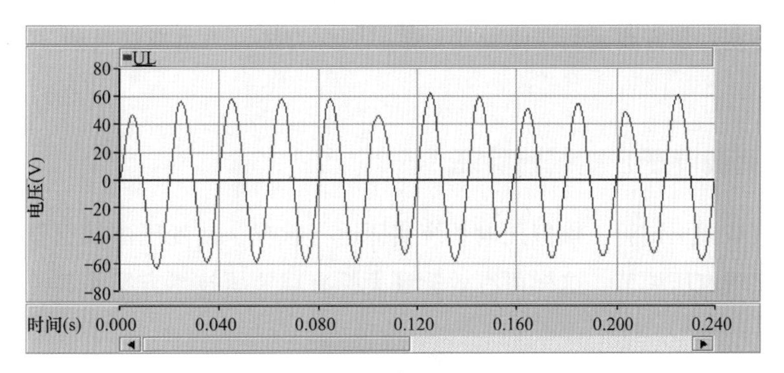

(d) 负荷侧电压波形

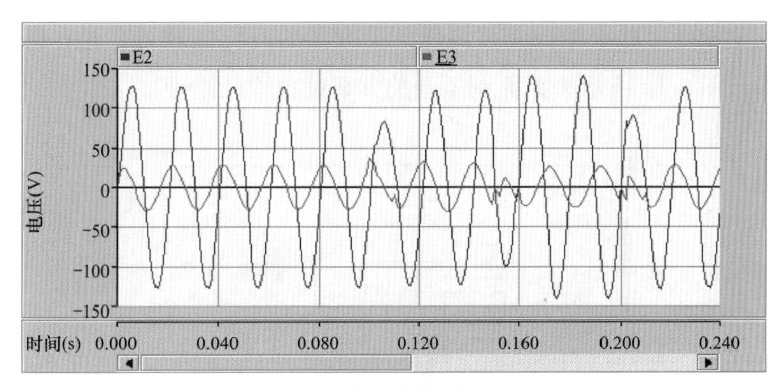

(e) 调压变压器各抽头电压1

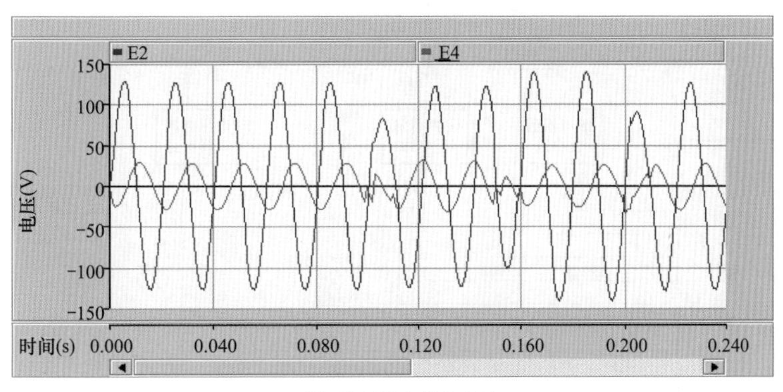

(f) 调压变压器各抽头电压2

图 3-9　开关切换过程及各支路电压、电流波形（二）

阻 r 形成环路，过渡电阻 r 起到限流作用；延时 10ms 后，停止触发晶闸管 T2，T2 将在电流过零点时自行关断；再延时 10ms 后，触发导通双向晶闸管 T3；继续延时 10ms 后，停止触发 T6，完成一次分接头切换。

间隔 2 个周波，负荷侧电压再次发生大的波动，需要减小变比，经过计算分析，应选择运行分接头 1 上，首先触发导通双向晶闸管 T4，此时 T4、T3 与过渡电阻 r 形成环路；延时 10ms 后，停止触发晶闸管 T3，T3 将在电流过零点时自行关断；再延时 10ms 后，触发导通双向晶闸管 T1；继续延时 10ms 后，停止触发 T4，完成分接头切换。间隔 2 个周波后，电压趋于稳定，如需要运行于主抽头，按照同样方法，可重新切换到 T2，将其余开关设置为关断状态。

四、无弧有载调压方案试验验证

通过无弧有载调压试验，模拟配电系统实际运行状况，使变压器根据整定值进行绕组分接头切换，实现电压调节，这样可有效验证无弧有载调压技术方案及其控制系统的正确性和可行性。

（一）试验模型构建

试验中采用单相变压器来验证无弧调压开关方案的可行性和可靠性，既可简化程序又可达到实际效果。图 3-10 所示为无弧调压开关方案试验验证原理。

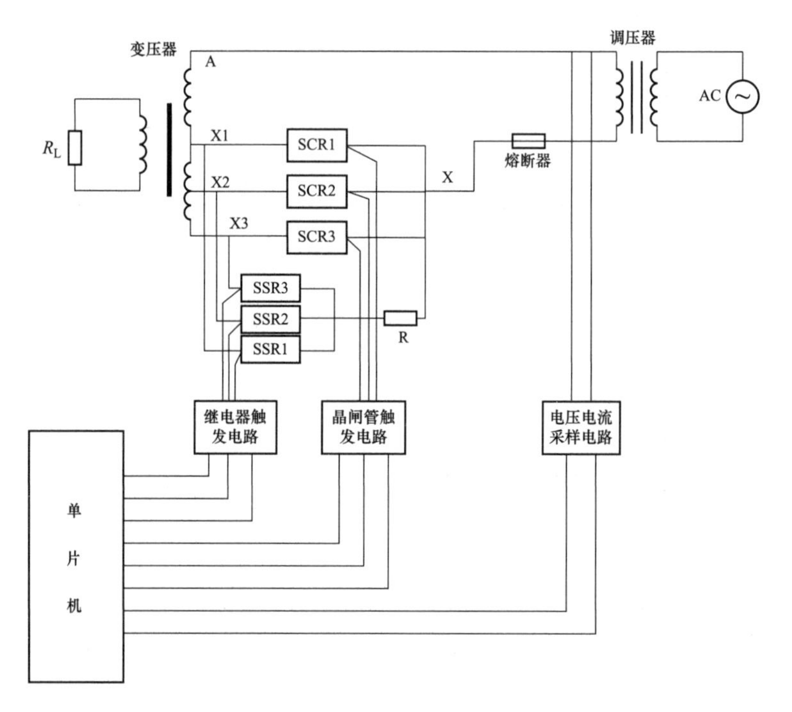

图 3-10　无弧调压开关方案试验验证原理

试验模型主要包括有载调压变压器、调压器、过渡电阻、负载、控制部分以及触发电路和无弧有载调压开关等。其中，有载调压变压器是容量为 1kVA 的特种变压器，一次侧有＋20％、0、－20％三个抽头，一次侧和二次侧的额定变比为 1∶1；无弧有载调压开关由 3 组双向晶闸管和 3 组固态继电器组成。其中，双向晶闸管作为绕组各电压分接主回路的有载切换开关，固态继电器与过渡电阻作为绕组各电压分接的过渡通路，用以保证变压器在分接头切换过程中运行的连续性，过渡电阻用以抑制两电压分接抽头同时接通时电压分接抽头之间的环流；调压器用来把 220V、50Hz 的交流电压调至 100V，从而给一次侧供电。试验过程中，可根据需要进行适当调整，R_L 为负载，熔断器用来在异常情况下保护调压器和变压器等器件不被烧毁。

（二）试验与效果分析

试验时，有载调压变压器开始工作在额定分接头 X2，此时双向晶闸管 SCR2 处于导通状态，其他开关器件处于截止状态；当电压因故变低，需要调整有载调压变压器变比，提高电压值，首先触发导通 SSR1，此时 SCR2 与 SSR1 同时处于导通状态，回路中有限流电阻限流，不会出现分接头间短路情况，停止触发 SCR2，在电流过零点自行关断，触发导通 SCR1，停止触发 SSR1，完成一次分接头转换，此时运行分接头为 X1；当电压因故升高，需调整有载调压变压器变比以降低低压侧电压，首先触发导通 SSR3，此时 SCR1 与 SSR3 同时处于导通状态，停止触发 SCR1，在电流过零点自行关断，触发导通 SCR3，停止触发 SSR3，在无弧的状态下转换到所选择的绕组分接头 X3。同理，可根据实际运行电压，通过 SSR2 的转换过渡再回到额定分接头 X2 运行。

试验中各切换支路导通和截止的实际情况可通过流过各支路的电流波形获得，如图 3-11 所示。

图 3-11（a）为双向晶闸管 SCR2 所在主分接头支路的电流波形，反映的是双向晶闸管 SCR2 的通断和负荷侧电压变化情况，依次类推。很容易看出，各电力电子开关根据负荷侧电压变化情况能够相互协调配合，衔接状况良好，分接头切换过程中不会出现断流和大的环流，这是充分利用电力电子和自动化控制技术实现无弧有载调压的理想方案。该方案如应用到 35kV 及以下电压等级的配电变压器中，将会得到极为理想的效果。

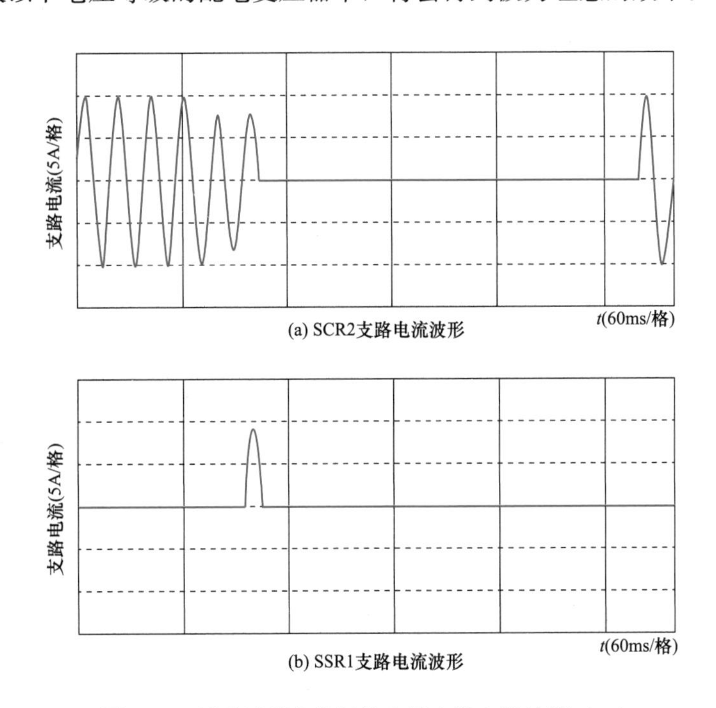

图 3-11　试验过程中各切换支路中的电流波形（一）

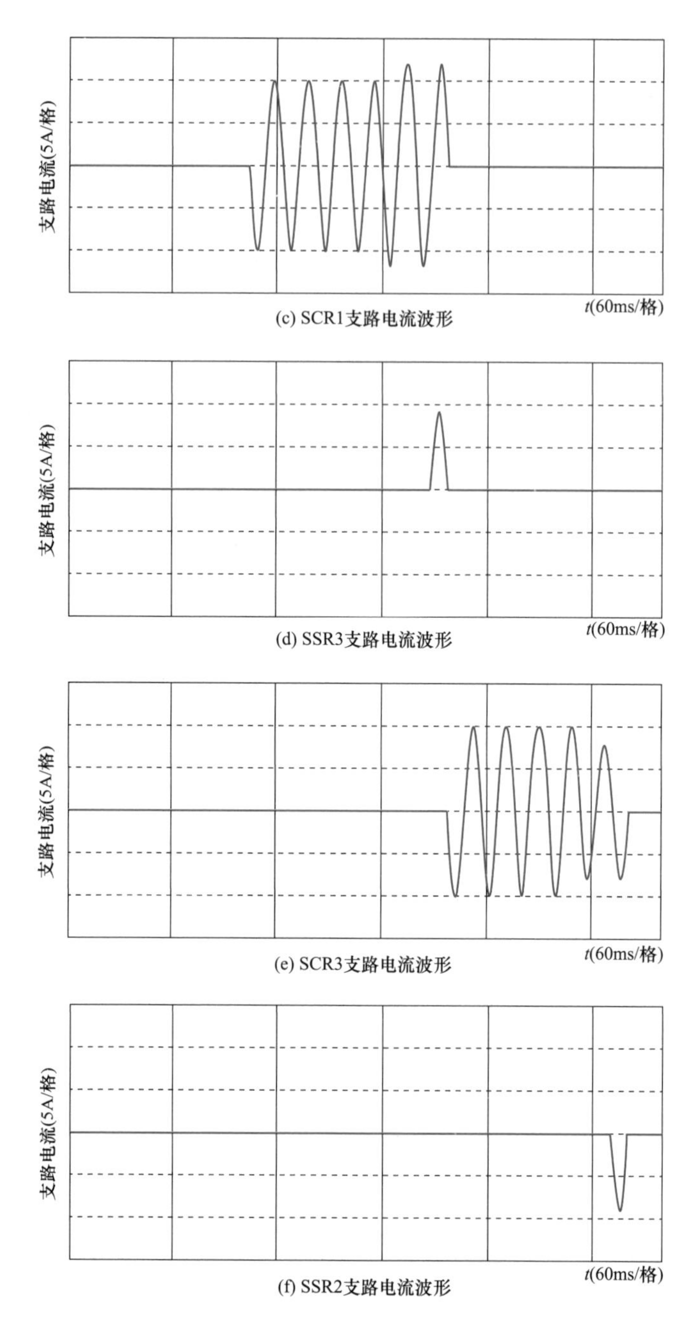

(c) SCR1支路电流波形

(d) SSR3支路电流波形

(e) SCR3支路电流波形

(f) SSR2支路电流波形

图 3-11 试验过程中各切换支路中的电流波形（二）

第四章 有载调容调压一体化设计与控制

第一节 有载调容调压一体化技术难点

有载调容调压一体化是在有载调容的基础上，将有载调容开关与有载调压开关进行一体化融合，在降低成本的基础上实现多功能集成。配电变压器的油箱空间有限，单一地实现有载调容或有载调压功能，会在一定程度上增加变压器的整体体积。而将有载调容和有载调压功能融合，相对于单一的有载调容或有载调压开关设计，一体化开关的触头数量更多、电气连接也更复杂。特别是采用真空灭弧的有载调容和有载调压开关，需解决有载调容调压开关一体化过多地增加变压器本体油箱体积的问题。有载调容调压一体化开关设计主要面临以下技术难点：①有载调容切换时变压器高压侧工频恢复电压高、低压侧切换电流大引起的电弧重燃问题突出，在体积受限的情况下开关可靠灭弧的难度进一步扩大。②开关体积受限、调容调压功能共融，开关结构复杂、触头数量多，实现有载调容调压一体化、小型化设计难度增大。③调容、调压、调无功、调三相负荷不平衡操作间相互影响，需要实现多耦合变量的有序自适应协调控制。最为关键的是将传统功能独立、分体设计的有载调容开关和有载调压开关进行功能融合，设计为一套一体化的开关装置。变压器体积受成本制约，横向、纵向扩展空间受限，开关体积大小受限。

立柱式有载调容开关在切换变压器绕组连接方式时，需要设置多个转换静触头以实现多断口灭弧。其主通断触头系统和过渡触头系统彼此独立，调容与调压集成，导致转换静触头的数目增多，排列和连接异常复杂，有载调容调压一体化、小型化设计困难。主要通过调容调压同心双层转轴和同轴导电环设计方法，采用开关触头组件共用转换技术和多转轴机械干涉技术，将有载调容开关触头组件的主动触头组件和过渡触头组件的转换静触头实现共用设计，减少触头数量和开关体积大小，实现了调容调压开关一体化优化设计。

组合式永磁真空调容调压一体化开关则面临着结构设计上压缩部件、简化设计、优化布局的问题，需要实现高瞬态恢复电压下可靠灭弧和操动机构快速稳定控制。因此，在保证安全可靠的前提下，应尽可能地压缩有载调容调压一体化开关的体积。

同时，有载调容调压开关的安装方式和进出线结构均会影响变压器的引线难易程度，特别是低压引线的长度也会显著影响有载调容调压配电变压器的整体成本。因此，设计合理的有载调容调压开关安装方式以及进出线结构也是实现有载调容调压开关一体化、小型化优化设计的关键。

第二节　立柱式有载调容调压一体化开关设计

一、立柱式有载调容调压一体化开关技术参数

立柱式有载调容调压一体化开关型号的含义如图 4-1 所示。

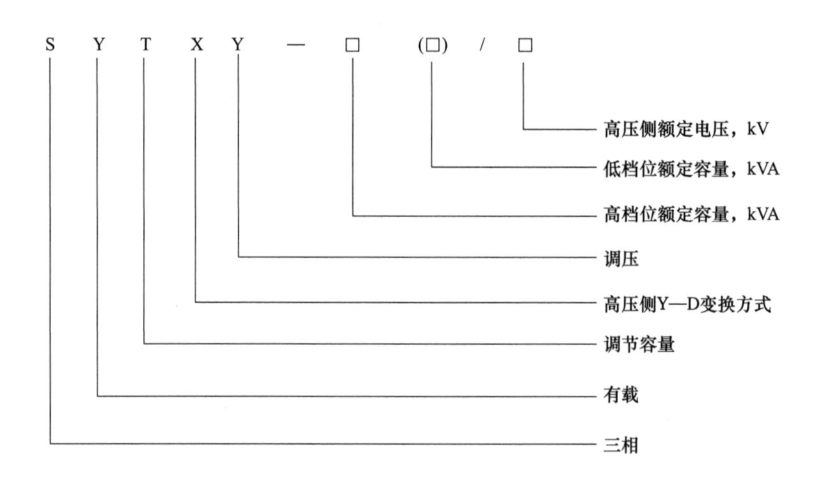

图 4-1　立柱式有载调容调压一体化开关型号的含义

立柱式有载调容调压开关的技术参数如表 4-1 所示。

表 4-1　立柱式有载调容调压开关的技术参数

应用范围	油浸式配电变压器
连接方式	SYTXY（高压侧 Y—D+调压，低压侧串并联）
三相最大额定通过电流（A）	60（高压侧），550（低压侧）
最大额定电压（kV）	10
最大额定级电压（V）	250
设备最高电压（kV）	10
最大工作位置	7
切换时间（ms）	20～40
三相不同期（ms）	＜4
机械寿命（次）	≥100000
电气寿命（次）	≥50000
配用机构	弹簧机构步进电机
灭弧形式	绝缘油
绝缘等级	A

二、立柱式有载调容调压一体化结构

1. 开关整体设计

有载调容调压一体化开关本体由切换油室、快速机构、电机、手动轴头、压力释放装置等组成。开关本体下部的切换油室穿过变压器油箱盖装在变压器油箱中且与油箱内变压器油密闭隔离，切换油室的外部有接线出头与变压器引线接头连接。快速机构位于切换油室上方与其连通且高出变压器油箱盖，其内装有供开关实现快速调容调压的机构、档位指示电器件、电机步进控制件等。开关在使用前需在切换油室内注满高燃点油（R-temp 油）或耐压大于 40kV 的变压器油，其油注至距中间法兰盖平面之下 0～10mm（上部空间用以补偿热胀冷缩体积变化）即可。切换油室与外部通过上法兰盖实现密封隔离。图 4-2 和图 4-3 分别为调容部分状态示意图。

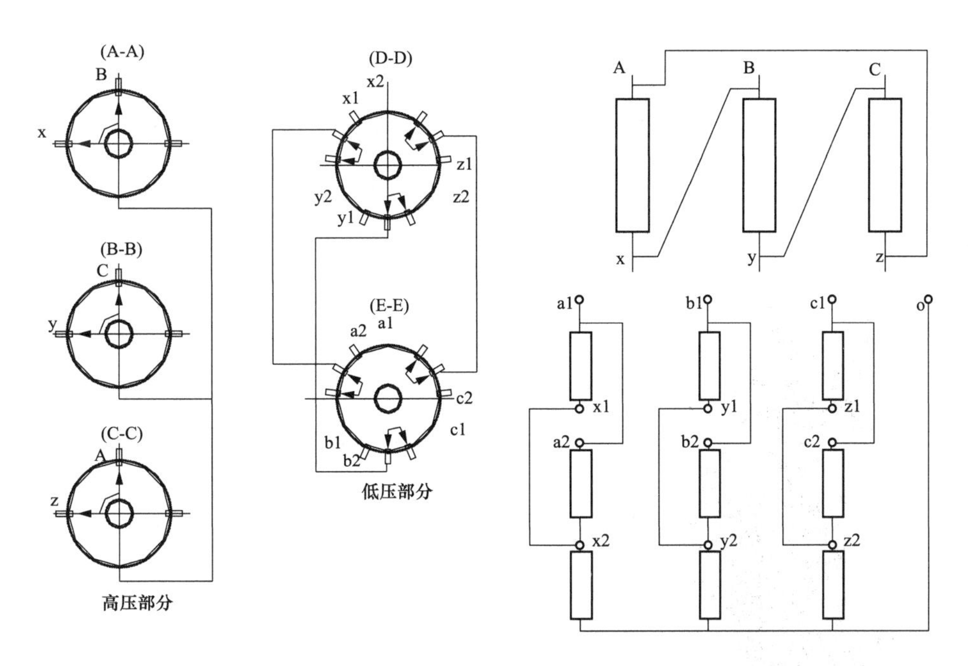

图 4-2　大容量状态高压角接低压并联调容开关状态示意图

有载调容调压一体化开关采用先进的灭弧原理，将串联多断口技术应用在高压触头切换中，保证高压侧切换安全可靠；同时具备完善的限流措施，在动触头支架的主动触头和辅助触头之间，由过渡电阻起到切换过程中的限流作用，使有载调容调压配电变压器在大、小两种容量及电压档位切换过程中处于励磁状态，保证有载调容调压一体化开关在调容、调压过程中的连续性和供电电压的可靠性。用进口材料制造机械结构的关键部位，并采用新型的表面改性技术进行防护处理，使机械寿命达到 10 万次，具备超强的电气寿命。高低压动、静触头均采用铜钨合金触点，显著提高抗电弧烧蚀性能，与串联多断口配合，电气寿命达到 5 万次。

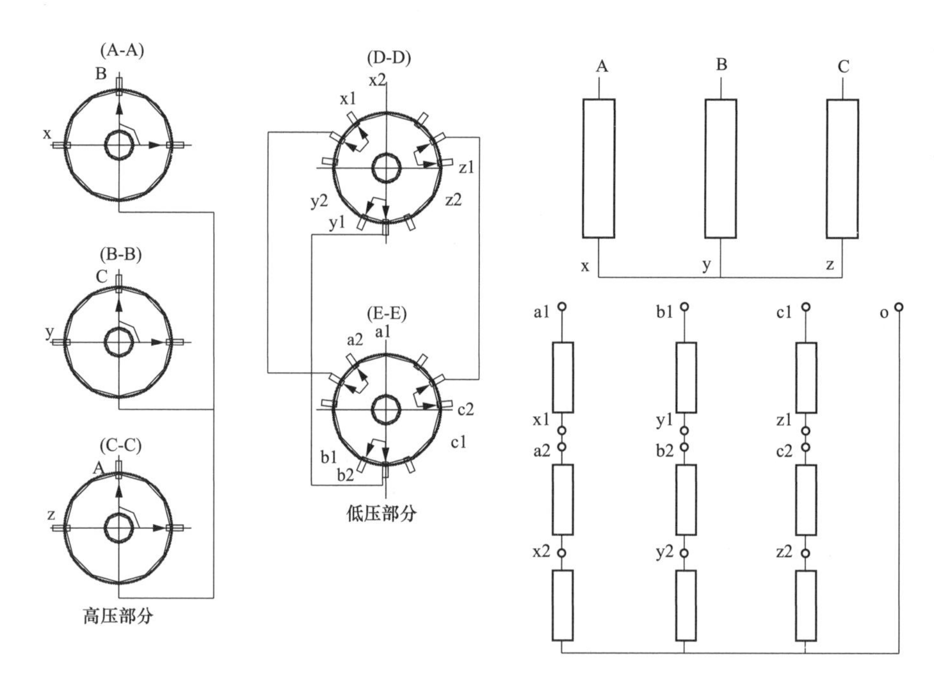

图 4-3　小容量状态高压星接低压串联调容开关状态示意图

有载调容调压一体化开关的调容与调压部分集成在一个绝缘筒内，主要由驱动机构、快速机构、转轴和触头系统组成。有载调容调压一体化开关中的有载调容触头系统和有载调压触头系统均集成在一个绝缘筒内，有载调容触头系统包括能形成串联多断口的若干动、静触头组成的调容主触头和能形成串联多断口的若干动、静触头及过渡电阻组成的调容过渡触头。但是，有载调容触头系统设置过多的动、静触头必然会缩小有载调容触头系统的调压范围。因此，在设计时需要着重考虑一种能够大范围调压满足配电系统需求且安装尺寸小、体积小的样机。

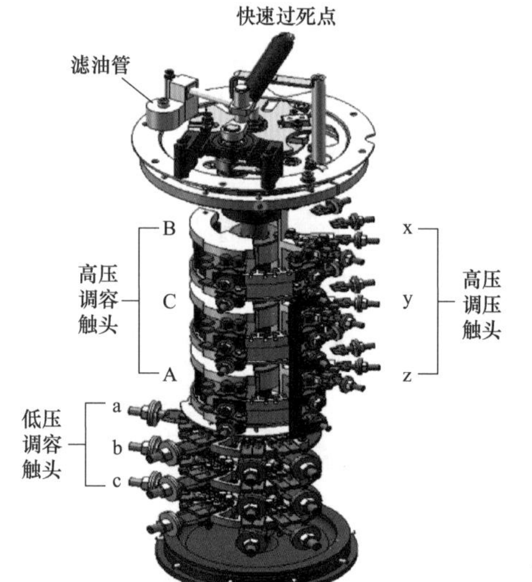

图 4-4　有载调容调压一体化开关结构

有载调容调压一体化开关包括由水平件和竖直件组成的 T 形支架，有载调容调压一体化开关结构如图 4-4 所示。

水平件的支板两侧分别设置有载调节机构和有载调节转轴，有载调节机构中包含两台电机：一台电机负责有载调容切换，一台电机负责有载调压切换。有载调容触头系统包含调容静触头、调容过渡电阻和调容动触头；有载调压触头系统包含调压静触头、调压过渡电阻和调压动触头。

有载调压转轴筒内侧的调压动触头上的调压连接触头与固定在有载调容转轴外的导电环相连，且调压触头和调容触头分别垂直安装在有载调压转轴筒和有载调容转轴上。有载调容动触头包括有载调容主动触头和调容过渡动触头（辅助触头），主触头与静触头串联于导电环与变压器高压绕组中性点之间，使配电变压器高压绕组为星形连接；如主触头与静触头串联连接于导电环与变压器高压绕组的始端之间时，使配电变压器高压绕组变为三角形连接。若有载调容动触头、过渡电阻与调容静触头串联于导电环与变压器高压绕组中性点或始端之间，则能保证开关在Y-△变换时为通电的正常状态。

2. 动、静触头设计

有载调容调压一体化开关的动、静触头数量很多，而传统的有载调容开关与有载调压开关的绝缘筒尺寸相对标准化。要在传统尺寸的绝缘筒内布置两套触头系统，必须重点进行结构布置与优化设计。

常规 10kV 有载开关的绝缘筒内径为 240mm，为保证在该绝缘筒圆周内布置相应的触头并实现抽芯操作，可将调容调压触头分为上下两层设计，其中调容部分上下各 3 个静触头，五档调压部分上下各 5 个静触头。同时，每组主动触头和辅助动触头也为上下布置，有载调容调压一体化开关动、静触头布置结构平面设计如图 4-5 所示。

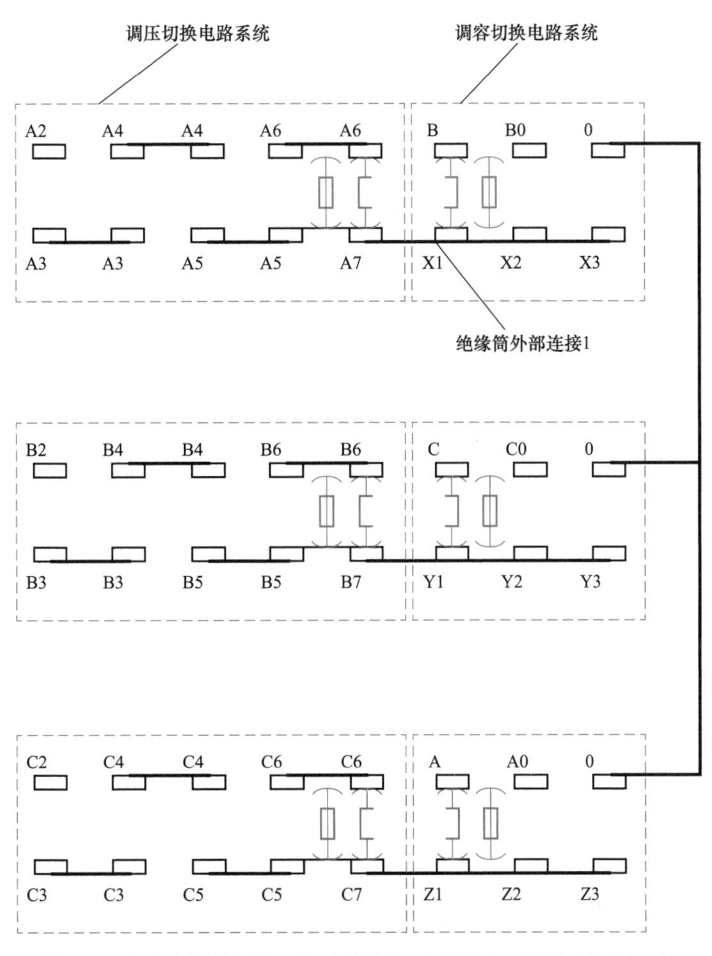

图 4-5　有载调容调压一体化开关动、静触头布置结构平面设计

为了增加产品的工作可靠性并减小产品制造装配的难度，设计时简化了动触头部分的结构。虽然这会导致静触头相对复杂一些，但静止不动部分的质量与特性相对容易控制。因此，将高压的调容与调压动触头设计成固定滑动式，而静触头则设计成弹簧压片式。这种设计更有利于提高产品的制造质量水平与产品可靠性。

3. 开关传动设计

开关切换的传动方式是有载调容调压一体化开关实现的技术关键之一。常规有载开关动触头的转动是通过绝缘筒中心的传动轴实现的。而有载调容调压一体化开关需要两套独立的传动机构，要求做到互不影响、互不干涉。因此，采取的技术方案是：传动轴用作调容切换，调容切换的全部动触头固定在该传动轴上，而在传动轴外径上固定一个中部开口的绝缘筒，在此绝缘筒上固定有调压动触头，绝缘筒与轴之间通过轴承固定连接，在规定的旋转范围内实现转动时互不干涉。有载调容调压一体化开关动、静触头布置结构三维俯视图如图 4-6 所示。

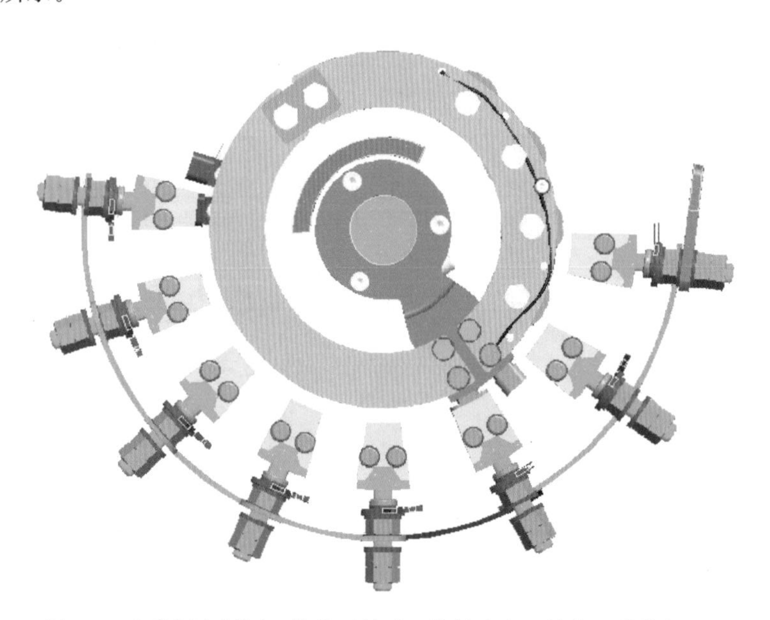

图 4-6　有载调容调压一体化开关动、静触头布置结构三维俯视图

4. 电气设计

有载调容调压一体化开关的电气接线原理如图 4-7 所示。以调容为例，外接 A、B、C 三相电源接至端子 1、2、3，端子 4 接地线，端子 5、6、7 接开关电机，端子 8～15 接开关本体。控制电源为交流 220V，电动机电源为 380V。当按下升容按钮 ANS 时，交流接触器 C1 得电吸合，电机顺时针方向转动。当完成一级调换以后，行程开关动断触点断开，切断控制线路的电源，使接触器 C1 失电，电动机 D 滞动，同时行程开关动合触点闭合，大容量指示灯 RS 亮，变压器处于大容量运行状态，此时高压绕组为星形连接、低压绕组为串联连接。当按下降容按钮 ANJ 时，交流接触器 C2 得电吸合，电机逆时针方向转动。当完成一

级调换以后，行程开关动断触点断开，切断控制线路的电源，使接触器 C2 失电，电动机 D 滞动，同时行程开关动合触点闭合，小容量指示灯 RJ 亮，变压器处于小容量运行状态，此时高压绕组为角形连接、低压绕组为并联连接。调压部分遥控部分设计与调容相同，信号状态量以 5 个行程开关动合触点分别显示调压档位的位置信息。

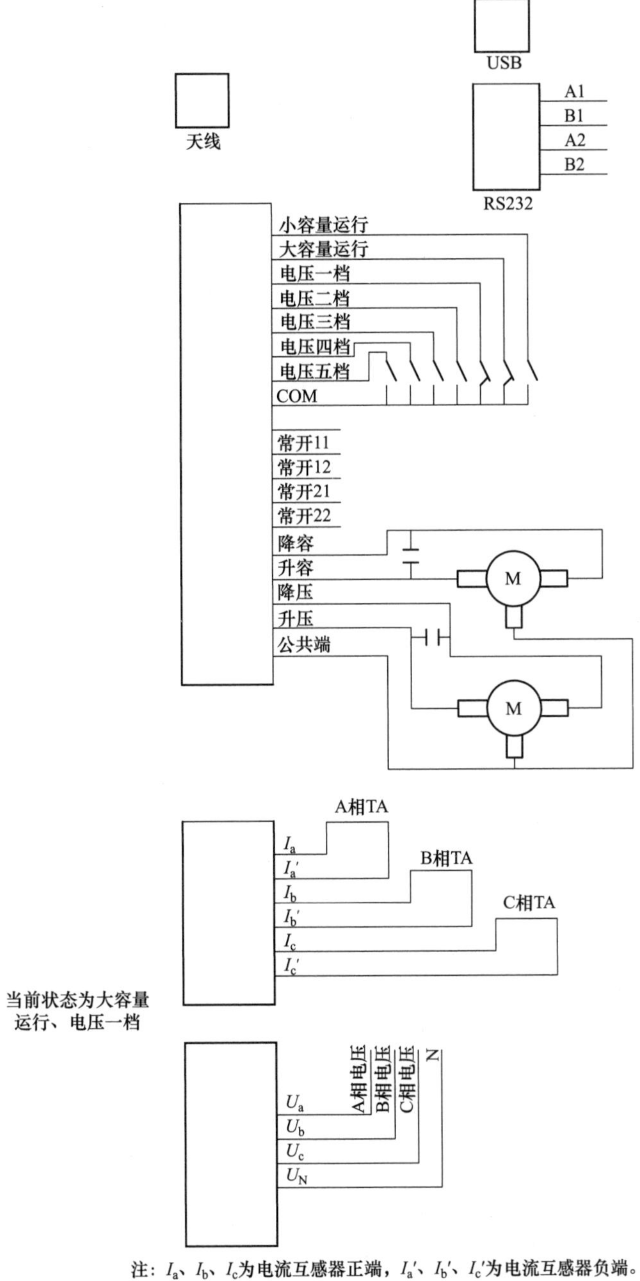

图 4-7 有载调容调压一体化开关的电气接线原理

三、立柱式有载调容调压一体化开关工作原理

1. 调容调压实现过程

变压器绕组本体和立柱式有载调容调压一体化开关的连接如图 4-8 所示，K1、K2 分别代表变压器高压侧的 3 对触点，K3、K4、K5 分别代表变压器低压侧的 3 对触点。配电变压器高压绕组在大容量时 K1 触点全部闭合组成三角形（△）连接，小容量时 K2 触点全部闭合组成星形（Y）连接。当变压器运行在大容量区间时，K3、K5 触点闭合，电流经过 L3 绕组后，再经 L1 和 L2 并联绕组流过，低压绕组为串-并联连接；当变压器运行在小容量区间时，K4 触点闭合，电流经 L3、L1、L2 绕组流过，低压绕组为串-串联连接。

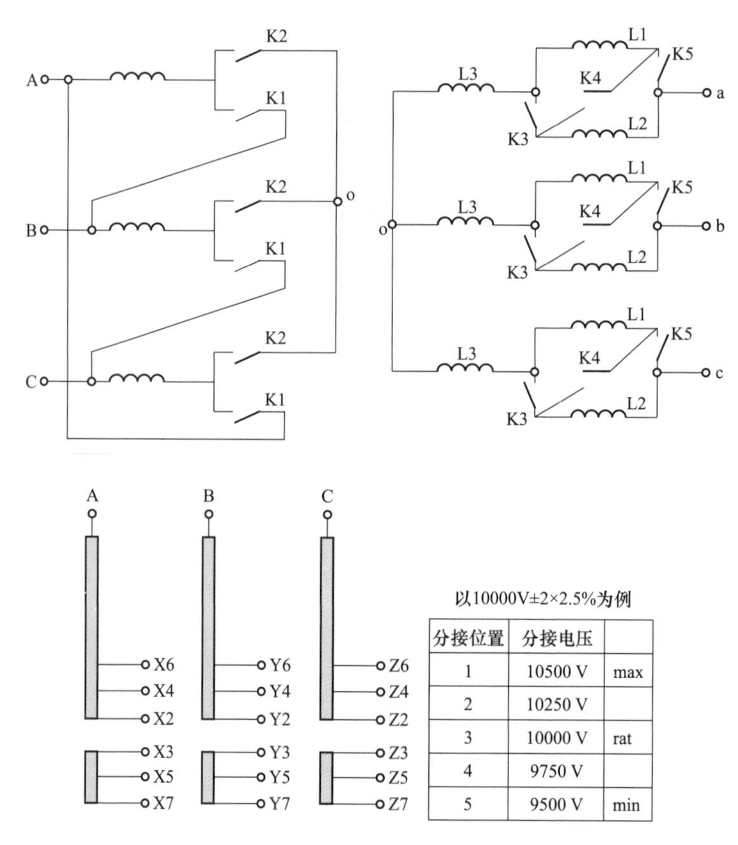

分接位置	分接电压	
1	10500 V	max
2	10250 V	
3	10000 V	rat
4	9750 V	
5	9500 V	min

图 4-8　变压器绕组本体和立柱式有载调容调压一体化开关的连接示意图

配电变压器高压绕组的分接范围为±2×2.5%，高压绕组分接抽头（以 A 相为例）X2～X6 分别与有载调容调压一体式开关对应连接。当变压器进行降压调整时，有载调容调压一体化开关趋向分接位置 1 调整；当变压器进行升压调整时，有载调容调压一体化开关趋向分接位置 5 调整，调整电压总幅值为±5%。

调容的切换过程实际上就是同步实现高压绕组星形—三角形转换、低压绕组串—并联转换的过程。调压的过程实际上就是改变高压绕组有效匝数的过程，立柱式有载调容调压一

体化开关接线示意图如图 4-9 所示。高压绕组星形—三角形转换是通过改变三相绕组末端（X、Y、Z）的连接方式实现的，当末端与首端（A、B、C）连接时为三角形接法，即高容档位；当末端与中性点连接时为星形接法，即低容档位。另外，通过调压动触头在静触头上的滑动，来改变高压绕组不同抽头之间的连接方式，从而改变其有效匝数。

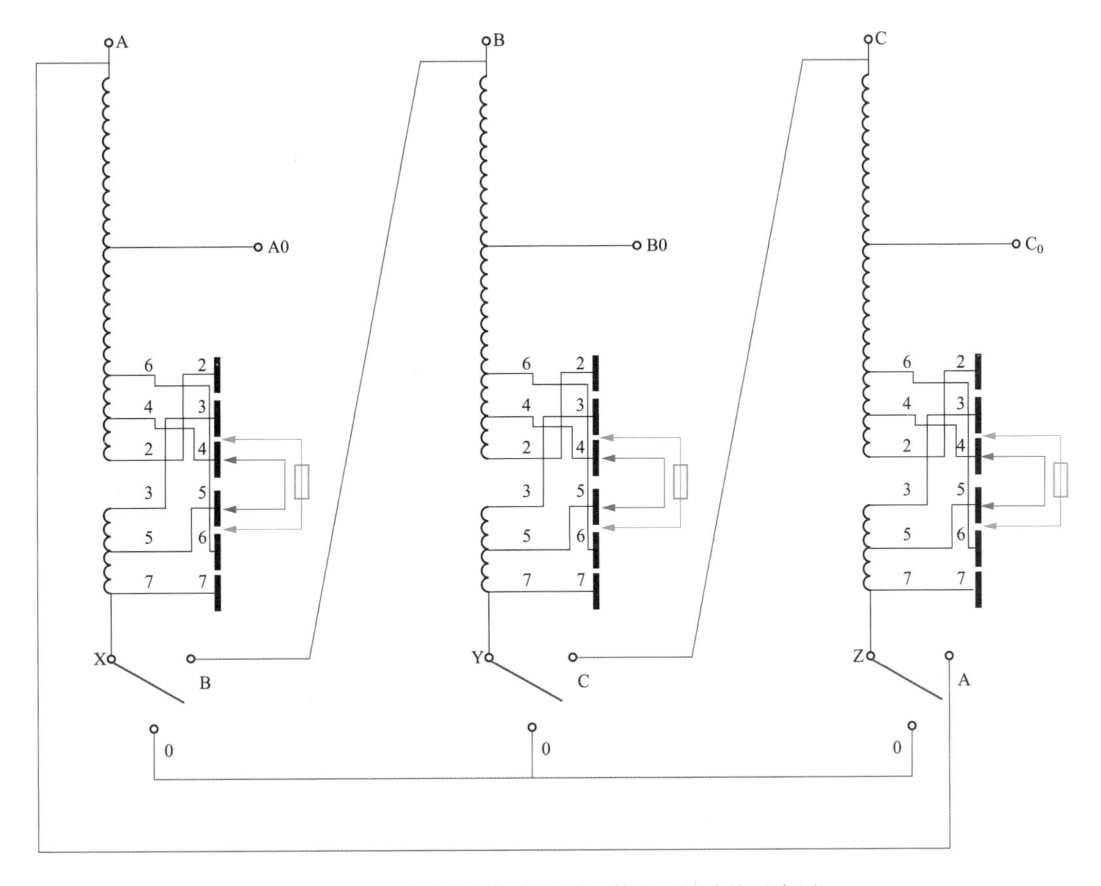

图 4-9　立柱式有载调容调压一体化开关接线示意图

在切换过程中因为过渡电阻的参与，确保了调容、调压切换的连续性，保证了变压器在切换瞬间其对负载供电的连续性。

2. 调容调压方式选择

开关切换时的断口电压应限制在 2kV 以内，否则触头在切换时不能可靠熄弧或拉弧严重。而立柱式有载调容调压一体化开关在进行星形—三角形切换时的转换相电压高达 5.77kV，因此有载调容调压一体化开关和有载调容开关一样，依旧采用的是高压带抽头的双断口结构，先通过高压抽头降低星形—三角形的转换电压，使转换电压由原来的 5.77kV 降低到 3.3kV 左右，再通过双断口的触头机构将调容切换时的断口电压降到 1.67kV，从而有效控制了切换时的触头拉弧。

配电变压器的有载调压分接抽头一般设在变压器高压侧绕组上，同样有载调容调压配电变压器的有载调压分接抽头也设在变压器高压侧绕组上。高压侧绕组的电流较小，导线较细，且高压侧绕组一般放置于外层，以便于抽头。10kV 有载调压开关通常有三种结线方式，分别是绕组中性点调压、绕组端部与绕组中部调压方式，具体如图 4-10 所示。

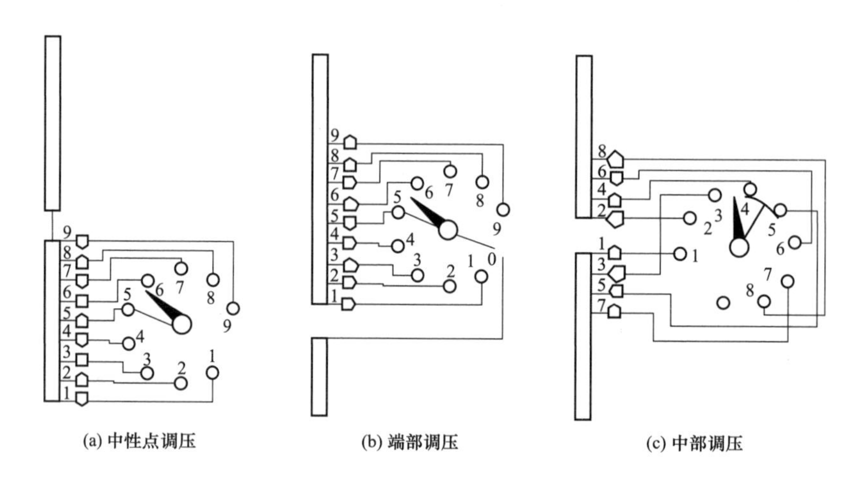

(a) 中性点调压　　(b) 端部调压　　(c) 中部调压

图 4-10　有载调容调压开关调压方式图

对于中性点调压方式及端部调压方式，在开关设计时必须要有一个滑环机构，以实现中性点与邻相端部的电气连接。而对于中部调压方式的接线结构，只需要在绝缘筒外部通过固定电气连接，省去了滑环机构，产品结构更简单、工作更可靠。同时，选择中部调压方式可以在系统发生短路故障时，使短路的磁通分布合理、电磁力分布均匀，对绕组的动稳定特性有利。因此，有载调容调压配电变压器的有载调压选择中部调压方式的接线结构。

3. 调容调压参数设计

根据有载调容调压的实现原理和接线结构，立柱式有载调容调压配电变压器的参数选择如下：

（1）电压参数。高压侧额定电压 $U_{N1}=10$kV，低压侧额定电压 $U_{N2}=0.4$kV。额定级电压：高压侧绕组 Y-D 联结转换 $U_{S1}=U_{N1}/\sqrt{3}=5.77$kV；低压侧 73%线匝绕组串并联转换 $U_{S2}=73\%U_{N2}/\sqrt{3}=0.169$kV。

（2）电流参数。调容部分高压触头额定通过电流：D 联结时 $I_{N!D}=10.5$A；Y 联结时 $I_{N!Y}=5.77$A。

以额定容量为 315(100)kVA 为例，调容部分低压触头额定通过电流：并联时 $I_{N2B}=227.34$A；串联时 $I_{N2C}=144.34$A。

开关触头最大额定通过电流：高压触头 30A；低压触头 250A（最大额定通过电流用作触头温升试验和短路电流试验的额定通过电流）。

（3）触头参数。触头接触电阻允许值按照 GB/T 10230.2—2007《分接开关　第 2 部分：应用导则》中的规定。通过电流不大于 350A，触头接触电阻不应超过 500μΩ。

(4) 触头温升。对于运行中承载连续载流的高压与低压触头，当施加 1.2 倍最大额定通过电流时，其触头对周围环境介质的温升不应超过限制。触头材料表面镀银的铜合金，在油中的温升限值不超过 20K。

(5) 承受短路能力。调容部分高、低压侧连续承载电流的触头，均应能承受每次持续时间为 2s（偏差为±10%）的短路电流能力。所匹配的配电变压器短路阻抗为 4%，热稳定电流（2s 方均根值）高压侧为 750A、低压侧为 6250A，动稳定电流（峰值）高压侧为 1875A、低压侧为 15625A。

(6) 绝缘水平。高压侧对地、相间与高低压侧之间的主绝缘水平：额定外施耐受电压 35kV，额定雷电冲击耐受电压 75kV。

Y 联结与 D 联结端子间的内部绝缘水平：级间外施耐受电压 35kV、1min，全波雷电冲击耐受电压 75kV。

低压侧对地、相间、各端子间的绝缘水平：额定外施耐受电压 2kV，额定雷电冲击耐受电压 8kV。

(7) 切换性能。高、低压两侧绕组的联结方式同时进行调整，且三相不同期性不超过 4ms。

四、立柱式有载调容调压一体化开关的安装

立柱式有载调容调压一体化开关是埋入式复合电阻过渡有载分接开关，开关有与变压器隔离的单独油室，利用变压器油作绝缘和灭弧介质，其结构简单，体积紧凑，便于用户安装和维护。开关的安装法兰上面，即露出变压器油箱平面的那一部分是机械传动部分，由单相电机带动减速机传动，利用弹簧“过死点”后释放的能量推动拨槽件完成开关的操作任务，切换时间为 20～40ms，保证供电连续稳定。在动触头支架的主动触头和辅助触头之间，由过渡电阻作切换过程中的限流作用；开关的动、静触头上镶嵌铜钨合金，使开关的电气寿命达到 5 万次以上，机械寿命达到 10 万次以上。立柱式有载调容调压一体化开关实物如图 4-11 所示。

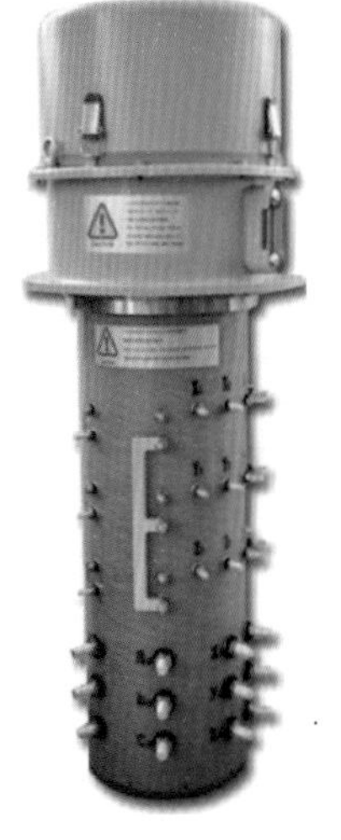

图 4-11　立柱式有载调容调压一体化开关实物图

立柱式有载调容调压一体化开关在安装前应进行干燥处理，干燥时需打开开关的顶盖，处理工艺与同电压等级变压器相同。开关在安装过程中必须采取措施以防止进水，开关垂直固定在变压器的箱盖上，与铁心等的绝缘距离应符合变压器结构设计要求。接线前应对绝缘筒体接线端子的内侧螺母进行紧固，以保证开关的密封性能，并防止漏油。高压绕组所有出线与调容调压一体化开关上对应的标识相连接，开关的安装法兰和变压器油箱平面之间应加装垫圈密封，并确保密封良好。有载调容调压开关投入运

行前要特别注意排除内部空气，如高压套管法兰、升高座、油管路中的死区、冷油器顶部等处都应排除残存空气。为确保开关机械动作的灵活及限位可靠，投运前可进行 20 个循环操作，然后测量变压器各分接位置的直流电阻，并与出厂数据比较是否一致，如果正常则可投入运行。

第三节　组合式永磁真空调容调压一体化开关设计

一、组合式永磁真空调容调压一体化开关技术参数

组合式永磁真空调容调压一体化开关的型号与含义如图 4-12 所示。

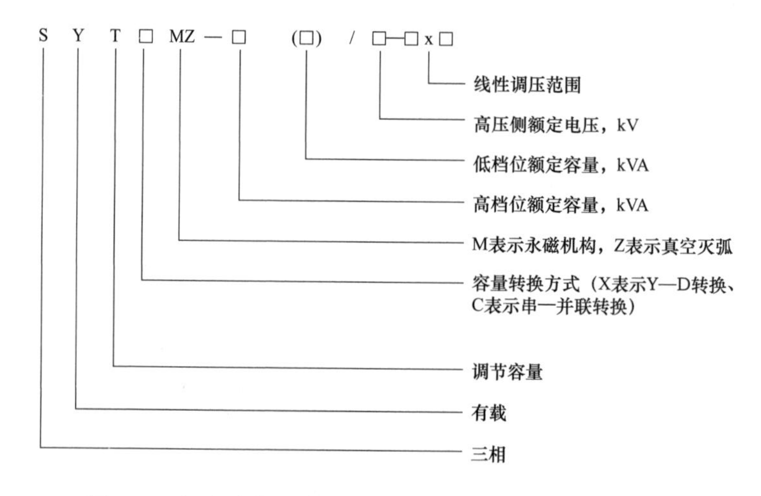

图 4-12　组合式永磁真空调容调压一体化开关的型号与含义

组合式永磁真空调容调压一体化开关的技术参数如表 4-2 所示。

表 4-2　组合式永磁真空调容调压一体化开关的技术参数

型号	SYTXZMZ-200(63)/10－2×±2.5%	SYTXZMZ-400(125)/10－2×±2.5%	SYTXZMZ-630(200)/10－2×±2.5%
	SYTCZMZ-200(50)/10－2×±2.5%	SYTCZMZ-400(100)/10－2×±2.5%	SYTCZMZ-630(160)/10－2×±2.5%
高、低压最大额定通过电流（A）	30/300	30/600	30/1000
额定频率（Hz）	50～60		
联结方式	SYTX 型：大容量时联结方式为 Dyn11，小容量时联结方式为 Yyn0；SYTC 型：联结方式为 Dyn11		
调容开关最大级电压（V）	SYTX 型为 5774/167，SYTC 型为 10000/230		
调压开关最大级电压（V）	500		

续表

调压开关额定级电压（V）		250		
高、低压侧临界转换电流（线电流，A）		SYTX 型：2.19/54.71 SYTC 型：1.85/46.30	SYTX 型：4.19/104.3 SYTC 型：3.60/90.12	SYTX 型：6.28/158.93 SYTC 型：5.40/134.94
匹配调容变压器短路阻抗（%）		4	4	4.5
高、低压侧热稳定电流（A）		750/7500	750/15000	667/25000
高、低压侧动稳定电流（A）		1875/18750	1875/37500	1667/62500
对地绝缘（kV）	设备最高电压	12/0.48		
	工频电压	35/5		
	冲击耐受电压	75（高压侧）		
级间绝缘（kV）	工频电压	35/5		
	冲击耐受电压	75（高压侧）		
机械寿命（次）		≥100000		
电气寿命（次）		≥50000		
配用机构		永磁机构		
灭弧形式		真空		
绝缘等级		A		

二、组合式永磁真空调容调压一体化开关结构

组合式永磁真空调容调压一体化开关将永磁真空有载调容开关和永磁真空有载调压开关的功能进行了整合，两种开关共用油箱、安装底板以及高、低压侧封板和二次接线端子等，但其永磁操作机构的动、静触头与真空管彼此独立，因此，组合式真空调容调压一体化开关体积相对较大，需要占用变压器油箱的空间。有载调容和有载调压全部使用真空管，有的生产厂家因体积较大而未配置过渡回路，所以未真正实现有载调压和调容过程中的低压供电连续性。其内部结构如图 4-13 所示。

另外，有部分生产厂家将调容开关设置为油灭弧，将调压开关设置为真空灭弧，适用于调压经常动作而调容动作次数较少的场所。其内部结构如图 4-14 所示。

调压开关高压绝缘子及触头与调压档位选择开关的动端和静端绝缘子及触头相同，调容开关低压动端绝缘子及触头如图 4-15 所示，低压静端绝缘子及触头如图 4-16 所示。

组合式永磁真空有载调容调压一体化开关的高、低压封板同调容开关类似，过渡电阻也采用了扁平结构，安装在高压封板上，其整机外观如图 4-17 所示。

630kVA 以下容量的组合式永磁真空有载调容调压一体化开关外形尺寸如图 4-18 所示。当开关内部元件的规格不同时，也可有所变动，一般以厂家的安装使用说明书为准。

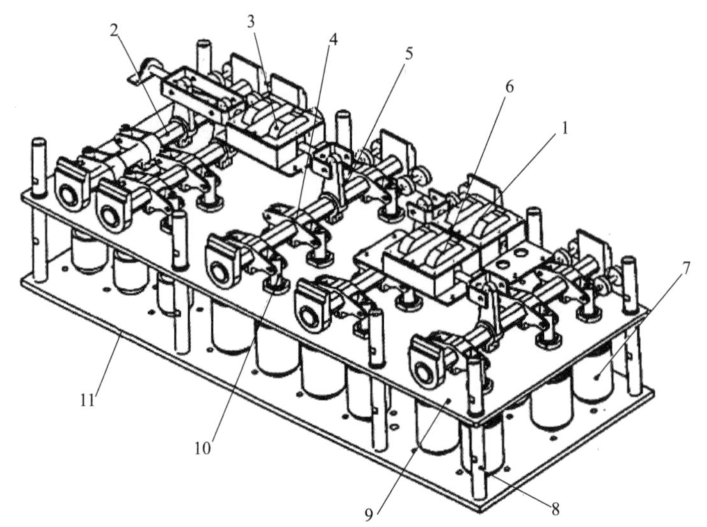

图 4-13　组合式永磁真空有载调容调压一体化开关结构（一）

1—上安装板；2—主轴；3—调容永磁机构；4—双头拐臂；5—传动拐臂；6—调压机构；
7—真空灭弧室；8—支撑杆；9—中间定位板；10—连接杆；11—下安装板

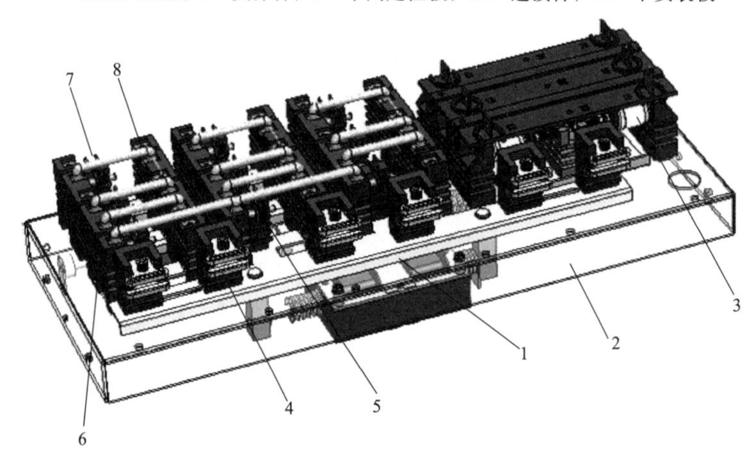

图 4-14　组合式永磁机构有载调容调压一体化开关结构（二）

1—永磁机构；2—安装底板；3—调压真空切换开关；4—调容开关低压动触头；
5—调容开关高压动端绝缘子及触头；6—调容开关高压静端绝缘子及触头；
7—调压档位选择开关动端绝缘子及触头；8—调压档位选择开关静端绝缘子及触头

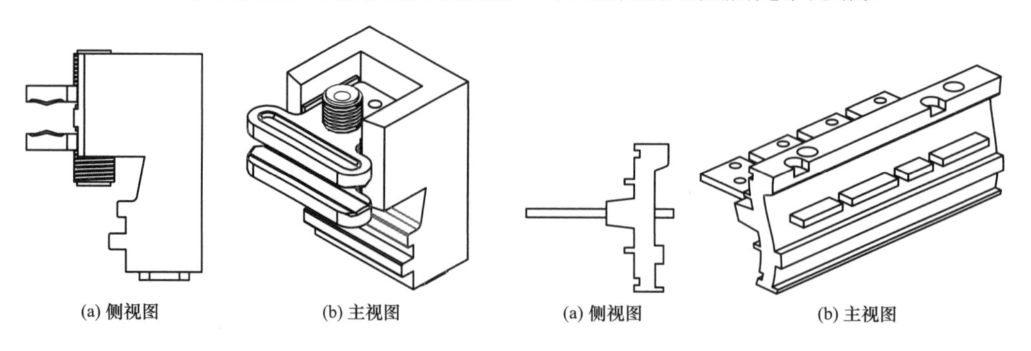

图 4-15　调容开关低压动端绝缘子及触头　　图 4-16　调容开关低压静端绝缘子及触头

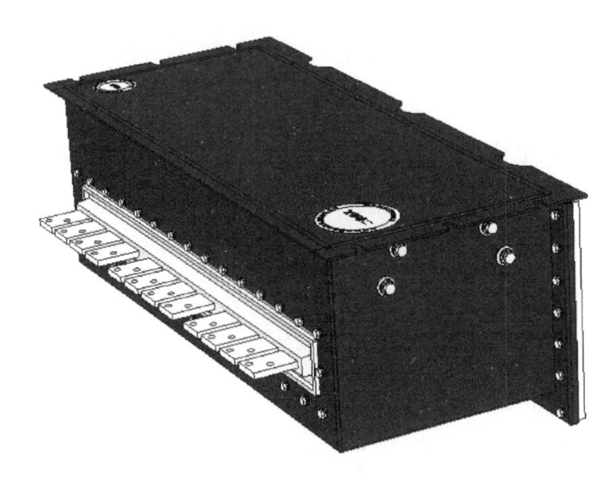

图 4-17　组合式永磁真空有载调容调压一体化开关外观

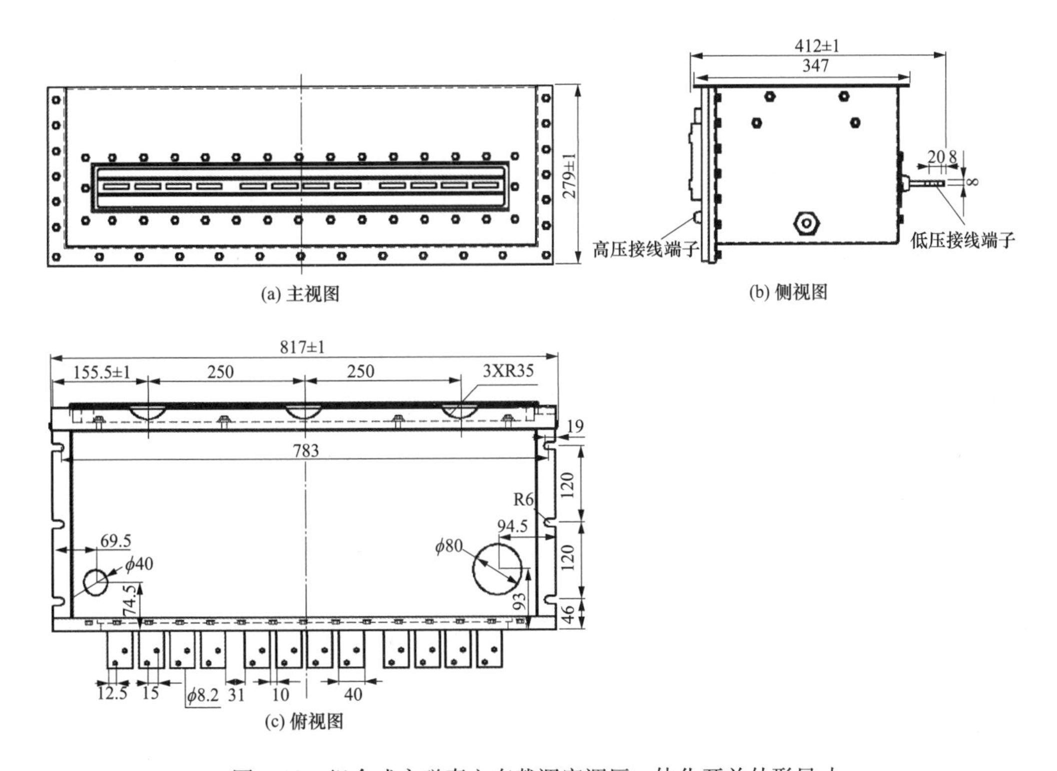

图 4-18　组合式永磁真空有载调容调压一体化开关外形尺寸

三、组合式永磁真空调容调压一体化开关工作原理

组合式永磁真空调容调压一体化开关的工作原理如图 4-19 所示。永磁真空有载调压开关和有载调容开关的工作原理和时序分析详见第二章第二节和第三章第二节。由于组合式永磁真空有载调容开关和调压开关设置为不同时动作，不存在配合操作。其中，调容开关由高压部分和低压部分组成。当变压器从小容量调到大容量时，调容开关高压部分要完成变压器高压绕组从星形连接到三角形连接的转换，同时低压侧需要联动来完成低压部分绕

组从串联到并联的转换，用于串、并联部分的绕组匝数为低压总匝数的73%。从大容量调到小容量时，上述过程相反。无论是三角形连接还是星形连接有载调压变压器，在变压器调压过程中，均要通过过渡电阻先跨接到预备调压的分接档位，由该分接档位和原分接档位共同为负荷供电；然后断开原档位，开关继续动作，主调压触头也接通到预备调压档位，最后断开过渡电阻回路。永磁机构有载调压开关常用于10kV配电变压器，因此调压档位较少，其过渡过程同上述常规有载调压开关略有不同。

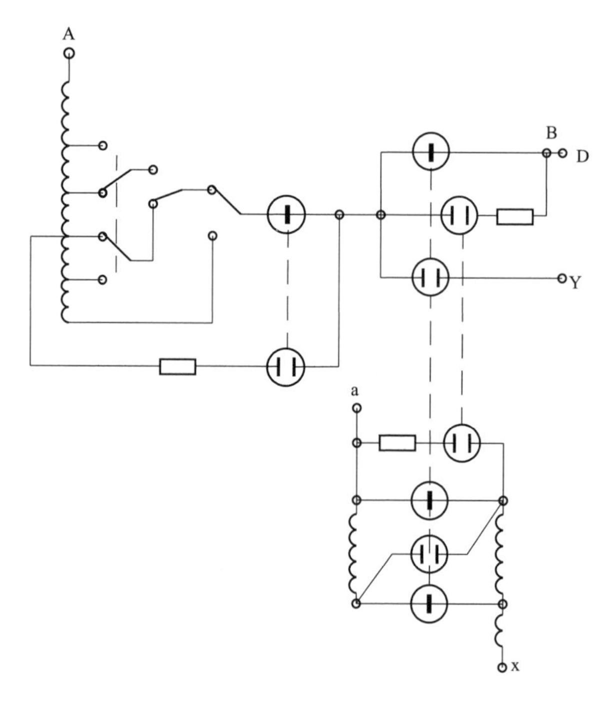

图4-19　组合式永磁真空调容调压一体化开关的工作原理

四、组合式永磁真空调容调压一体化开关的安装

组合式永磁真空调容调压一体化开关的安装引线如图4-20和图4-21所示。

图4-21中，3只电流互感器套装在a3和a4引线、b3和b4引线、c3和c4引线上，配套的控制器能够根据低压侧绕组串并联方式自动计算回路电流，二次引线的外绝缘也必须采用耐油耐高温的绝缘材料，开关安装引线后的效果如图4-22所示。

开关同器身的连接线裕度应充足，高压引线应打圈，低压引线留10～20mm裕度，避免器身同开关相对运动时造成开关局部变形。变压器器身调整到比油箱尺寸高0～3mm后，将器身同顶盖紧固连接（螺栓紧固），顶盖至四周器身底脚高度偏差应控制在2mm内；开关油箱与变压器本体上部之间预留20mm以上的空隙；开关与器身各连接线的绝缘距离应符合变压器结构设计要求。

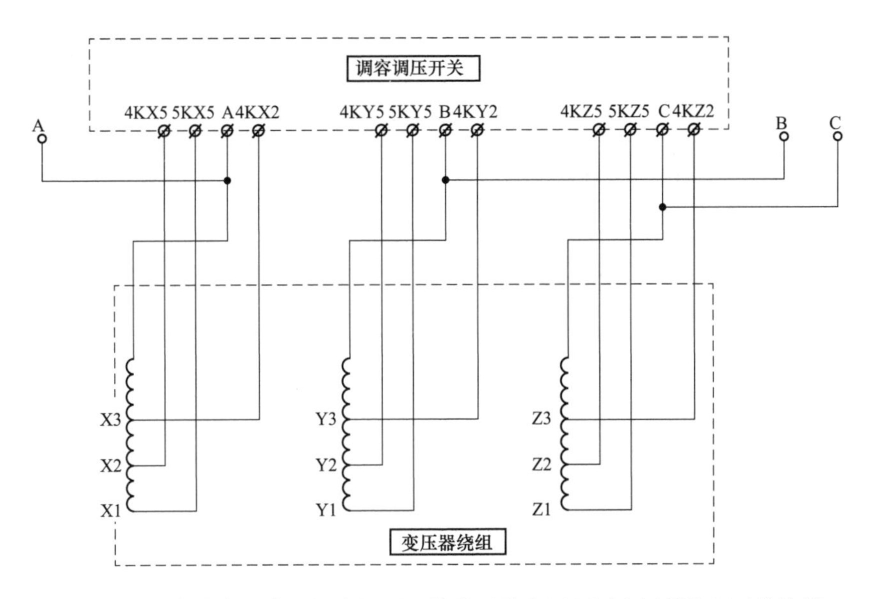

图 4-20　组合式永磁真空调容调压一体化开关高压侧同变压器绕组对接接线

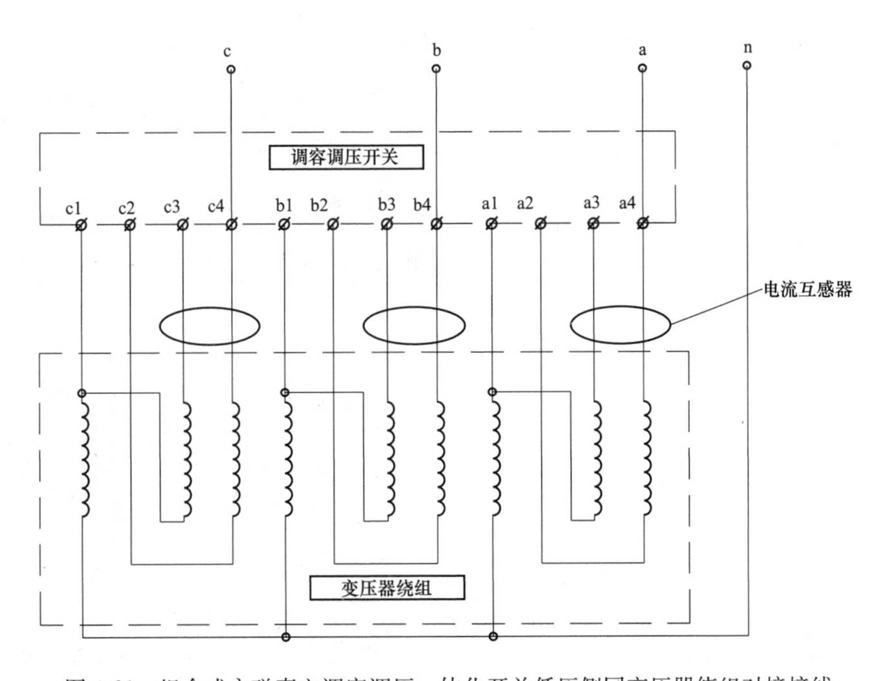

图 4-21　组合式永磁真空调容调压一体化开关低压侧同变压器绕组对接接线

除去注油孔及二次线孔的密封标识及标签，并保证开关上端的密封圈安装牢固，将顶盖安放在开关上。顶盖安装前应校平，四角平面尺寸的偏差一般应保证在±2.5mm 内，具体如图 4-23 所示。顶盖处开关的固定螺栓穿入开关安装孔内，如图 4-24 所示。

将螺母预紧在固定螺栓上（每侧至少两处），此时可使用顶盖上的吊装进行搬运开关，将开关与顶盖翻转，取出附件纸盒内的开关压板，如图 4-25 所示。

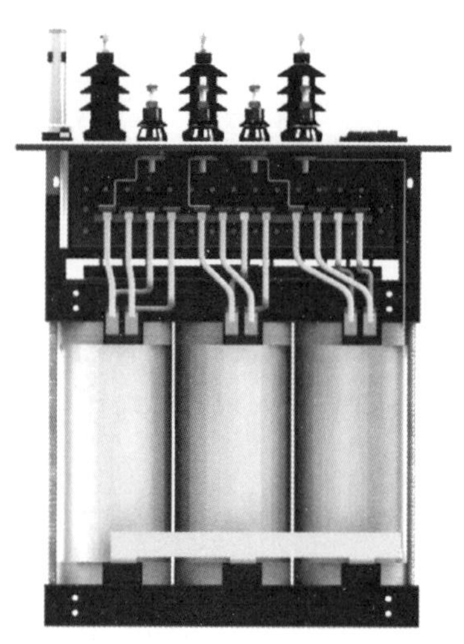

图 4-22　组合式永磁真空调容调压一体化开关引线安装效果

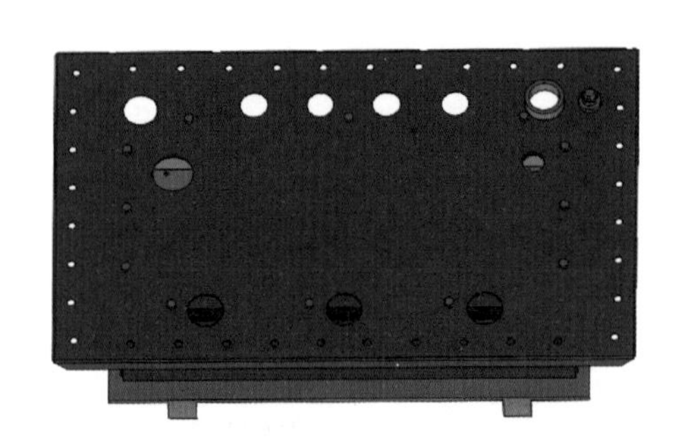

图 4-23　变压器顶盖放置在开关上

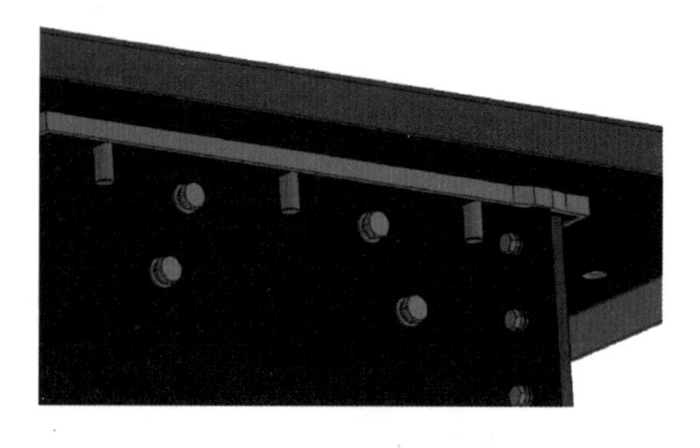

图 4-24　顶盖上的固定螺栓穿过开关安装孔

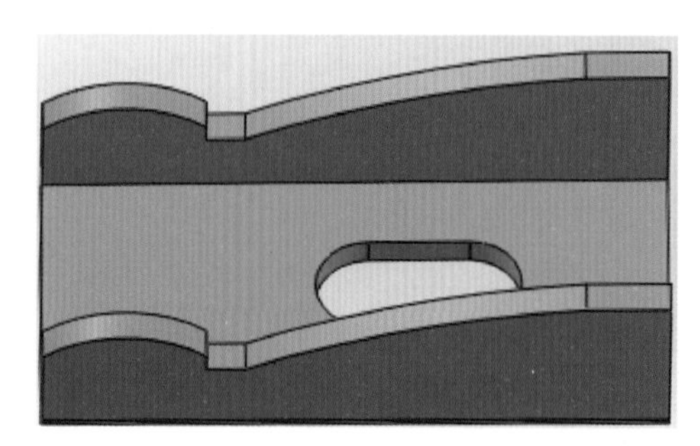

(a) 开关压板示意图

(b) 安装图

图 4-25　开关压板

将开关压板放置在高低压两侧的螺柱位置，如图 4-26 所示，并从开关前后及左右两侧对称、均匀地压紧压板的安装螺母和开关的固定螺母。

为进行自动调容操作，开关一般均配置电流互感器，应保证电流互感器穿心方向的正确性以及二次引线时三相信号的顺序正确。因变压器引线并装箱后，无法进行引线的日常检查，因此，引线时宜采用涂胶画线工艺，以保证导电性能不被阻断。另外，紧固导电端子时也建议涂胶画线。

耐压试验时的注意事项：因开关配套控制器具有与变压器不同的耐压标准，因此在变压器进行耐压试验时，严禁带控制器进行。控制器上同变压器低压侧出线端子a、b、c、0相连的4芯插头为控制器电压采样及供电电源。在变压器进行耐压试验，特别是在低压侧进行AC5000V耐压试验时必须拔掉。在控制器侧此4芯插头内部只能承受AC2500V耐压试验。另外，因其他插头在变压器进行AC5000V耐压试验时，非电压采样的二次线处于悬空状态，为避免悬空放电，应在变压器顶部二次端子输出处将除电压采样4芯线外的其他端子接地。除4芯线外，控制器同其他插头相连的部分仅能承受AC500V的耐压，所以也应拔除。

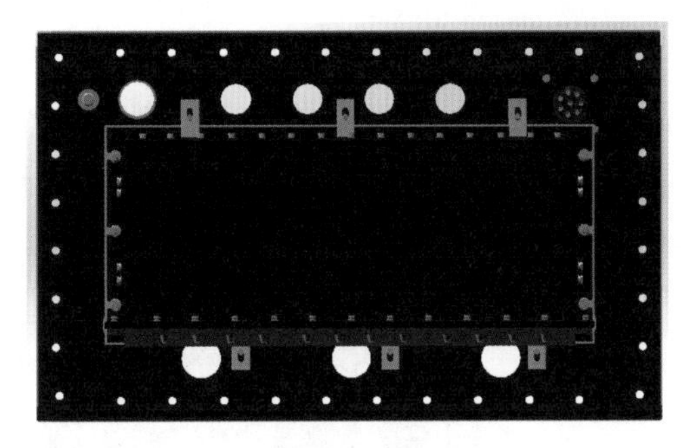

图4-26　固定开关压板

烘干时的注意事项：因开关配套控制器正常运行温度一般为－25～40℃，存储温度为－40～60℃，变压器生产的干燥工序严禁带控制器进行。烘干前确认已去除二次线孔及注油孔标识，防止水分无法正常排出，烘干温度为105℃，请勿长时间超过120℃，除非明确高温不会对开关各部件特别是永磁铁造成影响。开关的一般烘干时间为6h，严禁烘干后注油静置前使开关动作。

注油时的注意事项：开关干燥后使用前注入与变压器本体油号相同的油，油位同变压器内油位一致，20℃时油面离顶盖距离不大于25mm即可。注油后应静置24h，静置12h内勿使开关动作，静置24h内请勿进行耐压试验；烘干注油后前10次动作循环，应保证控制器输入电压不低于220V，充电时间不低于1min。

第四节　有载调容调压配电变压器控制技术

一、配电变压器自适应负荷跟踪技术

配电变压器自适应负荷跟踪技术是指根据配电变压器负荷变化情况，准确掌握配电变压器现阶段负荷大小及特性，预测将来时段负荷大小及特性，自动跟踪负荷变化，合理进行配电变压器调容、调压、无功补偿等控制，使配电变压器始终处于安全、最佳经济运行状态的技术方法。

（一）自适应负荷跟踪技术基本思路

自适应负荷跟踪技术的基本思路是根据配电变压器负荷波动性大、负荷较小的特点，应用小波变换和聚类分析的数据挖掘方法，将其标幺值曲线和基值分开的预测方法。对于配电变压器负荷模型的确定，主要思路是首先通过控制器或控制终端设备在线采集配电变压器的有功功率、无功功率、电压和频率，将有功功率和无功功率作为因变量，电压和频率及组合作为自变量，然后建立偏最小二乘回归模型，求取模型参数。自适应负荷跟踪技术框图如图 4-27 所示。

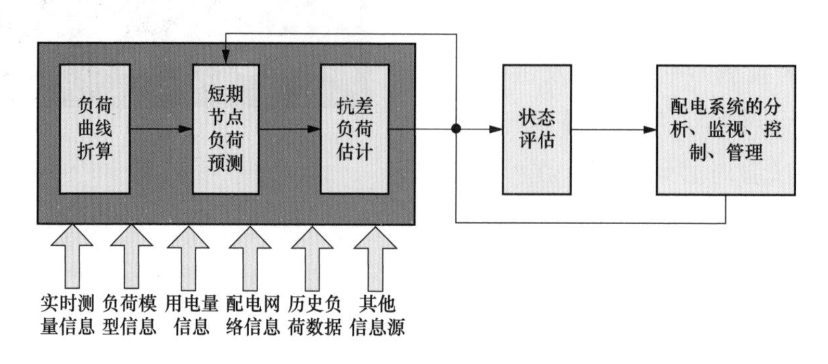

图 4-27　自适应负荷跟踪技术框图

（二）基于小波聚类的配电变压器负荷预测方法

1. 小波变换与聚类分析方法

配电变压器负荷预测是指利用已有的历史负荷等数据建立数学模型，得到待预测日的负荷曲线。M 日 N 点负荷数据用数学语言描述为

$$P_d(t), d = 1,2,\cdots,M, t = 1,2,\cdots,N \tag{4-1}$$

式中，N 通常为 24 或 96，即每小时或每 15min 记录一次负荷数据。

需要预测第 $M+1$ 日的负荷，即

$$\hat{P}_{M+1}(t), t = 1,2,\cdots,N \tag{4-2}$$

配电台区负荷的随机性较大，随机负荷的数值相比负荷曲线基值具有可比性，故当随机负荷出现时，负荷值将受到很大影响，反映在负荷曲线上是曲线的变形。如图 4-28 所示，对比某配电台区两周的负荷曲线可以发现，负荷的日周期性仍然存在，但随机性导致的负荷变化使得某些日期的负荷变化反常、规律性差，如 6 日和 13 日，这将影响负荷预测的精度。传统方法主要基于负荷的规律性，而对于台区负荷预测，只有提高对随机负荷（负荷曲线的反常）出现原因的分析，才有可能进一步提高预测精度。通过数据挖掘方法找到负荷曲线中蕴含的用电规律，从而实现对负荷的准确预测。

为辨识反常现象出现的原因，可以对历史负荷数据做频域分析。传统的信号分析方法是建立在傅里叶分析的基础上，而傅里叶分析存在许多局限性，如不能进行局部分析，无法分析频率随时间改变的信号。简单来说，对于所含频率相同但相同频率分量出现时间不同的两个信号，其傅里叶分解是相同的，无法区分。小波变换解决了这一问题，可以通过对母小波的平移和伸缩，在任意的时间尺度对信号进行分析。

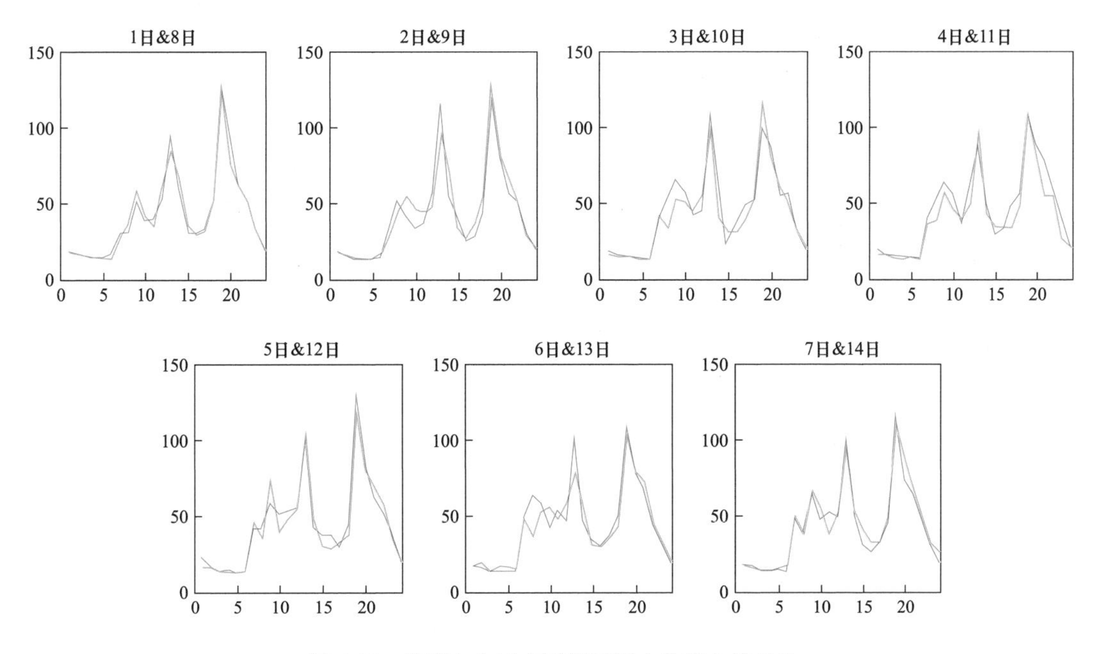

图 4-28　某配电台区变压器两周内负荷曲线对比

具体地，离散小波变换是将原始信号 $x[n]$通过一个级联滤波器银行（filter bank），在每一级分别将信号通过一对互相正交的高通滤波器 $h[n]$和低通滤波器 $g[n]$。通过高通滤波器的系数称为细节信息系数 C_d（detail coefficients），通过低通滤波器的信号称为近似信息系数 C_a（approximation coefficients）。由于近似信息中还有较多的细节信息需要进一步细分。所以，对近似信息进行二次抽样，再通过下一级的滤波器继续分解。将所有级的细节系数和最高一级的近似系数放在一起，统称为小波系数。三级滤波器银行如图 4-29 所示。

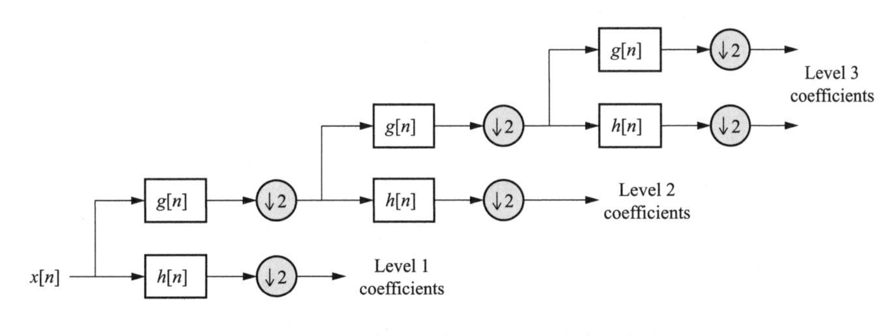

图 4-29　离散小波分解的三级滤波器银行

聚类分析方法很多，主要分为非层次聚类和层次聚类两种。非层次聚类中，最为经典的是基于划分的 Kmeans 聚类方法，它将各聚类中对象的均值作为聚类中心，并以此计算各元素与各类的相似度。通过迭代算法，每次将样本归入相似度最高的类，从而完成聚类，但是其初始中心的选择会对聚类结果产生较大影响。

采取层次聚类方法，并不需要设定初始聚类中心。其思路分为从上至下和从下至上两种，主要使用从下至上的方法，每次合并最近的两个类（元素），直到合并至所需的类为设定数目时为止。继续聚类下去，可以将所有元素按照一定距离和方法构建成为一个聚类树。

2. 配电台区负荷预测数据预处理

（1）坏数据的辨识。

负荷预测的效果需要准确的负荷数据来支撑，然而与更高电压等级的负荷相比，台区负荷的波动性和随机性更大，在坏数据的处理上难度更大。一方面，配电变压器的数据采集会受到不确定因素的干扰和所处环境的影响，测量数据难免有误差；另一方面，由于配电变压器相对主变压器容量较小，负荷随机性很大，当有用户启动或关断大功率用电器时，就会在变压器侧反映为负荷波动（尖峰）。所以，难以区分负荷曲线上的波动是反常的负荷波动还是实际的负荷波动。

为解决此问题，以虚拟预测精度为衡量标准，分两种方法对坏数据进行辨识：①仅认为缺失和为零的数据是坏数据；②认为相邻两点负荷变化“反常”的点也是坏数据。参考母线负荷坏数据的辨识方法来辨识坏数据，设：

$$\Delta P_d(t)=P_d(t+1)-P_d(t),t=1,2,\cdots,N-1 \tag{4-3}$$

$$\mu(t)=\frac{1}{M}\sum_{d=1}^{M}\Delta P_d(t) \tag{4-4}$$

$$\sigma(t)=\sqrt{\frac{1}{M-1}\sum_{d=1}^{M}(\Delta P_d(t)-\mu(t))^2} \tag{4-5}$$

根据切比雪夫不等式，对任何实数 $k>0$，有

$$\Pr(|\Delta P_d(t)-\mu(t)|\geqslant k\sigma(t))\leqslant\frac{1}{k^2} \tag{4-6}$$

当 $k=5$ 时，$\Delta P_d(t)$ 最多有 4% 的概率落在区间 $(\mu(t)-k\sigma(t),\mu(t)+k\sigma(t))$ 之外。于是可以（有 96% 的把握）认为，落在该区间外的数据也是坏数据。

（2）坏数据的处理。

经过辨识，坏数据被定位，下一步需要对找到的坏数据进行修正。电力负荷的周期性主要体现在日周期性和周周期性较强，故可以通过频率分量法对坏数据进行处理。

首先对缺失和为零的数据做线性补全，然后以日为单位对历史数据进行频域分解，仅保留日分量 D 和周分量 W。定义特征曲线为 F 则：

$$F(t)=D(t)+W(t),t=1,2,\cdots,N \tag{4-7}$$

用 F 上的点（段）修正找到的所有坏数据点（段），根据坏数据两端的正确数据的点对 F 上的点进行幅度修正，从而保证用以替换坏数据的 F 上的点（段）能够与坏数据两端正确的点幅度相吻合。

具体而言，设 $P_d(t)$ 上的坏数据段为 $P_d(k)\sim P_d(k+l)$，当 $k\neq1$ 且 $k+l\neq N$ 时，修正的公式为：

$$P_d(t)=\left[\frac{(k+l+1)-t}{l+2}\cdot\frac{P_d(k-1)}{F(k-1)}+\frac{t-(k-1)}{l+2}\cdot\frac{P_d(k+l+1)}{F(k+l+1)}\right]\cdot F(t)\qquad(4\text{-}8)$$

$$t=k,k+1,\cdots,k+l$$

当 $k=1$ 时

$$P_d(t)=\frac{P_d(k+l+1)}{F(k+l+1)}\cdot F(t),t=k,k+1,\cdots,k+l\qquad(4\text{-}9)$$

当 $k+l=N$ 时

$$P_d(t)=\frac{P_d(k-1)}{F(k-1)}\cdot F(t),t=k,k+1,\cdots,k+l\qquad(4\text{-}10)$$

（3）数据预处理结果及讨论。

通过与实际测试比较，可认为仅考虑缺失和为零的数据为坏数据是更合适的。原因是：

1）对某台区 10 月 4 天的负荷数据进行预处理，结果如图 4-30 所示（实线为方法 1 处理，虚线为方法 2 处理）。可以看出，方法 2 使得数据变得更加平滑，其原有的随机性被大大削弱。

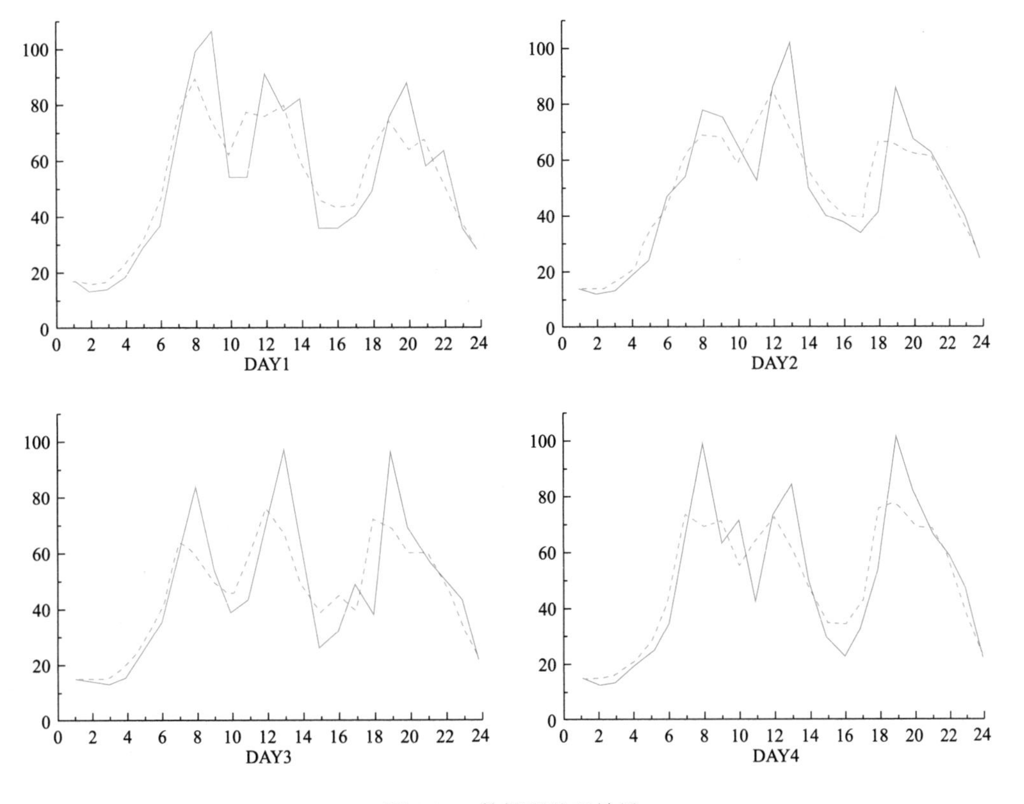

图 4-30　数据预处理效果

2）将该台区 10 月的数据按方法 1 补全，分别用方法 1 和方法 2 处理 10 月的历史数据，并用倍比平滑法预测 11 月的负荷。其中，采用方法 1 处理后的预测准确率为 78%，而采用方法 2 处理后的预测准确率仅为 58%，所以方法 2 在台区负荷预测的数据处理上效果较差。

可以认为，台区负荷的波动幅度大、规律性不明显是其真实的负荷随机性导致的，而非坏数据。所以，应该保留其随机性以备预测使用，这样有利于更加精确的预测。因此，预测数据均通过方法 1 进行预处理。

3. 标幺曲线预测

台区负荷属于低容量负荷，为了便于聚类分析以辨识负荷模式，需对预处理之后的负荷数据进行标幺化处理，从而重点分析日负荷的变化规律，这样有利于提高预测精度。

选择日负荷均值作为基值进行标幺化，降低负荷尖峰对变化规律的影响，即：

$$\left.\begin{aligned}\overline{P}_d &= \frac{1}{N}\sum_{t=1}^{N} P_d(t), d = 1,2,\cdots,M \\ p_d(t) &= P_d(t)/\overline{P}_d, t = 1,2,\cdots,N\end{aligned}\right\} \tag{4-11}$$

经过坏数据辨识、处理及负荷曲线标幺化后，即可考虑如何利用处理好的标幺历史负荷曲线对待预测日标幺负荷曲线进行预测。对于经过预处理的日负荷数据 p_1，p_2，…，p_M，对每条负荷曲线做离散小波变换，分解至最大可能级数 L：

$$L = floor(\log_2 N) \tag{4-12}$$

将 p_d 所对应的离散小波分解系数记作：

$$C_{d1}^d, C_{d2}^d, \cdots, C_{dL}^d, C_{aL}^d \tag{4-13}$$

其中，C_{aL}^d 为最高级的近似系数，其余为各级的细节系数。

将各级系数用相同的形式表示：

$$[\lambda_1^d, \lambda_2^d, \cdots, \lambda_{L-1}^d, \lambda_L^d] = [Cd_1^d, Cd_2^d, \cdots, Cd_{L-1}^d, (Cd_L^d, Ca_L^d)] \tag{4-14}$$

各系数向量的长度为：

$$[n_1, n_2, \cdots, n_L] \tag{4-15}$$

定义两个标幺负荷曲线 p_i、p_j 的“距离”为 $D(p_i, p_j)$，计算公式为：

$$D(p_i, p_j) = \sum_{k=1}^{L} 2^{-k/2} d(\lambda_k^i, \lambda_k^j) \tag{4-16}$$

$$d(\lambda_k^i, \lambda_k^j) = \sqrt{\sum_{t=1}^{n_k} \| \lambda_k^i(t) - \lambda_k^j(t) \|^2} \tag{4-17}$$

对 p_1，p_2，…，p_M，按照它们之间相似性进行聚类，设定聚类数目 K，使用从下至上的层次聚类方法。先假设所有的标幺负荷曲线各成一类，即共 M 类，下一步将 M 类逐渐聚合至 K 类。

以 G_p、G_q 表示两个类，N_p、N_q 为它们包含的元素个数，定义类间平均距离为：

$$D_{pq} = \frac{1}{N_p N_q} \sum_{p_i \in G_p} \sum_{p_j \in G_q} D(p_i, p_j) \tag{4-18}$$

从 M 类开始，每次合并类平均距离最近的两类，直至聚合至 K 类，记作 G_1，G_2，…，G_K。

得到聚类结果后，需要考虑如何对负荷曲线进行加权，从而获取待预测日的负荷预测曲线。为此，将两日负荷联合起来看作一种负荷模式，认为今天的负荷规律将从概率上影响明天的负荷规律，从而可以通过待预测日前一日的负荷规律来预测待预测日的负荷情况。也就是说，希望通过历史数据中某些（p_i，p_{i+1}）的组合来预测（p_M，$\hat{p}_{M+1}$），目标是 $\hat{p}_{M+1}$，所以只能通过 p_i 与 p_M 的相近性来推断（p_i，p_{i+1}）与（p_M，$\hat{p}_{M+1}$）的相似性，从而预测 $\hat{p}_{M+1}$。

具体地，聚类结果中与 p_M 属于同一类的元素和 p_M 有着最大的相似性，设这类为 G_k，其中共有 C 个元素，记 G_k 中的元素在所有负荷曲线中的编号为 k_1，k_2，…，k_C，则一定有：

$$p_{kC} = p_M \tag{4-19}$$

由于历史上出现了（p_{ki}，p_{ki+1}）这样的组合，而 G_k 中所有元素 p_{ki} 又都与 p_M 有很大的相似性，这就意味着 p_M 的后一日 $\hat{p}_{M+1}$很有可能再次出现 p_{ki+1}的情况，这个可能性可以用一个权重系数来衡量，从而可通过对 G_k 中除了 p_M 之外所有元素的后一日负荷曲线做加权平均来获得待预测日的负荷预测曲线，即：

$$\hat{p}_{M+1} = \sum_{i=1}^{C-1} \omega_i p_{ki+1} \tag{4-20}$$

其中，ω_i 为权重系数，需要满足条件：

$$\left.\begin{aligned} \sum_{i}^{C-1} \omega_i = 1 \\ \omega_i \in [0,1] \end{aligned}\right\} \tag{4-21}$$

在许多文献中，核函数方法是非参数统计估计的常用方法，所需要预测的负荷曲线与选中的历史负荷曲线没有确定的参数关系，用核函数进行估计是合适的。

具体地，选中的历史负荷曲线 p_{ki+1}的权重与它和 p_M 之间的距离大小成反比，通过对距离进行核函数平滑来得到权重系数，即

$$\omega_i = \frac{\mathbb{K}(\| p_{ki} - p_M \|)}{\sum_{j=1}^{C-1} \mathbb{K}(\| p_{kj} - p_M \|)} \tag{4-22}$$

其中，$\mathbb{K}(\cdot)$ 为选中的核函数。

在预测过程中，为了获得高而稳定的预测精度，需要合理设置聚类数目 K，选择适当的历史数据的长度 M，以及合适的核函数$\mathbb{K}(\cdot)$。在这方面，并没有便捷的方法可以借鉴，但可以通过对一定范围的参数进行遍历，总结虚拟预测精度随参数变化的关系，从而合理地选择参数。

4. 基值预测方法

在进行标幺曲线预测时，可同步对负荷基值$\hat{\bar{P}}_{M+1}$进行预测。负荷基值选择的是日平均负荷，它反映的是台区日用电量的变化情况。采用倍比平滑法可以用近两周的负荷基值估计待预测日的基值，计算简单且准确。

首先构建相关负荷集合，认为与待预测日相同星期类型（即同为周一或同为周二等）的日期为同类型日，以同类型日作为优先顺序对所有历史样本进行排序。先排同类型日，再排不同类型日，同时按时间顺序倒序（由近及远地）排列。

取待预测日最近两周的日平均负荷数据，按时间顺序（正序）排序时为：

$$\begin{aligned}&\overline{P}_{M-13},\overline{P}_{M-12},\overline{P}_{M-11},\overline{P}_{M-10},\overline{P}_{M-9},\overline{P}_{M-8},\overline{P}_{M-7},\\&\overline{P}_{M-6},\overline{P}_{M-5},\overline{P}_{M-4},\overline{P}_{M-3},\overline{P}_{M-2},\overline{P}_{M-1},\overline{P}_{M},\\&\hat{\overline{P}}_{M}\end{aligned} \tag{4-23}$$

则相关负荷集合为：

$$\overline{P}_{M-6},\overline{P}_{M-13},\overline{P}_{M},\overline{P}_{M-1},\cdots,\overline{P}_{M-5},\overline{P}_{M-7},\overline{P}_{M-8},\cdots,\overline{P}_{M-12} \tag{4-24}$$

计算最近两周中不同类型日的基值平滑值，$\alpha\in(0,1)$为平滑系数，通常取$\alpha\in(0.4,0.6)$。

$$\begin{aligned}A_1&=\alpha\overline{P}_M+\alpha(1-\alpha)\overline{P}_{M-1}+\cdots+\alpha(1-\alpha)^5\overline{P}_{M-5}\\A_2&=\alpha\overline{P}_{M-7}+\alpha(1-\alpha)\overline{P}_{M-8}+\cdots+\alpha(1-\alpha)^5\overline{P}_{M-12}\end{aligned} \tag{4-25}$$

A_1，A_2 大体反映了近两周的整体负荷水平，根据倍比平滑的思想，即：

$$\frac{\text{待预测日负荷基值}}{\text{本周期负荷水平}}=\frac{\text{同类型日负荷基值}}{\text{上周期负荷水平}} \tag{4-26}$$

则有：

$$\frac{\hat{\overline{P}}_{M+1}}{A_1}=\frac{\overline{P}_{M-8}}{A_2} \tag{4-27}$$

故待预测日负荷基值为：

$$\hat{\overline{P}}_{M+1}=\frac{A_1}{A_2}\overline{P}_{M-8} \tag{4-28}$$

将基值与标幺曲线相乘即得到预测的日负荷曲线为：

$$\hat{P}_{M+1}=\hat{\overline{P}}_{M+1}\cdot\hat{P}_{M+1} \tag{4-29}$$

至此，台区短期负荷预测工作完成。

5. 算例分析

为验证上述方法的正确性，以某省某配电变台区 6～10 月的历史数据为样本进行配电变压器短期负荷预测，并对其相对误差和绝对误差指标进行了分析。取前 4 个月为历史数据（$M=122$），对 10 月的日负荷曲线进行虚拟预测，共计预测 31 天。台区容量 400kVA，历史数据为 24 点日负荷（$N=24$）。同时测试小波—聚类预测方法和三种传统算法。

经过预测试，聚类数目取 $K=8$，共测试 8 类常见的核函数，最终选定径向基（Epanechnikov）核函数，其表达式为

$$\mathbb{K}(u)=\frac{3}{4}(1-u^2),\ |u|\leqslant 1 \tag{4-30}$$

表 4-3 为 31 天预测的精度及其平均值，相比三种传统方法，所提出的坏数据处理及小波—聚类方法在平均精度上可以提升 2%左右。由于测试时间长达 31 天，所以认为这种精度的提升是稳定的，是算法本身的优势带来的。

表 4-3　　虚拟预测精度

日期	小波—聚类	频率分量	点对点倍比	倍比平滑
1	87.61%	80.42%	81.04%	84.41%
2	87.48%	86.08%	82.47%	87.51%
3	85.73%	81.31%	83.09%	83.87%
4	88.51%	85.85%	78.60%	87.38%
5	81.19%	84.89%	84.84%	83.57%
6	90.11%	80.47%	80.97%	84.37%
7	83.04%	80.39%	73.83%	83.38%
8	80.70%	79.82%	76.92%	83.01%
9	86.14%	79.12%	76.57%	82.48%
10	89.23%	83.68%	72.95%	85.51%
11	87.22%	82.10%	73.70%	83.54%
12	83.02%	83.61%	76.73%	84.96%
13	89.44%	84.74%	74.62%	85.73%
14	83.35%	81.64%	69.84%	82.08%
15	79.14%	77.16%	81.11%	77.76%
16	85.07%	78.99%	80.02%	78.62%
17	79.52%	74.16%	71.69%	72.72%
18	76.15%	67.76%	61.61%	70.41%
19	80.43%	78.79%	66.74%	79.93%
20	85.41%	81.47%	79.29%	81.35%
21	85.06%	86.63%	68.85%	83.28%
22	87.79%	79.10%	70.45%	84.24%
23	85.40%	81.34%	76.97%	86.53%
24	85.95%	83.55%	85.89%	85.68%
25	86.60%	82.16%	73.67%	85.08%
26	86.61%	86.30%	78.04%	88.76%
27	82.49%	76.95%	71.76%	83.24%
28	89.98%	82.78%	72.88%	87.71%
29	89.25%	87.08%	80.61%	87.39%
30	86.38%	85.60%	81.00%	83.95%
31	84.47%	81.22%	79.96%	84.75%
平均	85.11%	81.46%	76.35%	83.33%

图 4-31 和图 4-32 为小波—聚类方法在 31 天预测中精度最高和最低的两个预测结果。图 4-31 中，除了早上的负荷尖峰预测略低之外，其余各点的预测值与实际值基本一致。从图 4-32 可以看出，18 日早晨的负荷尖峰较细，上升和下降都很快，这与历史趋势不太相同，导致预测精度下降。通过对比发现，另外三种预测方法在此日的预测精度分别为 67.76%、61.61%和 70.41%，预测精度比小波—聚类预测方法低 6%～15%。这表明在负荷规律发生变化时，各种预测方法预测精度都将下降，而小波—聚类预测方法精度仍高于其他三种。

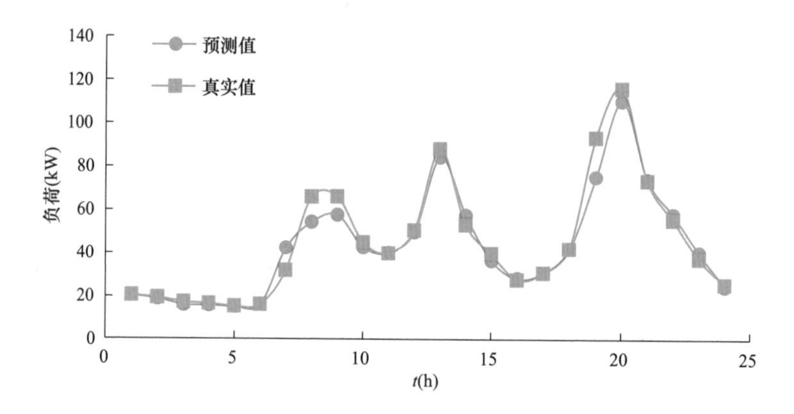

图 4-31　10 月 6 日负荷预测结果：精度为 90.11%

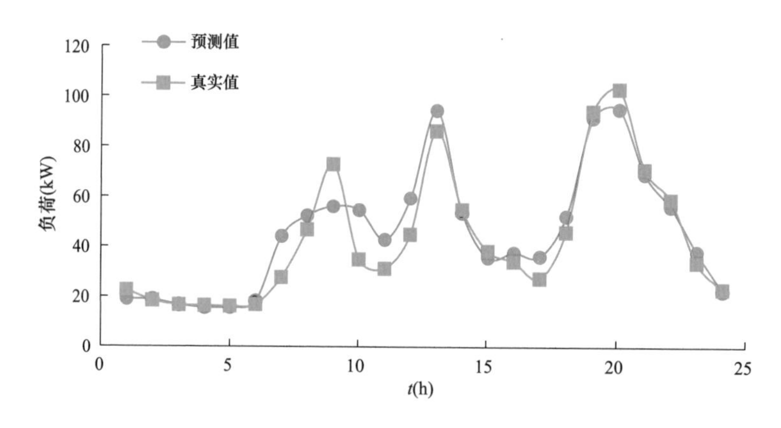

图 4-32　10 月 18 日负荷预测结果：精度为 76.15%

图 4-33 和图 4-34 分析了预测绝对误差的均值和标准差与负荷的均值和标准差的关系。为了体现对比结果，图 4-33 将日负荷均值除以 10 之后，与预测绝对误差的标准差放在相同一张图中比较，可以看出预测误差的均值与日负荷均值的“形状”很相似。在负荷大时预测的误差相对较大，负荷小时预测误差也相对较小。对二者做相关分析表明基本成正相关关系，相关系数为 0.896，相关程度很高。这说明，对于同一个配电变压器的负荷而言，在对其进行负荷预测时，白天负荷较高时预测的功率偏差会更大，利用预测数据进行控制策略的研究可能会引起大的偏差。

图 4-34 所示为预测绝对误差的标准差和负荷的标准差的关系。与图 4-33 类似，图中的两条曲线也有着相似的形状。对二者进行相关分析表明成正相关关系，相关系数为 0.908。这说明，在某些时间负荷的波动性较大，此时预测的绝对误差（精度）也不稳定。

事实上，图 4-33 和图 4-34 的四条曲线都很相似，其规律可以概括为，当负荷较大且波动性较大时，预测的误差较大且不稳定。这并不能判定因果关系，只能说明这四者存在正相关的关系。

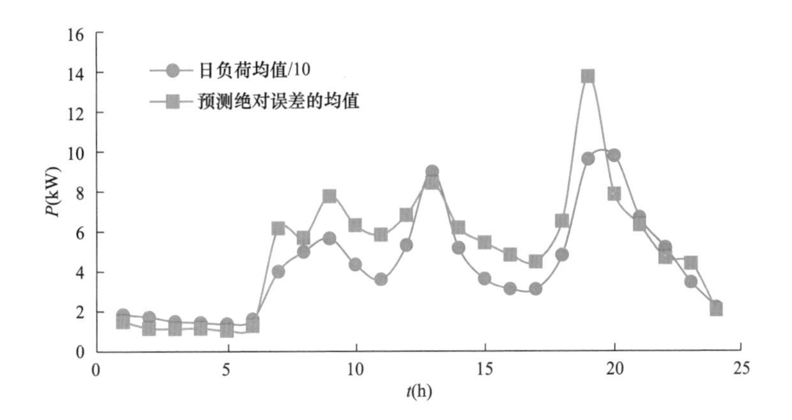

图 4-33　预测绝对误差均值与日负荷均值的关系

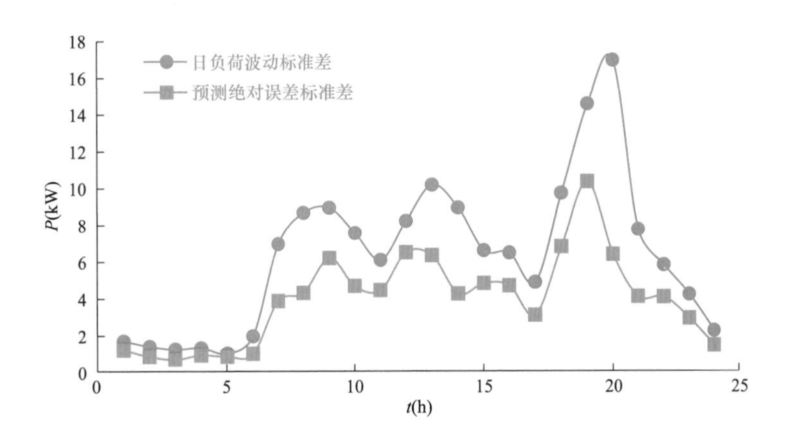

图 4-34　预测绝对误差标准差与日负荷波动标准差的关系

图 4-35～图 4-38 所示为 24 小时各点的预测绝对误差的绝对值在虚拟预测的 31 天内的分布情况。图中，c 代表小波—聚类方法，f 代表频率分量法，p 代表点对点倍比法，s 代表倍比平滑法。

由分析可知，夜间（0：00～5：00）的预测误差普遍较低，点预测误差在 2kW 以下。白天时段预测误差普遍升高，与负荷大小基本成正比，在傍晚（18：00～19：00）时，预测误差最高，误差均值约 10kW。在绝大多数时间点上有着更低的绝对误差均值，精度优势明显较高。同时，误差的标准差也较小，预测精度更加稳定。

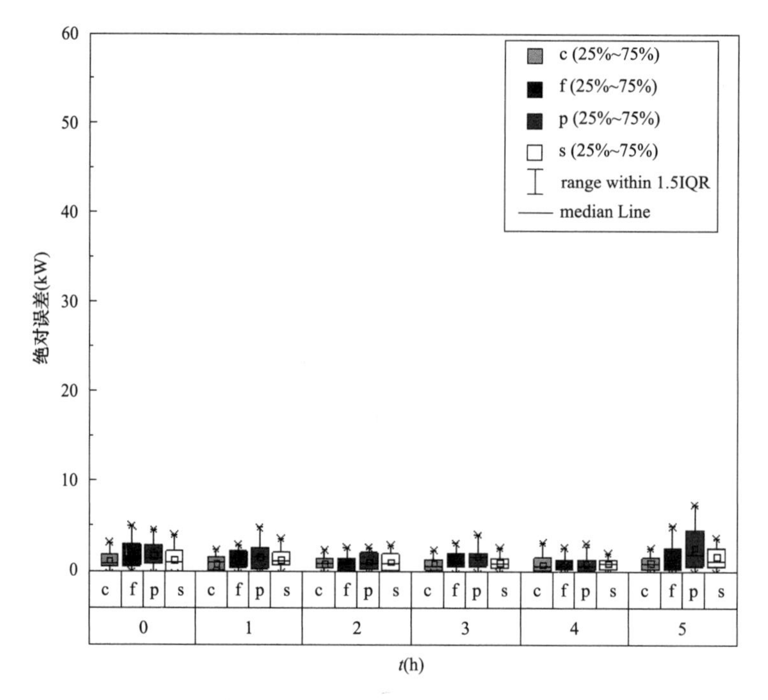

图 4-35　虚拟预测绝对误差的分布（0：00～5：00）

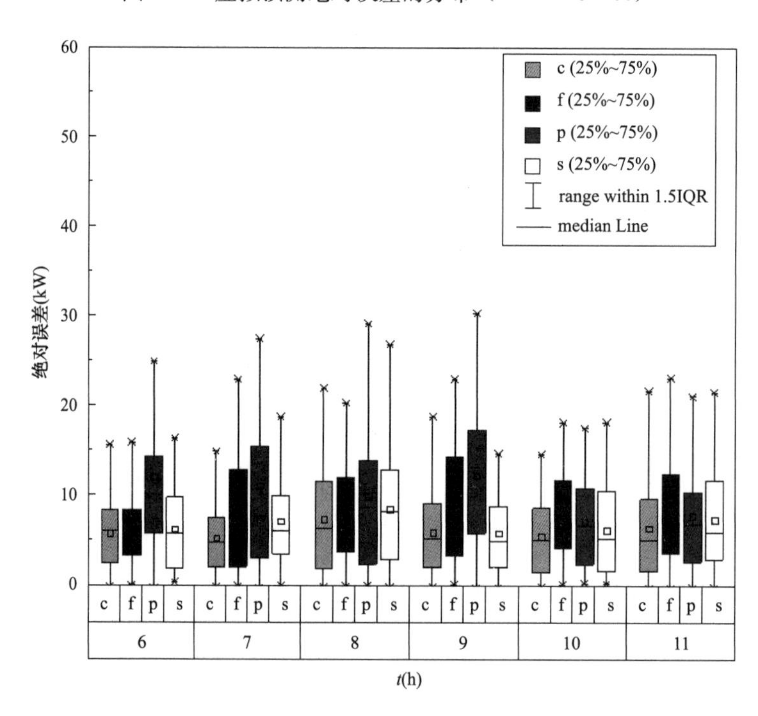

图 4-36　虚拟预测绝对误差的分布（6：00～11：00）

（三）基于偏最小二乘的负荷模型在线确定方法

1. 偏最小二乘回归原理

偏最小二乘回归是一种多元统计数据分析方法，于 1983 年由伍德和阿巴诺等人首次提出，近年来在理论、方法和应用方面都得到了迅速的发展。密西根大学的弗耐尔教授称偏最小二乘回归为第二代回归分析方法。

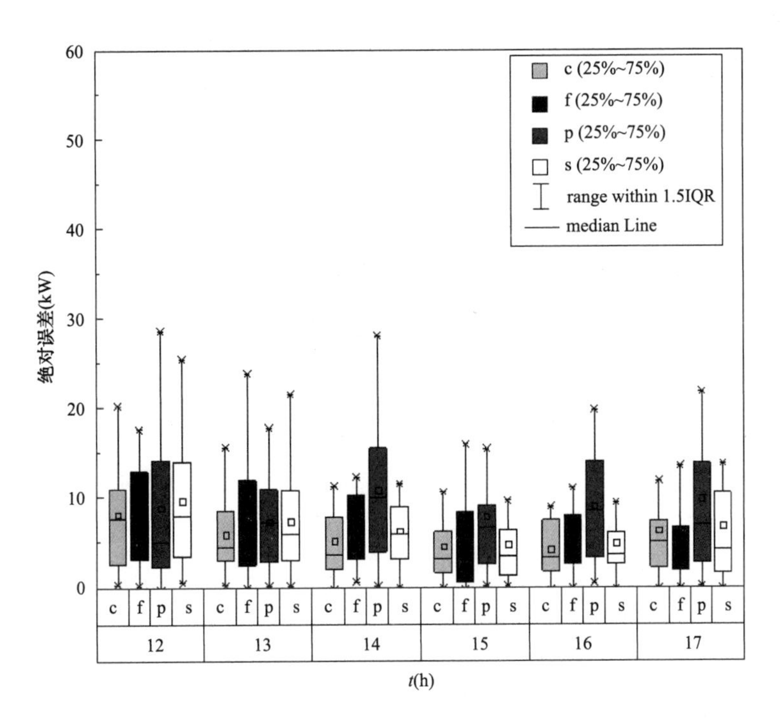

图 4-37　虚拟预测绝对误差的分布（12：00～17：00）

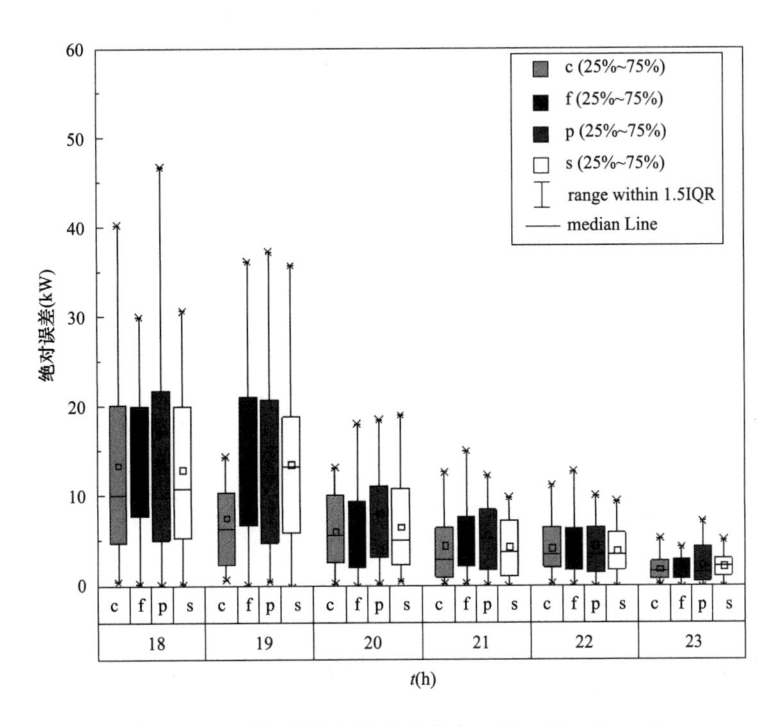

图 4-38　虚拟预测绝对误差的分布（18：00～23：00）

（1）建模原理。

设有 q 个因变量 $\{y_1，\cdots，y_q\}$ 和 p 个自变量 $\{x_1，\cdots，x_p\}$。为了研究因变量和自变量的统计关系，共观测了 n 个样本点，由此构成了自变量与因变量的数据表 $X=\{x_1，\cdots，x_p\}$ 和 $Y=\{y_1，\cdots，y_q\}$。偏最小二乘回归分别在 X 与 Y 中提取出成分 t_1 和 u_1，即 t_1 是 $x_1，\cdots，x_p$ 的线形组合，u_1 是 $y_1，\cdots，y_q$ 的线形组合。在提取这两个成分时，为了回归分析的需要，主要有下列两个要求：

1）t_1 和 u_1 应尽可能大地携带各自数据表中的变异信息；

2）t_1 与 u_1 的相关程度能够达到最大。

这两个要求表明，t_1 和 u_1 应尽可能好地代表数据表 X 和 Y，同时自变量的成分 t_1 对因变量的成分 u_1 又有最强的解释能力。

在第一个成分 t_1 和 u_1 被提取后，偏最小二乘回归分别实施 X 对 t_1 的回归以及 Y 对 u_1 回归。如果回归方程已经达到满意的精度，则算法终止；否则，将利用 X 被 t_1 解释后的残余信息以及 Y 被 u_1 解释后的残余信息进行第二轮的成分提取。如此往复，直到能达到一个较满意的精度为止。若最终对 X 共提取了 m 个成分 $t_1，\cdots，t_m$，偏最小二乘回归将通过实施 y_k 对 $t_1，\cdots，t_m$ 的回归，然后再表达成 y_k 关于原变量 $x_1，\cdots，x_m$ 的回归方程，$k=1，2，\cdots，q$。

（2）计算方法推导。

为方便进行数学推导，首先将数据做标准化处理。X 经标准化处理后的数据矩阵记为 $E_0=[E_{01}，\cdots，E_{0p}]_{n\times p}$，$Y$ 经标准化处理后的数据矩阵记为 $\boldsymbol{F}_0=[F_{01}，\cdots，F_{0q}]_{n\times q}$。

$$\boldsymbol{E}_0=\begin{bmatrix} x_{11} & \cdots & x_{1p} \\ \vdots & & \vdots \\ x_{n1} & \cdots & x_{np} \end{bmatrix} \tag{4-31}$$

$$\boldsymbol{F}_0=\begin{bmatrix} y_{11} & \cdots & y_{1q} \\ \vdots & & \vdots \\ y_{n1} & \cdots & y_{nq} \end{bmatrix} \tag{4-32}$$

第一步：记 t_1 是 $\boldsymbol{E}_0$ 的第一个成分，ω_1 是 $\boldsymbol{E}_0$ 的第一个轴，它是一个单位向量，即 $\|\omega_1\|=1$。记 u_1 是 $\boldsymbol{F}_0$ 的第一个成分，$u_1=\boldsymbol{F}_0c_1$。c_1 是 $\boldsymbol{F}_0$ 的第一个轴，并且 $\|c_1\|=1$。如果 t_1、u_1 能很好地代表 X 与 Y 中的数据变异信息，根据主成分分析原理，应该有

$$Var(u_1)\rightarrow \max \tag{4-33}$$

$$Var(t_1)\rightarrow \max \tag{4-34}$$

由于回归建模的需要，又要求 t_1 对 u_1 有很好的解释能力，t_1 与 u_1 的相关度应达到最大值，即

$$r(t_1,u_1)\rightarrow \max \tag{4-35}$$

因此，综合起来在偏最小二乘回归中，要求 t_1 与 u_1 的协方差达到最大，即：

$$Cov(t_1, u_1) = \sqrt{Var(t_1)Var(t_1)}r(t_1, u_1) \rightarrow \max \tag{4-36}$$

正规的数学表述应该是求解下列优化问题，即

$$\max_{\omega 1, c1} \langle \boldsymbol{E}_0 \omega_1, \boldsymbol{F}_0 c_1 \rangle \tag{4-37}$$

$$s.t \begin{cases} \omega_1^{\mathrm{T}} \omega_1 = 1 \\ c_1^{\mathrm{T}} c_1 = 1 \end{cases} \tag{4-38}$$

因此，将在 $\| \omega_1 \| = 1$ 和 $\| c_1 \| = 1$ 的约束条件下求（$\omega_1^{\mathrm{T}} \boldsymbol{E}_0^{\mathrm{T}} \boldsymbol{F}_0 c_1$）的最大值。如果采用拉格朗日算法，记

$$s = \omega_1^{\mathrm{T}} \boldsymbol{E}_0^{\mathrm{T}} \boldsymbol{F}_0 c_1 - \lambda_1 (\omega_1^{\mathrm{T}} \omega_1 - 1) - \lambda_2 (c_1^{\mathrm{T}} c_1 - 1) \tag{4-39}$$

对 s 分别求关于 ω_1、c_1、λ_1 和 λ_2 的偏导并令之为 0，则有

$$\frac{\partial s}{\partial \omega_1} = \boldsymbol{E}_0^{\mathrm{T}} \boldsymbol{F}_0 c_1 - 2\lambda_1 \omega_1 = 0 \tag{4-40}$$

$$\frac{\partial s}{\partial c_1} = \boldsymbol{F}_0^{\mathrm{T}} \boldsymbol{E}_0 \omega_1 - 2\lambda_2 c_1 = 0 \tag{4-41}$$

$$\frac{\partial s}{\partial \omega_1} = -(\omega_1^{\mathrm{T}} \omega_1 - 1) = 0 \tag{4-42}$$

$$\frac{\partial s}{\partial \lambda_2} = -(c_1^{\mathrm{T}} c_1 - 1) = 0 \tag{4-43}$$

由式（4-40）～式（4-43）可以推出

$$2\lambda_1 = 2\lambda_2 = \omega_1^{\mathrm{T}} \boldsymbol{E}_0^{\mathrm{T}} \boldsymbol{F}_0 c_1 = \langle \boldsymbol{E}_0 \omega_1, \boldsymbol{F}_0 c_1 \rangle \tag{4-44}$$

记 $\theta_1 = 2\lambda_1 = 2\lambda_2 = \omega_1^{\mathrm{T}} \boldsymbol{E}_0^{\mathrm{T}} \boldsymbol{F}_0 c_1$，所以 θ_1 正是优化问题的目标函数值。

把式（4-40）和式（4-41）写成

$$\boldsymbol{E}_0^{\mathrm{T}} \boldsymbol{F}_0 c_1 = \theta_1 \omega_1 \tag{4-45}$$

$$\boldsymbol{F}_0^{\mathrm{T}} \boldsymbol{E}_0 \omega_1 = \theta_1 c_1 \tag{4-46}$$

将式（4-46）代入式（4-45），有

$$\boldsymbol{E}_0^{\mathrm{T}} \boldsymbol{F}_0 \boldsymbol{F}_0^{\mathrm{T}} \boldsymbol{E}_0 \omega_1 = \theta_1^2 \omega_1 \tag{4-47}$$

同理，可得

$$\boldsymbol{F}_0^{\mathrm{T}} \boldsymbol{E}_0 \boldsymbol{E}_0^{\mathrm{T}} \boldsymbol{F}_0 c_1 = \theta_1^2 c_1 \tag{4-48}$$

可见，ω_1 是矩阵 $\boldsymbol{E}_0^{\mathrm{T}} \boldsymbol{F}_0 \boldsymbol{F}_0^{\mathrm{T}} \boldsymbol{E}_0$ 的特征向量，对应的特征值为 θ_1^2。θ_1 是目标函数值，它要求取最大值，所以，ω_1 是对应于 $\boldsymbol{E}_0^{\mathrm{T}} \boldsymbol{F}_0 \boldsymbol{F}_0^{\mathrm{T}} \boldsymbol{E}_0$ 矩阵最大特征值的单位特征向量。而另一方面，c_1 是对应于矩阵 $\boldsymbol{F}_0^{\mathrm{T}} \boldsymbol{E}_0 \boldsymbol{E}_0^{\mathrm{T}} \boldsymbol{F}_0$ 最大特征值 θ_1^2 的单位特征向量。求得轴 ω_1 和 c_1 后，即可得到成分

$$t_1 = \boldsymbol{E}_0 \omega_1 \tag{4-49}$$

$$u_1 = \boldsymbol{F}_0 c_1 \tag{4-50}$$

然后，分别求 $\boldsymbol{E}_0$ 和 $\boldsymbol{F}_0$ 对 t_1，u_1 的三个回归方程

$$\boldsymbol{E}_0 = t_1 p_1' + \boldsymbol{E}_1 \tag{4-51}$$

$$\boldsymbol{F_0} = u_1 q'_1 + \boldsymbol{F_1^*} \tag{4-52}$$

$$\boldsymbol{F_0} = t_1 r'_1 + \boldsymbol{F_1} \tag{4-53}$$

式中，回归系数向量为：

$$p_1 = \frac{\boldsymbol{E'_0} t_1}{\| t_1 \|^2} \tag{4-54}$$

$$q_1 = \frac{\boldsymbol{F'_0} u_1}{\| u_1 \|^2} \tag{4-55}$$

$$r_1 = \frac{\boldsymbol{F'_0} t_1}{\| t_1 \|^2} \tag{4-56}$$

而 $\boldsymbol{E_1}$、$\boldsymbol{F_1^*}$、$\boldsymbol{F_1}$ 分别是三个回归方程的残差矩阵。

第二步：用残差矩阵 $\boldsymbol{E_1}$ 和 $\boldsymbol{F_1}$ 取代 $\boldsymbol{E_0}$ 和 $\boldsymbol{F_0}$，然后求第二个轴 w_2 和 c_2 以及第二个成分 t_2 和 u_2，则有

$$t_2 = \boldsymbol{E_1} w_2 \tag{4-57}$$

$$u_2 = \boldsymbol{F_1} c_2 \tag{4-58}$$

$$\begin{aligned} \theta_2 &\leqslant t_2 \\ u_2 &\geqslant w'_2 \boldsymbol{E'_1} \boldsymbol{F_1} c_2 \end{aligned} \tag{4-59}$$

w_2 是对应于矩阵 $\boldsymbol{E'_1 F_1 F'_1 E_1}$ 最大特征值 θ_2^2 的特征值，c_2 是对应于矩阵 $\boldsymbol{F'_1 E_1 E'_1 F_1}$ 最大特征值的特征向量。计算回归系数

$$p_2 = \frac{\boldsymbol{E'_1} t_2}{\| t_2 \|^2} \tag{4-60}$$

$$r_2 = \frac{\boldsymbol{F'_1} t_2}{\| t_2 \|^2} \tag{4-61}$$

因此，有回归方程

$$\boldsymbol{E_1} = t_2 p'_2 + \boldsymbol{E_2} \tag{4-62}$$

$$\boldsymbol{F_1} = t_2 r'_2 + \boldsymbol{F_2} \tag{4-63}$$

如此计算下去，如果 X 的秩是 A，则会有

$$\boldsymbol{E_0} = t_1 p'_1 + \cdots + t_A p'_A \tag{4-64}$$

$$\boldsymbol{F_0} = t_1 r'_1 + \cdots + t_A r'_A + \boldsymbol{F_A} \tag{4-65}$$

由于 t_1，…，t_A 均可以表示成 $\boldsymbol{E_{01}}$，…，$\boldsymbol{E_{0p}}$ 的线性组合，因此，式（4-65）还可以还原成 $y_k^* = \boldsymbol{F_{0k}}$ 关于 $x_j^* = \boldsymbol{E_{0k}}$ 的回归方程形式，即

$$y_k^* = \alpha_{k1} x_1^* + \cdots + \alpha_{kp} x_p^* + \boldsymbol{F_{Ak}} (k = 1, 2, \cdots, q) \tag{4-66}$$

式中，$\boldsymbol{F_{Ak}}$ 是残差矩阵 $\boldsymbol{F_A}$ 的第 k 列。

（3）交叉有效性。

下面要讨论的问题是在现有的数据表下，如何确定更好的回归方程。在许多情形下，偏最小二乘回归方程并不需要选用全部的成分 t_1，…，t_A 进行回归建模，而是可以像在主

成分分析一样，采用截尾的方式选择前 m 个成分 [$m<A$，$A=$秩（X）]，仅用这 m 个后续的成分 t_1，…，t_m 就可以得到一个预测性较好的模型。事实上，如果后续的成分已经不能为解释 F_0 提供更有意义的信息时，采用过多的成分只会破坏对统计趋势的认识，引导错误的预测结论。

在多元回归分析中，可用抽样测试法来确定回归模型是否适于预测应用。把数据分成两部分：第一部分用于建立回归方程，求出回归系数估计量 b_B，拟合值 $\hat{y}_B$ 以及残差均方和 $\hat{\sigma}_B^2$；再用第二部分数据作为实验点，代入刚才所求得的回归方程，由此求出 $\hat{y}_T$ 和 $\hat{\sigma}_T^2$。一般地，若有 $\hat{\sigma}_T^2 \approx \hat{\sigma}_B^2$，则回归方程会有更好的预测效果。若 $\hat{\sigma}_T^2 \gg \hat{\sigma}_B^2$，则回归方程不宜用于预测。在偏最小二乘回归建模中，究竟应该选取多少个成分为宜，这可通过考察增加一个新的成分后，能否对模型的预测功能有明显的改进来考虑。采用类似于抽样测试法的工作方式，把所有 n 个样本点分成两部分：第一部分除去某个样本点 i 的所有样本点集合（共含 $n-1$ 个样本点），用这部分样本点并使用 h 个成分拟合一个回归方程；第二部分是把刚才被排除的样本点 i 代入前面拟合的回归方程，得到 y_j 在样本点 i 上的拟合值 $\hat{y}_{hj(-i)}$。对于每一个 $i=1$，2，…，n，重复上述测试，则可以定义 y_j 的预测误差平方和为 $PRESS_{hj}$，有

$$PRESS_{hj}=\sum_{i=1}^{n}(y_{ij}-\hat{y}_{hj(-i)})^2 \tag{4-67}$$

定义 Y 的预测误差平方和为 $PRESS_h$，有

$$PRESS_h=\sum_{j=1}^{p}PRESS_{hj} \tag{4-68}$$

显然，如果回归方程的稳健性不好，误差就很大，它对样本点的变动会十分敏感，这种扰动误差的作用会加大 $PRESS_h$ 的值。

另外，再采用所有的样本点，拟合含 h 个成分的回归方程。记第 i 个样本点的预测值为 $\hat{y}_{hji}$，则可以记 y_j 的误差平方和为 SS_{hj}，有

$$SS_{hj}=\sum_{i=1}^{n}(y_{ij}-\hat{y}_{hji})^2 \tag{4-69}$$

定义 Y 的误差平方和为 SS_h，有

$$SS_h=\sum_{j=1}^{p}SS_{hj} \tag{4-70}$$

一般说来，总是有 $PRESS_h$ 大于 SS_h，而 SS_h 则总是小于 SS_{h-1}。下面比较 SS_{h-1} 和 $PRESS_h$。SS_{h-1} 是用全部样本点拟合的具有 $h-1$ 个成分的方程的拟合误差；$PRESS_h$ 增加了一个成分 t_h，但却含有样本点的扰动误差。如果 h 个成分的回归方程的含扰动误差能在一定程度上小于（$h-1$）个成分回归方程的拟合误差，则认为增加一个成分 t_h，会使预测结果明显提高。因此希望（$PRESS_h/SS_{h-1}$）的比值越小越好。一般

$$(PRESS_h/SS_{h-1}) \leqslant 0.95^2 \tag{4-71}$$

即 $\sqrt{PRESS_h} \leqslant 0.95\sqrt{SS_{h-1}}$ 时，增加成分 t_h 就是有益的；或者反过来说，当 $\sqrt{PRESS_h}>$

$0.95\sqrt{SS_{h-1}}$时，认为增加新的成分 t_h 对减少方程的预测误差无明显的改善作用。

另有一种等价的定义称为交叉有效性。对每一个变量 y_k，定义

$$Q_{hk}^2 = 1 - \frac{PRESS_{hk}}{SS_{(h-1)k}} \tag{4-72}$$

对于全部因变量 Y，成分 t_h 交叉有效性定义为

$$Q_h^2 = 1 - \frac{\sum_{k=1}^{q} PRESS_{hk}}{\sum SS_{(h-1)k}} = 1 - \frac{PRESS_h}{SS_{(h-1)}} \tag{4-73}$$

用交叉有效性测量成分 t_h 对预测模型精度的边际贡献有如下两个尺度。

当 $Q_h^2 \geqslant (1-0.95^2)=0.0975$ 时，t_h 成分的边际贡献是显著的。显而易见，$Q_h^2 \geqslant 0.0975$ 与$(PRESS_h/SS_{h-1})<0.95^2$ 是完全等价的决策原则。

对于 $k=1$，2，…，q，至少有一个 k，使得

$$Q_h^2 \geqslant 0.0975 \tag{4-74}$$

这时增加成分 t_h，至少使一个因变量 y_k 的预测模型得到显著的改善，因此，也可以考虑增加成分 t_h 是明显有益的。

2. 偏最小二乘回归模型构建

准确掌握配电变压器的负荷模型，有利于制定合理的调压、调容和无功补偿策略，使有载调容调压配电变压器能够进行正确的调压、调容和无功补偿操作，保证有载调容调压配电变压器安全、经济、稳定运行。已有的负荷建模主要集中于大电网和单个用电负荷，主要有统计综合法、总体测变法、故障仿真法三种类型，其中，总体测变法可根据配变终端在线实时采样数据，通过控制器实时处理，进行参数估计。

配电网公用配电变压器负荷，特别是农村电网公用配电变压器负荷以居民生活和商业负荷为主，主要是一些家用电器和照明设备。对于这些负荷可以采用静态负荷模型，其中多项式模型简单方便，比较适用。多项式负荷模型为：

$$P = a_p + b_p U + c_p U^2 + d_p f + e_p f U \tag{4-75}$$

$$Q = a_q + b_q U + c_q U^2 + d_q f + e_q f U \tag{4-76}$$

采用多项式负荷模型，需要解决的问题是对有功功率模型的参数 a_p、b_p、c_p、d_p、e_p 和无功功率模型的参数 a_q、b_q、c_q、d_q、e_q 的辨识。偏最小二乘回归方法是多变系统参数辨识的有效方法，应用于配电变压器的负荷模型确定。主要思路是首先通过配电终端在线采集台区的有功功率、无功功率、电压和频率，将有功功率、无功功率作为因变量，电压、频率及其组合作为自变量，然后建立偏最小二乘回归模型，求取模型参数。具体流程如下：

（1）从有载调容调压配电变压器的控制终端读取采样数据，采样数据包括 n 个样本点的电压 $U_{(k)}$、频率 $f_{(k)}$、有功功率 $P_{(k)}$ 和无功功率 $Q_{(k)}$（$k=1$、2、3…、n）。

（2）根据采样数据，形成因变量矩阵 $\mathbf{Y}_{n\times 2}$ 和自变量矩阵 $\mathbf{X}_{n\times 4}$，其中

$$\boldsymbol{Y}_{n\times 2}=\begin{bmatrix} P(1) & Q(1) \\ P(2) & Q(2) \\ \vdots & \vdots \\ P(n-1) & Q(n-1) \\ P(n) & Q(n) \end{bmatrix}$$

$$\boldsymbol{X}_{n\times 4}=\begin{bmatrix} U(1) & U^2(1) & f(1) & f(1)U(1) \\ U(2) & U^2(2) & f(2) & f(2)U(2) \\ \vdots & \vdots & \vdots & \vdots \\ U(n-1) & U^2(n-1) & f(n-1) & f(n-1)U(n) \\ U(n) & U^2(n) & f(n) & f(n)U(n) \end{bmatrix}$$

(3) 对因变量矩阵 $\boldsymbol{Y}_{n\times 2}$ 和自变量矩阵 $\boldsymbol{X}_{n\times 4}$ 进行数据初始化处理，因变量组和自变量组的 n 次标准化观测数矩阵分别记为 $\boldsymbol{F}_0$ 和 $\boldsymbol{E}_0$。

(4) 设置成分提取的个数 r 的初始值，令 $r=1$。

(5) 求矩阵 $\boldsymbol{E}_{r-1}^{\mathrm{T}}\boldsymbol{F}_0\boldsymbol{F}_0^{\mathrm{T}}\boldsymbol{E}_{r-1}$ 最大特征值所对应的特征向量 ω_r，并计算残差矩阵和成分 t_r。

(6) 计算 Q_h^2。

(7) 进行交叉有效性检验，判断 Q_h^2 是否大于 0.0975，如果小于 0.0975 转入步骤 (8)，否则令 $r=r+1$ 转入步骤 (5)。

(8) 计算有功模型参数 a_p、b_p、c_p、d_p、e_p 和无功模型参数 a_p、b_p、c_p、d_p、e_p。

(9) 根据模型参数，形成配电变压器综合负荷数学模型函数表达式 $P=a_p+b_pU+c_pU^2+d_pf+e_pfU$，$Q=a_q+b_qU+c_qU^2+d_qf+e_qfU$。

二、有载调容调压自适应负荷控制功能实现

1. 自适应负荷跟踪控制功能

自适应负荷跟踪控制是有载调容调压配电变压器实现有载调容调压、分相无功补偿和低压负荷在线自动换相等功能的基础[16-19]。自适应负荷跟踪控制框图如图 4-39 所示。

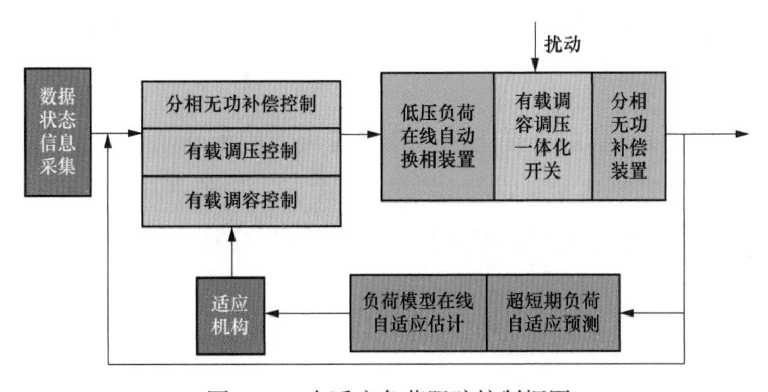

图 4-39 自适应负荷跟踪控制框图

首先通过配电变压器的综合控制终端以及该配电变压器下属的各智能电能表、智能开关等对配电变压器低压侧和各用户的电压、电流、有功功能和无功功能等进行实时监测，再结合相关历史数据和天气、温度等对负荷变化有影响的数据，采用自适应神经网络算法对配电变压器的负荷模型进行自适应在线估计和超短期负荷自适应预测；配电变压器综合控制终端的控制模块根据监测的实时数据和历史数据进行综合判断和决策分析，得到有载调容、有载调压、分相无功补偿和低压负荷在线自动换相相关控制指令，然后有载调容调压一体化开关、分相无功补偿装置和低压负荷在线自动换相装置根据各自控制指令进行相关操作。整个过程实现闭环控制，能够有效抵抗外界干扰。

2. 有载调容调压功能

有载调容调压配电变压器通过综合控制终端实时监测配电变压器当前的负荷电流、低压侧电压等情况，进行负荷模型在线自适应估计和超短期负荷自适应预测，再根据容量和电压整定值判定相关约束条件。满足设定条件则给有载调容调压一体化开关发出相应调节控制命令，有载调容调压一体化开关根据控制指令可靠开合动作，自动完成配电变压器高低压绕组的星角变换和串并联转换或有载调压分接头的变换，在不需要停电的状态下完成配电变压器容量调节或低压侧电压调整，使有载调容调压配电变压器在始终满足负荷需求的情况下以最佳方式运行。可以看出，有载调容调压一体化开关是实现有载调容调压配电变压器有载调容调压功能的关键。

考虑可靠性、经济性以及便于制造等因素，有载调容调压一体化开关的设计采用电阻埋入式复合型有载分接开关设计方案，它分为机械部分和触头切换机构两部分。上面是机械部分，处于配电变压器的外部；下面是触头切换机构，分为高压侧和低压侧，在高压侧又有相对独立运行的有载调容部分和有载调压部分。开关具有独立油室。有载调容调压一体化开关在切换时配电变压器始终保持励磁状态，为防止电流过大，可在切换电路中加入限流元件即过渡电阻，调容部分和调压部分都有过渡电阻，保证励磁和负荷不间断。恢复电压过高是有载调容调压一体化开关可靠息弧的主要障碍，为此可将串联多断口技术应用于有载调容调压一体化开关的设计中，在有载调容调压一体化开关有限的开距内均匀布置若干个串联的断口，使每个断口的电压在可控范围之内，从而可靠地熄灭电弧。

3. 分相无功补偿功能

有载调容调压配电变压器的分相无功补偿装置可采用低压集中补偿方式，电容器为不等容分组，接线方式为星形连接；在投切控制方式上，采用电压-无功功率复合控制的策略，可避免投切判定单一带来的投切振荡问题。有载调容调压配电变压器的 TSC 型分相无功补偿装置电路如图 4-40 所示。

TSC 型分相无功补偿装置的控制系统包括检测电路、控制电路、触发电路、电源电路、通信电路、人机交互电路及外围电路等部分。OMAP-L138 应用处理器是基于 ARM926EJ-

S和C674x浮点DSP的双核（DSP＋ARM）低功耗应用处理器，集成有DSP（数字信号处理器）与RISC（精简指令系统计算机）技术的优点，并且具有OMAP系列超低功耗的特点，可实现高达300MHz的单位内核频率。以OMAP-L138处理器作为主控芯片的TSC型分相无功补偿装置控制系统框图如图4-41所示。

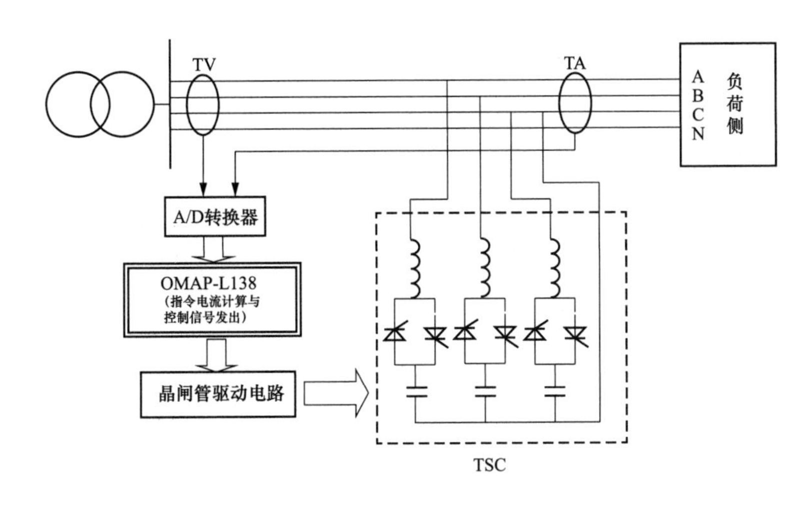

图4-40　分相无功补偿装置电路

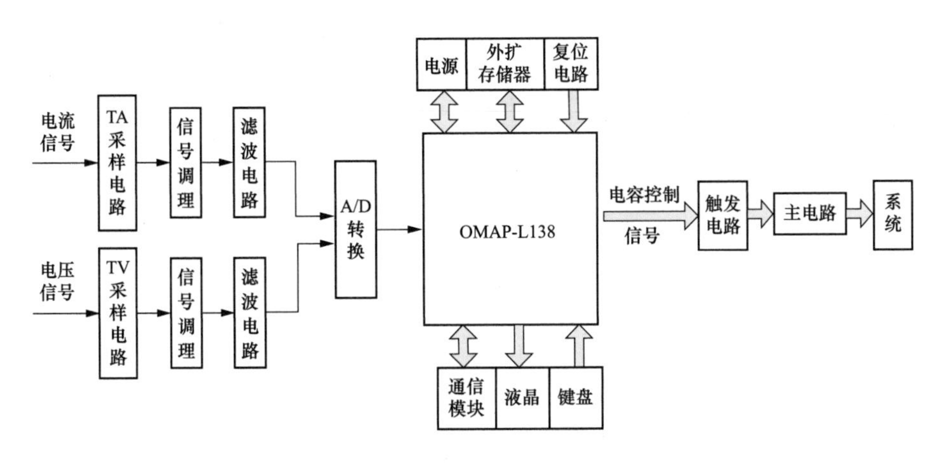

图4-41　分相无功补偿装置控制系统框图

准确实时获得TSC的指令电流即准确实时检测出负荷电流中的基波无功电流是实现TSC型分相无功补偿装置的关键。当三相负荷对称时，三相基波无功电流相同，可以采用基于瞬时无功功率理论的优化dq算法计算基波无功电流；当三相负荷不对称时，优化dq算法不能检测出三相不同的基波无功电流。适用于三相对称/不对称负荷的瞬时基波无功电流检测方法具有计算量小、不需要电压的相位信息、实现起来较方便等优点，采用该算法无论在电网电压对称或畸变时均能准确实时地检测出系统中各相的基波无功电流分量。

三、有载调容调压自适应负荷综合控制终端

（一）总体设计

有载调容调压自适应负荷综合控制终端是有载调容调压配电变压器的核心部件。有载调容调压自适应负荷综合控制终端主要包括数据状态信息采集功能模块、综合分析判断决策功能模块和输出控制模块，输出控制模块又包括在线负荷调相控制、有载调容控制、分相无功补偿控制和有载调压控制 4 个功能单元。通过对配电设备单元、有载调容调压一体化单元、配电变压器本体单元等运行数据、开关状态、操作及反馈信息等的采集，进行综合分析、判断与决策，形成控制策略和相应控制命令，控制配电设备单元和有载调容调压一体化单元动作，实现有载调容、有载调压、在线负荷调相及分相无功补偿等功能。

1. 系统组成

有载调容调压自适应负荷综合控制终端主要由互感器、数据采集芯片（A/D 转换器）、数据存储器（Flash 存储器和 SRAM）、DSP、状态输入回路、控制输出回路、电源系统、显示模块、数据远程通信接口等组成，如图 4-42 所示。交流采样模拟量信号经过互感器等信号处理电路后，通过 DSP 进行计算和分析处理，结果保存在数据存储器中，随时向外部接口提供信息和进行数据交换。

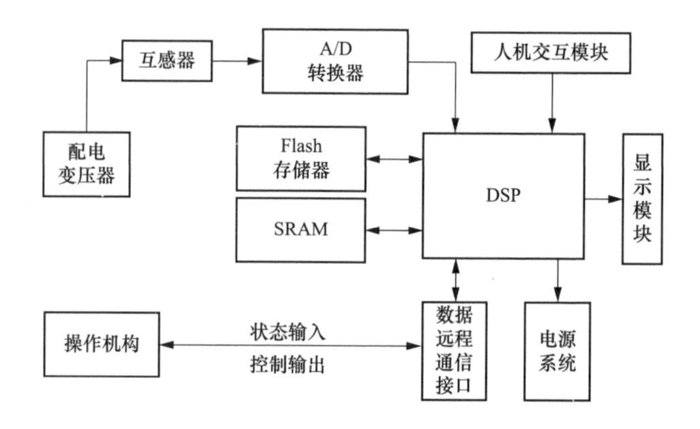

图 4-42　有载调容调压自适应负荷综合控制终端组成原理

2. 功能模块

有载调容调压自适应负荷综合控制终端的各个功能模块组成如图 4-43 所示，主要包括实时数据采集、数据存储、实时负载生成、负载比较、调容调压控制等功能模块单元。

主要模块单元的功能如下：

（1）实时数据采集单元：连接配电变压器，实时采集配电变压器出线侧的电压和电流数据信息；

（2）数据存储单元：连接配电变压器，实时采集配电变压器出线侧的电压和电流数据信息；

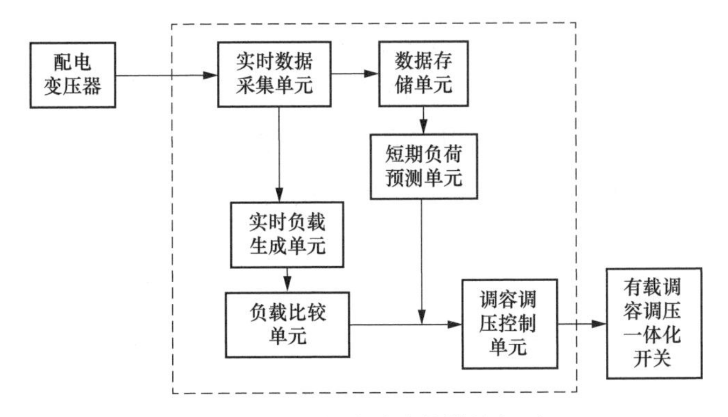

图 4-43　控制终端功能模块框图

(3) 实时负载生成单元：连接实时数据采集单元，基于实时采集的电压、电流数据生成实时负载；

(4) 负载比较单元：与实时负载生成单元连接，将实时负载与预设的调容/调压定值进行比较，并结合预测负载、调压值，生成结果；

(5) 调容调压控制单元：连接负载比较单元及调容调压一体化开关，如果实时负载/电压大于调容/调压定值，则控制调容调压一体化开关切换变压器状态。

(二) 硬件设计

1. 主控电路设计

调容调压综合控制终端硬件电路是控制终端工作的基础，也是软件赖以工作的基本条件，它直接影响调容调压一体化开关的调容、调压功能及其可靠性。调容调压综合控制终端硬件电路结构如图 4-44 所示。在硬件设计时除了满足规定的要求外，还需要考虑到软件开发、控制终端维护、升级等需求。由于调容调压一体化开关与综合控制终端的性能直接影响配电台区的安全可靠运行，所以调容调压综合控制终端应具有较强的电磁兼容能力。

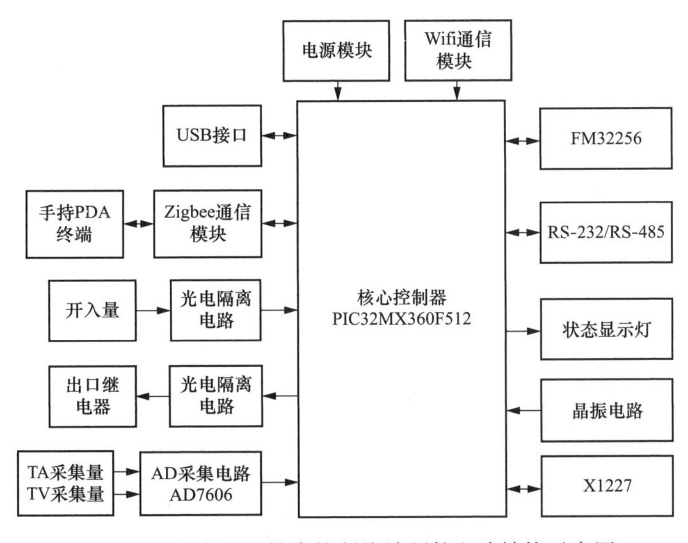

图 4-44　调容调压综合控制终端硬件电路结构示意图

鉴于综合控制终端要处理的数据和算法较多，处理单元选择采用 PIC32MX360F512 微处理器作为调容调压综合控制终端的核心控制器。PIC32MX360F512 是 32 位微处理器，内含有 2KB 的高速缓冲存储器 Cache、32KB 的随机存储器 RAM 和 512KB 的闪存 Flash。为记录调容瞬间数据及其波形，外扩 1 片 FRAM（铁电存储器）FM32256（64K）存储瞬态数据。扩展 1 片 X1227 芯片，将“看门狗”定时器、复位电路、EEPROM（存储保护整定值）及实时时钟集成在内。

PIC32 系列以业界标准的 MIPS32®架构为基础，具有卓越的高性能、低功耗、快速中断响应及广泛的业内工具支持。其高性能 MIPS32 M4K®内核凭借高效的指令集架构、5 级流水线、硬件乘法/累加单元及 8 组 32 内核寄存器，实现同类产品中 1.5 DMIPS/MHz 的最佳运行速度。此外，PIC32 系列支持 MIPS16eTM16 位指令集架构，可最多减少 40%的代码，有助降低系统成本。

2. 数据采集电路的设计

数据采集电路包括接线端子、采样与滤波电路、AD 采集电路。遥测是通过对模拟量的采集与计算实现的，遥测板设计 12 路模拟量输入，包括 3 路电压互感器和 3 路电流互感器。接线端子是外部电压、电流信号与电压互感器、电流互感器的接口。同时，数据采集电路的功能主要是用于电压、电流控制和监测，因此需要保证较高的测量精度，AD 采集电路电压、电流的测量精度是 0.2%，有功功率、无功功率的精度是 1.0%。

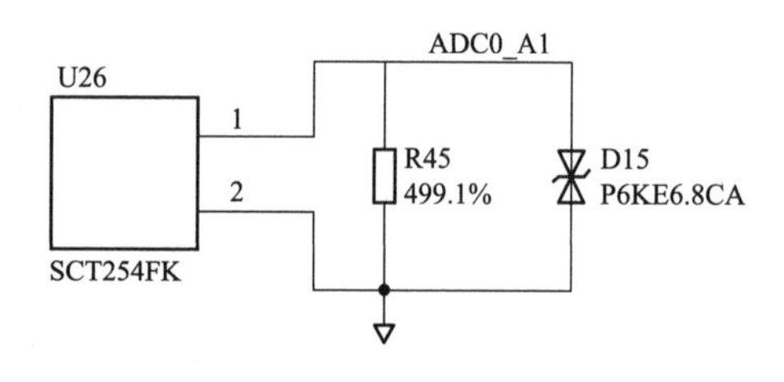

图 4-45　电流互感器采样电路原理

（1）采样与滤波电路。

在电压互感器 TV 与电流互感器 TA 电路中，模拟量通过采样与滤波电路将电网电压和电流信号变换成 5V 的交流电压信号。图 4-45 为采集电路中的电流互感器采样电路的原理。图 4-46 为采集电路中的电压互感器采样电路原理。

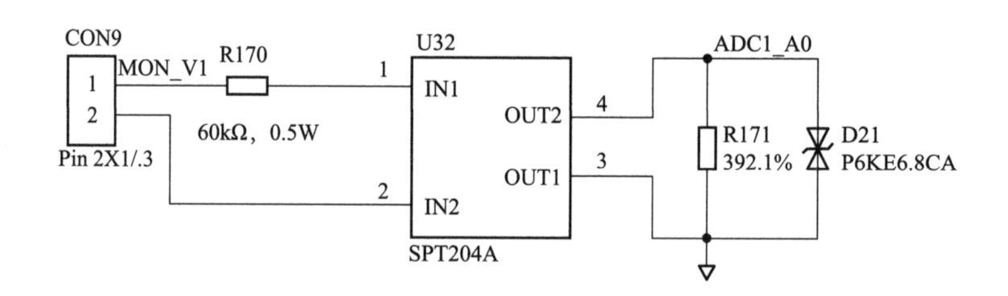

图 4-46　电压互感器采样电路原理

采样电路将电流、电压信号变小，同时 D15 和 D21 将其幅值限制在 5V，防止因输入信号过大而造成后面电路中电子元器件的损坏。例如，U26 是电流互感器，型号为 SCT254FK，U26 输入与接线端子通过导线相连，电流互感器采样输出信号与采样滤波电路相连。例如，CON9 是电压互感器的接线端子，型号为 Pin2x1/.3，作为采样电路的输入，U32 是电压互感器，型号为 SPT204A，电压互感器采样电路输出信号与采样滤波电路相连。图 4-47 为采样滤波电路原理。

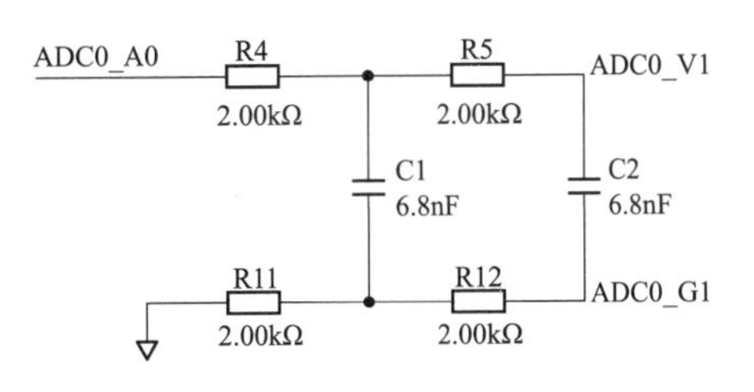

图 4-47　采样滤波电路原理

采样滤波电路输入来自电流互感器和电压互感器采样电路，输出与 AD 采样电路相连，采样滤波电路是二阶低通滤波器，其作用是滤除输入信号中高于 1/2 采样频率的高频成分。

（2）AD 采样电路。

为保证较高的测量精度，AD 采样电路采用 AD7606 芯片，如图 4-48 所示。

AD7606 是采用高速、低功耗、电荷再分配逐次逼近型模数转换器（analog to digital converter，ADC）的数据采集系统，可以对 8 个模拟输入通道进行同步采样。其模拟输入可以接受双极性输入信号，AD7606 内置输入箝位保护、输入信号缩放放大器、二阶巴特沃兹滤波器、采样保持放大器、片内基准电压源、基准电压缓冲、高速 ADC、数字滤波器以及高速并行和串行接口。

遥测板使用了 1 片 AD7606 芯片，AD7606 是 16 位的同步采样 ADC，采样率高达 200kbit/s，并具有 2x-64x 的过采样性能。每片 ADC 通过一个双通道同步串行通信端口（SPORT）与 ADSP-BF518 连接，将 AD 采样完成的数据与 ADSP-BF518 实现高速传输。AD7606 将离散的模拟量加以量化，使之转化为 16 位数字信号便于计算。

（3）控制输入输出电路。

调容调压一体化开关的位置信号主要分为大容量档位、小容量档位及电压档位 7 种状态位置，为了高可靠地控制调容调压一体化开关，容量档位、电压档位必须准确的送入状态位置信号电路中。同时，为了防止电机在启动和停止时产生的电磁干扰影响单片机系统的正常工作，在控制输入电路设计中采用了光耦隔离技术，如图 4-49 所示。其中 R1、C2 进行一次无源滤波，D3 完全滤去反相的负信号，这样可以有效地把脉冲的干扰信号排除在单片机系统之外。

在控制输出电路设计中，采用大功率、高可靠的继电器输出，如图 4-50 所示。图中，Q8 为大功率继电器的驱动，D4 为大功率继电器的续流电路。

（4）通信单元电路。

图 4-51 为使用光电隔离方式连接的 RS-232 芯片设计电路。单片机系统的标准串行口的 RXD、TXD 通过光电隔离回路连接 SEP3223 的传输口线，转换成符合 RS-232 标准的电平并与电脑连接，电路中的光耦合器件的速率会影响 RS-232 的通信速率。芯片选用东芝公司的 6N136 芯片，可以使该电路的通信速率达 19200bit/s。SIPEX 公司的芯片本身带有静电放电（electrostatic discharge，ESD）保护措施，可以保证电路的可靠运行。满足美国电子工业联合会发布的 EIA/TIA-232-F 标准，电源电压为 3.0～5.5V；可与 EIA/TIA-232

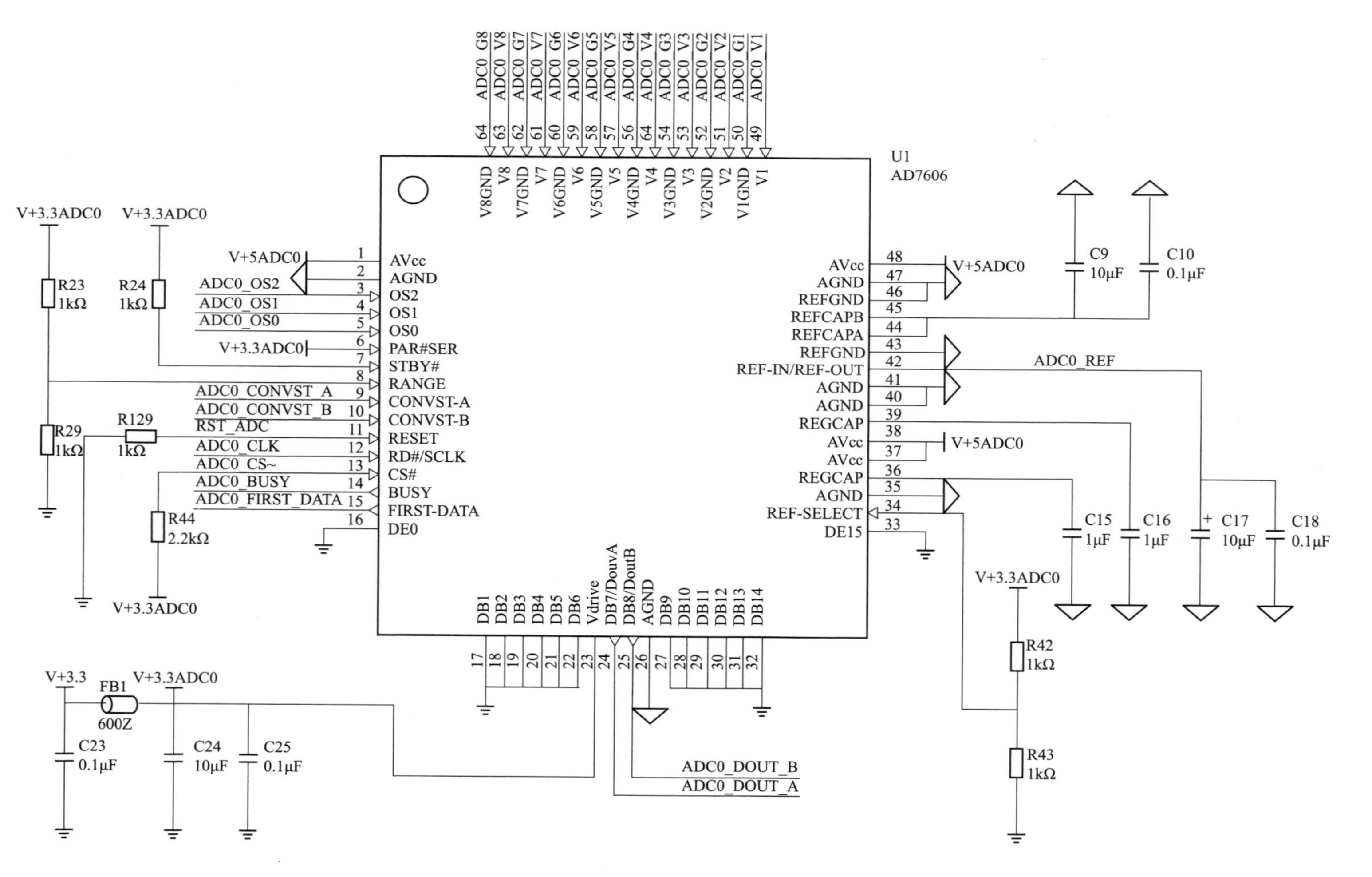

图 4-48　AD7606芯片

器件共同工作，遵循 EIA/TIA-562 标准要求，电源电压可降至＋2.7V；AUTO ON-LINEa 电路可从 1μA 的关断模式下自动唤醒；带负载时的最小数据传输速率为 120kbit/s；通过可调电荷泵来获得稳定的 RS-232 输出，与电路的供电电压无关；增强型 ESD 规范为：±15kV 人体放电模式；±15kV IEC 1000-4-2 气隙放电；±8kV IEC 1000-4-2 接触放电。

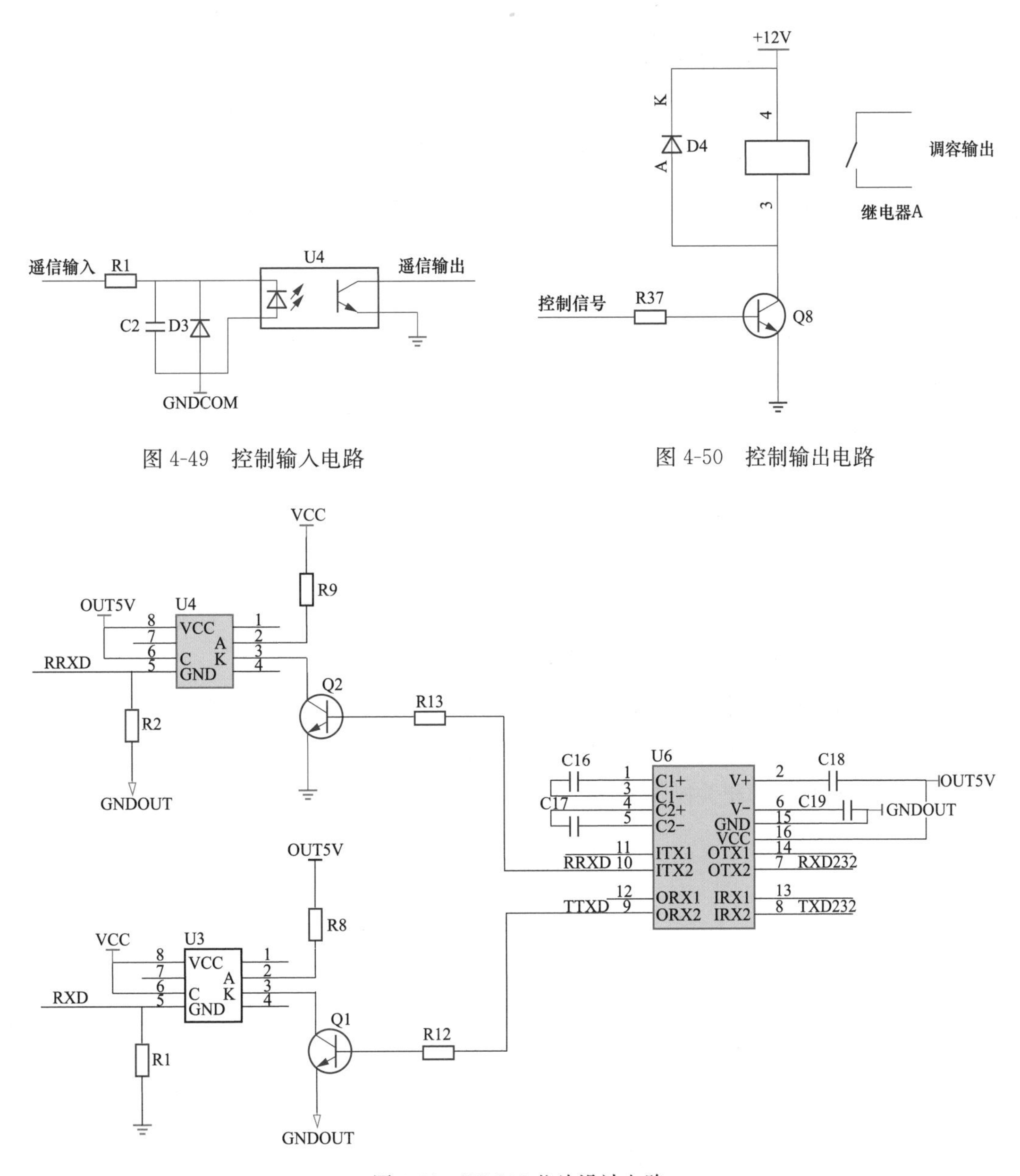

图 4-49　控制输入电路

图 4-50　控制输出电路

图 4-51　RS-232 芯片设计电路

（三）功能设计

有载调容调压自适应负荷综合控制终端通过监测配电变压器低压侧的电压、电流来判断当前电压和负荷的大小，根据容量和电压整定值并判定相关约束条件，若满足设定条件则发出相应调节控制命令给调容调压一体化开关。一体化开关根据控制指令可靠地进行开合，完成变压器内部高、低压绕组的星角变换、串并联转换和电压档位切换，在不需要停电的状态下，完成变压器容量调节过程和电压档位调节过程，使调容调压配电变压器在始终满足负荷需求和电压要求的情况下以经济方式运行。调容有载调容调压自适应负荷综合控制终端的功能如下：

（1）自动和手动两种操作模式。操作模式设置为手动时，手动指示灯亮，允许使用升、降按键控制开关档位的升降转换；当操作模式设置为自动时，自动指示灯亮，控制器将根据运行电压和电流自动控制档位的升降转换控制。

（2）自动调节输出容量。当控制终端选择自动控制模式时，控制器可自动检测运行时的平均运行电压和电流，当控制器检测运行电流（电压）大于额定运行电流（电压）时，控制器将转向高档位运行；当系统的运行电流（电压）小于额定电流（电压）时，控制将延时转换到低档位运行。

（3）电压相序检测。根据三相电压的过零点顺序做出判断，对变压器本体和一体化开关及电机起到保护作用。如果电压相序异常则闭锁调节容量、调节电压动作出口，点亮闭锁指示灯，在事件记录中记录出错信息，自动投切模式自动退出。用户可根据事件记录中的运行执行情况分析故障。

（4）在自动投切模式下，装置在执行逻辑过程中如检测到故障状态，点亮告警指示灯，在事件记录中记录出错信息，自动退出自动投切模式。用户可根据事件记录中的互投逻辑执行情况分析故障，待解决问题后继续执行自动投切逻辑。

（5）统计数据和变压器相关操作事件记录功能。自动记录 2 年以上的变压器负荷变化情况及开关动作次数等变压器运行数据，并且停电时数据不丢失，自动连续记录。实时记录所有控制逻辑运行中的相关操作事件，为事故分析提供依据。

第五章　有载调容调压配电变压器技术

第一节　单相有载调容变压器技术

一、 单相有载调容变压器适用区域

常规的配电台区建设方案多采用三相配电变压器以辐射形式向四周供电，这样的供电方式适用于负荷较为集中的区域，总体经济性较好。但在负荷比较分散的区域，低压配电半径大，低压线损严重，经济性能就会下降，这时采用单相配电变压器则具有突出优势。在单相配电方式下，配电变压器靠近负荷中心且供电半径较短，低压线路电压损耗较小，相对三相配电方式来说通常有更好的电压质量。

单相配电变压器相对同容量的三相配电变压器具有体积小、噪声小、质量轻、损耗小、运行费用低等特点。此外，单相配电变压器故障的影响范围缩小，采用单相配电方式时低压供电线路长度较短，降低了单个台区的故障概率以及配电变压器、低压线路故障时的停电用户数，可以缩小故障停电范围，在一定程度上提高了供电可靠性。当然，单相配电变压器也存在不足，例如：不能满足动力负荷的三相供电要求，通常还需要采用三相配电变压器作为补充，也就是单、三相混合供电模式。因此，需要充分考虑单相配电方式的优势与存在的问题，从用户、供电区域的负荷性质、负荷水平及地理环境等条件出发，综合考虑单相配电方式对供用电安全、供电质量以及环境、社会（景观、噪声、占地等）的影响，以单相配电方式的技术经济分析为参考，进行单相配电方式的适用性选择。

单相有载调容配电变压器与单相配电变压器的特点类似，但比较起来单相有载调容配电变压器更适用于用电季节性负荷变化较大、负荷昼夜变化显著或峰谷负荷波动呈现阶段性或周期性变化较为明显的单相配电台区，如以下典型区域：

（1）纯单相负荷的农村居住区；

（2）城镇低压供电系统需改造的老旧居住区；

（3）农村分散或团簇式居住区，地域狭长、狭窄居住区；

（4）城镇分散且负荷较大的别墅、楼房等点负荷，以及因空间有限而无法安装三相变压器的配电台区；

（5）单相供电的公共设施负荷，如路灯、收费站、无线通信站、大型广告牌、景观照明等；

（6）临时、过渡性用电，如棚户区、临时安置点；

（7）其他一些具有特别条件的区域。

二、单相有载调容变压器技术原理

三相有载调容配电变压器经过十余年的发展已较为成熟，并实现了批量化生产与应用。三相有载调容变压器通过高压绕组星角连接方式和低压绕组串并联连接方式实现大、小两种额定容量的调整，并保持低压侧输出电压不变，不适用于单相有载调容变压器，其高、低压绕组均需采用串并联绕组结构设计，实现大小两种容量运行方式的变换。图 5-1 为单相有载调容变压器的结构组成，图 5-2 为单相有载调容变压器的实现原理。

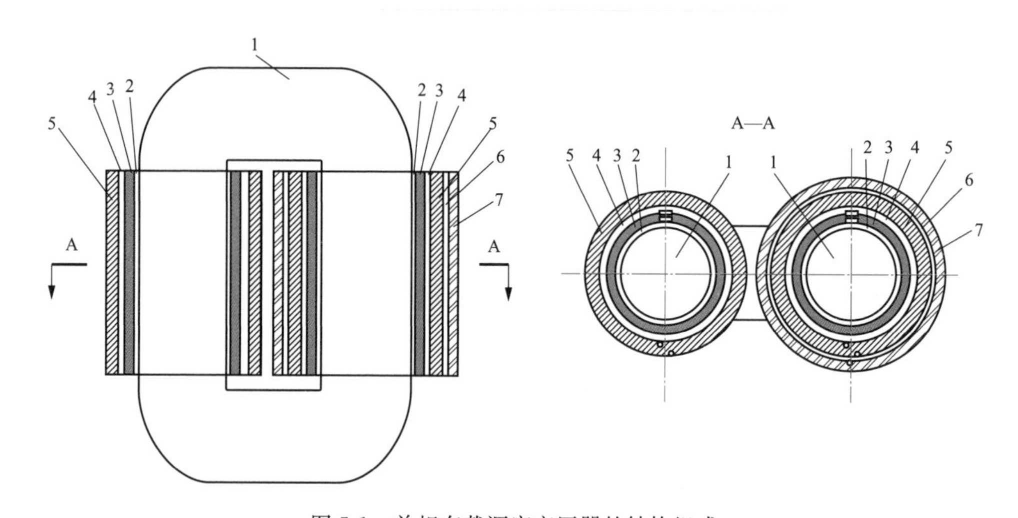

图 5-1　单相有载调容变压器的结构组成

1—变压器铁芯；2—铁芯同绕组绝缘；3—调容低压绕组；4—调容高、低压绕组间绝缘；5—调容高压绕组；6—调容高压绕组与调压绕组间绝缘；7—调压绕组

通过上述结构组成及实现原理可知，单个调容变压器高、低绕组的匝数可设计为常规同容量单相变压器的总匝数，即是常规单相变压器单个绕组匝数的 2 倍，但导线截面积为常规变压器的 1/2，这样单相有载调容变压器的总绕组外观尺寸与常规等容量单相变压器几乎保持一致，因此铁芯大小相当，只是导线规格选择上有变化，生产厂家还可以利用常规单相变压器的工装设备生产，成本无需增加。

根据变压器原理可知，当单相调容变压器调整到小容量运行方式后，变压器铁芯中的磁通密度变为大容量的 1/2，空载损耗及空载电流变为大容量运行方式下的 1/4 左右，即降低了约 75%。采用卷铁芯可以改善变压器的性能，空载损耗可在同等牌号叠铁芯的基础上降低 20%～30%，空载电流降低 70%～80%。另外，卷铁芯的铁轭同铁芯柱一体，绕组纵向应紧固紧实，铁芯为圆形，横向受力均匀，因此，变压器本身抗短路能力远大于叠铁芯变压器。

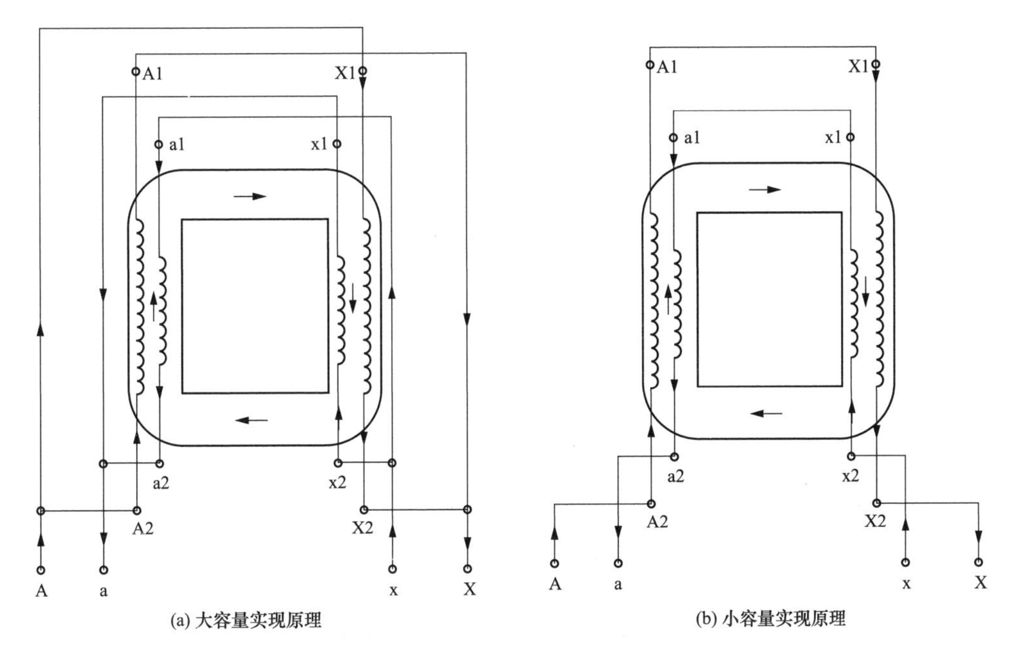

图 5-2　单相有载调容变压器的实现原理

单相有载调容变压器也可集成应用有载调压技术形成单相有载调容调压配电变压器，可实现根据负载大小和电压高低自动调整到大小容量，自动调整到合适的电压档位运行，降低变压器的空载损耗，提高供电电压质量。

第二节　无弧有载调容配电变压器技术

一、变压器无弧有载调容开关分类

现有的调容分接开关大多为纯机械式有载分接开关，主要由分接开关、切换开关、过渡电阻三部分组成，其作用是改变变压器一次绕组的连接方式和变压器二次绕组的连接匝数，达到调节变压器容量的目的。这种分接开关在分接头转换过程中不可避免会产生电弧，与电子式开关相比，机械式分接开关的动作速度慢，易造成三相绕组分、合闸的不同期性，造成绕组上电压的不对称问题，发生故障的概率高，维护量大。

电力电子和微处理器控制技术的快速发展，为无弧有载调容技术的实现提供新思路。目前，无弧有载调容开关主要有两种实现方式：一种是纯电子电子开关器件构成的电子式无触点有载调容开关；另一种是机械开关和电子开关构成的无弧有载调容复合开关。

电子式无触点有载调容开关选用纯电力电子开关器件作为有载调容开关，无需机械开关的切换，也不会产生电弧，响应速度得到了提高。与现有的机械式有载调容开关相比，具有开断时间短、无声响、无弧光、无关断死区、寿命长、工作可靠性高等优越性。其技术指标可以适应不同的使用场合、各种参数范围的需要，但损耗高于机械式有载调容开关。电子式无触点有载调容开关主要包括控制模块、开关模块和电源模块等部分，具体如图 5-3 所示。

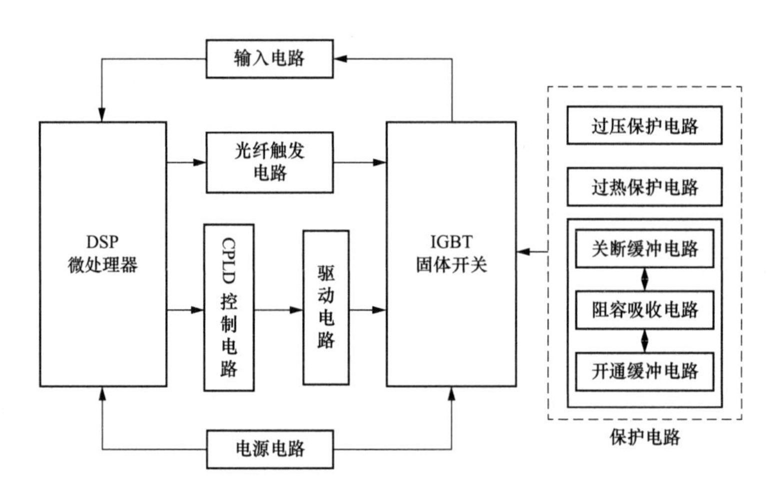

图 5-3　电子式无触点有载调容分接开关组成

其中，控制模块包括 DSP 微处理器、输入电路和光纤触发电路；开关模块包括 IGBT 固体开关、驱动电路、CPLD 控制电路和保护电路；输入电路连接在 DSP 微处理器和 IGBT 固体开关之间；光纤触发电路包括发送器和接收器，发送器安装在 DSP 微处理器端，接收器安装在 IGBT 固体开关端，微处理器依次通过 CPLD 控制电路、驱动电路与 IGBT 固体开关连接；保护电路连接在 IGBT 固体开关上，电源电路为控制单元和 IGBT 固体开关单元提供电力供应。

无弧有载调容复合开关综合了机械开关损耗低和电子开关动作快、无切换电弧等技术优势，实现了变压器有载调容，其调节过程无冲击、无电弧、损耗低，免维护，使用寿命长，可提高变压器的经济运行水平，实现节能降损。无弧有载调容复合开关主要包括机械开关和电子开关，具体如图 5-4 所示。

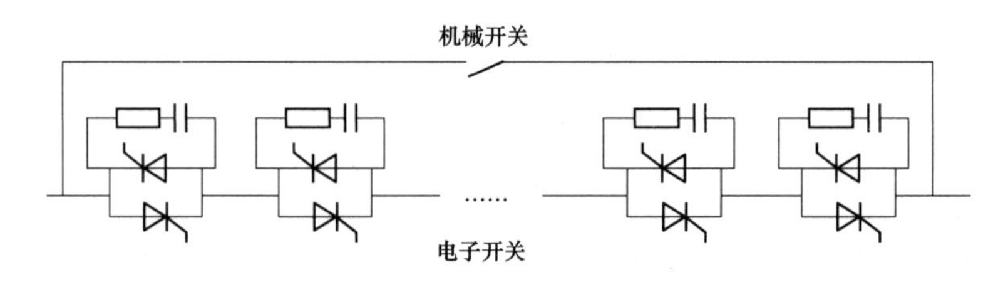

图 5-4　无弧有载调容复合开关组成

机械开关和电子开关均具有输入端、输出端和控制端。其中，机械开关的输入端与电子开关的输入端连接构成复合开关的输入端，机械开关的输出端与电子开关的输出端连接构成复合开关的输出端。复合开关的输入端和输出端与配电变压器的内部绕组连接，机械开关和电子开关的开合用于改变配电变压器内部绕组的结构，从而调整配电变压器的运行容量方式。

二、电子式无触点有载调容开关结构原理

电子式无触点有载调容开关的 IGBT 固体开关包括由 IGBT 构成的 K1 和 K2 开关组，如图 5-5 和图 5-6 所示。高压侧的 K1 和 K2 开关并联后连接到对应绕组的抽头之间，低压侧每个抽头上并联有两个线圈，每个线圈串联一个开关，开关两端分别连接在并联的线圈和开关之间的线路上。电子式无触点有载调容开关的保护电路包括过压保护电路、过热保护电路和缓冲电路，为 IGBT 固定开关提供过流、过热及 IGBT 器件串并联的均流、均压电路保护。

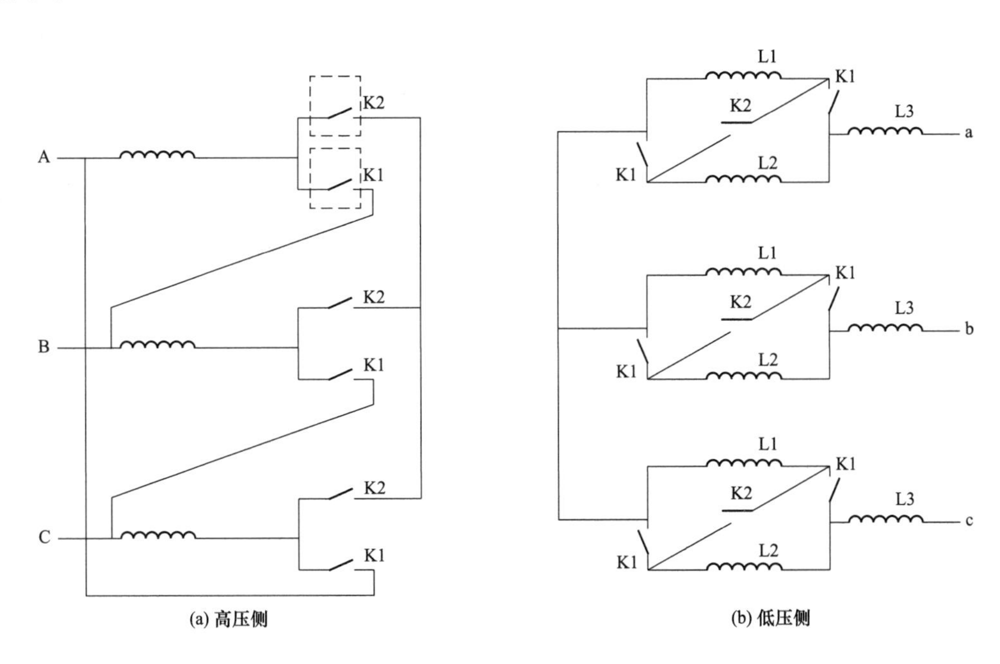

图 5-5　电子式有载调容分接开关接线图

IGBT 固定开关两端连接关断缓冲电路和开通缓冲电路，关断缓冲电路和开通缓冲电路连接阻容吸收电路，IGBT 固体开关两端连接闭环反馈均压电路。

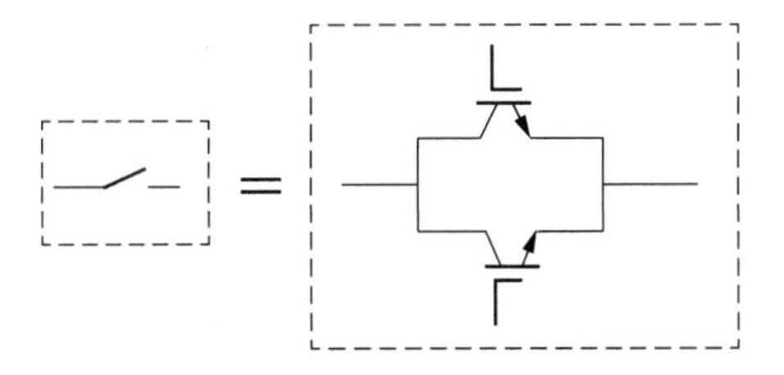

图 5-6　K1 开关和 K2 开关 IGBT 示意图

电子式无触点有载调容开关控制模块的微处理器采用高性能 32 位 DSP，输入电路对 IGBT 固体开关的通断状态进行实时检测，为了保证 IGBT 通断的统一性，采用光纤触发技术来降低延时。保护电路包括 IGBT 过流保护、缓冲电路、过热保护以及 IGBT 器件串并联的均流、均压电路等，通过 DSP 上的 PWM 输出端口，实现对 IGBT 器件的高性能控制。

根据 IGBT 的单向导通性，利用双 IGBT 反并联的形式构成一组交流动态电力电子开关。针对 10/0.4kV S11 型配电变压器，调容开关包括由 IGBT 组成的两组开关，即 K1 开关组和 K2 开关组，K1 开关组代表变压器高压侧的 3 只开关和低压侧的 6 只开关，K2 开关组代表变压器高压侧的 3 只开关和低压侧的 3 只开关。

高压侧的 K1 开关和 K2 开关反向并联后连接在每个绕组的抽头之间，低压侧每个抽头上并联有两个线圈，每个线圈串联一个 K1 开关，K2 开关两端分别连接在并联的线圈和 K1 开关之间的线路上。开关中的 IGBT 需要根据调容变压器的容量进行选择。以 SZ11-M-T 315(100)/10 型配电变压器为例，经计算，高压侧开断开关所承受的最大电压是 5.77kV，闭合开关流过的最大电流是 18.2A。低压侧开断开关所承受的最大电压为 97.5V，闭合开关流过的最大电流是 454.7A。

根据以上计算，在选择 IGBT 型号时，其断态峰值电压和额定通态有效电流都要超出开关的最大开断电压和最大电流。因为 IGBT 的耐压水平能够达到设计的电压要求，因此可以把两个 IGBT 反向并联的 IGBT 组独立地直接连接在变压器的每个绕组抽头之间，作为有载调容开关的执行元件。由于 IGBT 具有可控关断特性，可以在计算机的控制下快速转换，所以调容回路中不需串入限制环流的过渡电阻。当调容变压器处于大容量运行方式时，IGBT1 组全部导通，其余 IGBT 组关断。由于负荷减小，达到调容整定值要求时，需要变换有载调容开关的位置以实现容量运行方式的调整。在变换过程中，先给 IGBT2 组正向触发电压，使其导通，随之给 IGBT1 组负脉冲，使其关断。

在整个调容开关的控制装置中，IGBT 的驱动电路是保证调容开关可靠工作的关键部分。IGBT 栅极的驱动条件与 IGBT 的特性密切相关。设计驱动电路时，需特别注意开通特性、负载短路能力和误触发等问题。在使用中，IGBT 由于过压、过流、过热等原因损坏的情况时有发生。在高速型 EXB841 的基础上，对电路进行相应改进，改进后的驱动电路如图 5-7 所示。

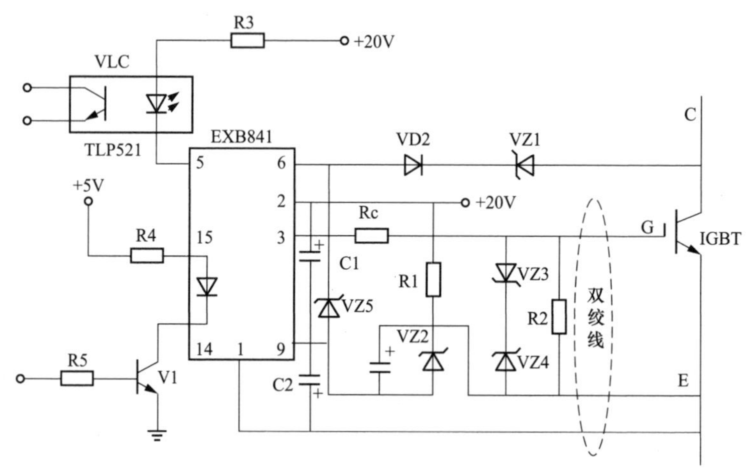

图 5-7　IGBT 驱动电路

针对 EXB841 驱动模块过流保护闭锁值过高的问题，在引脚 6 后反向串联稳压值为 1V 的稳压二极管，改变 EXB841 的过电流保护起控点，使驱动模块的过流保护起控点由 7.5V 左右降至 6.5V 左右，避免了 IGBT 在过高的保护起控点下损坏。也可以根据主电路的实际工作情况，增加一只更大的稳压管以进一步降低起控点，从而提高过流保护的可靠性。VD2 用于检测 IGBT 是否出现过流。

针对保护盲区的问题，通过将 VD2 换成导通压降更大的超快速恢复二极管，使短路时实际过载电流小于 IGBT 的极限过载电流，可在一定程度上减轻保护盲区带来的可靠性降低问题。

针对负栅压不足的问题，在引脚 2 和 9 之间并联电阻 R1 和 8V 稳压二极管 VZ2，产生一个 8V 的偏压，使 IGBT 固体开关的关断更加可靠。

针对无过流保护自锁功能的问题，利用与引脚 5 连接的光耦产生的通断状态来设计一种过流保护自锁电路，引脚 5 作为过流保护信号输出与光耦 TLP521 相连，光耦输出接至过流保护自锁电路。当出现短路故障时，TLP521 导通使得过流保护自锁电路工作，在软关断期间封锁输入的驱动信号，保证软关断不被中断。

稳压二极管 VZ5 用以防止引脚 6 出现过电压，20V 稳压二极管 VZ3 和 10V 稳压管 VZ4 用以防止栅射极之间出现过电压而损坏 IGBT 固体开关。大电阻 R2 用以防止栅射极之间出现断路，上拉三极管 V1 保证有足够大的输入电流使光耦导通；电解电容 C1、C2 用以平抑因电源接线阻抗引起的供电电压变化，而不是作为电源滤波。

在 IGBT 固体开关工作时，极有可能发生器件两端过电压、过电流以及短路等状况，因此必须对 IGBT 采取必要的保护措施。一般采用缓冲电路来保护 IGBT 器件，以防止器件两端遭受过电压冲击而损坏。过电流保护电路一般集成在驱动模块内部，可以保证过电流保护电路工作时不受外部控制信号的影响，具有更高的安全性和可靠性。

CPLD 控制电路采用 MAX7000 系列 CPLD 器件来完成对 EXB841 驱动电路的过流保护自锁功能。利用 MAX7000 和 4MHz 的有源晶振组成 CPLD 逻辑控制单元，CPLD 芯片的延时一般在纳秒级，有源晶振的频率也很稳定，故能够设计出延时非常精确的过流保护自锁电路。另外，由于 CPLD 的可擦写性使得控制逻辑的调整变得非常灵活，不需要对其硬件电路进行重新设计。

如图 5-8 所示，在逻辑控制单元的功能框图中，逻辑控制单元的主要功能是：①作为主控板与驱动电路之间的一个逻辑接口，在正常工作情况下接受来自主控板的驱动信号并将它输出到相应的驱动电路以控制 IGBT 固体开关的通断。②当线路发生过流故障时，过流保护自锁功能进入过流检测，实施过流软关断。此时，利用过流保护自锁功能强行封锁脚和脚的驱动信号以保证软关断的时间，防止 IGBT 固体开关在短路情况下快速关断而损坏。当故障清除后，能够自动解除锁定，输入信号能够进行正常驱动。

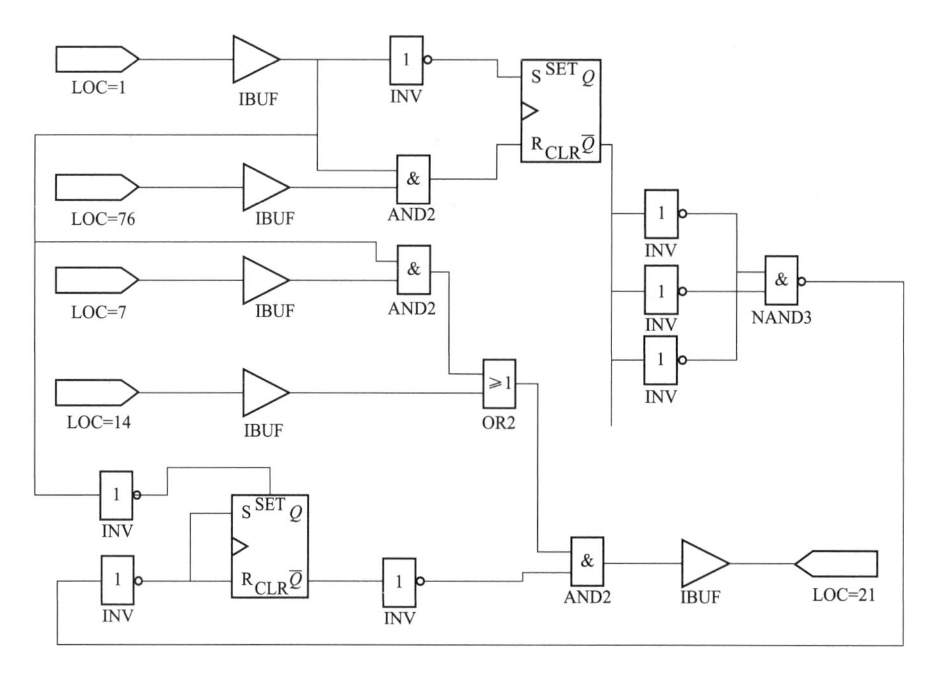

图 5-8　逻辑控制单元

在调容开关实际关断过程中，感性负载或杂散电感的影响会导致 IGBT 固体开关两端出现过电压和过大的 du/dt，设计的 IGBT 关断缓冲电路如图 5-9 所示。

将缓冲电容 C_S 直接并联于主回路 IGBT 两端，能够降低过电压，并有效抑制过大的 du/dt，防止发生动态擎住效应。与主回路器件并联的副回路 IGBT 与缓冲电容以及缓冲电阻构成放电回路，缓冲电路中副回路 IGBT 的驱动信号与主回路 IGBT 的驱动信号保持同步，当主回路 IGBT 关断时开始充电，此时副回路 IGBT 处于关断状态，对充电过程几乎没有影响。当主回路 IGBT 闭合时开始放电，同时副回路 IGBT 闭合，C_S 通过 R_S、副回路 IGBT 放电。该缓冲电路振荡频率低，不会对电路及 IGBT 固体开关的功耗产生不良影响，减小电磁干扰的效果比较理想，适用于 10.35kV 电压等级，为抑制器件开通时电流过强和 di/dt，减小器件开通损耗。

IGBT 开通缓冲电路如图 5-10 所示。在主回路 IGBT 中使用串联电感，器件开通时电感吸收能量，抑制 di/dt；器件关断时，电感中的能量通过二极管 VDs 的续流作用，消耗

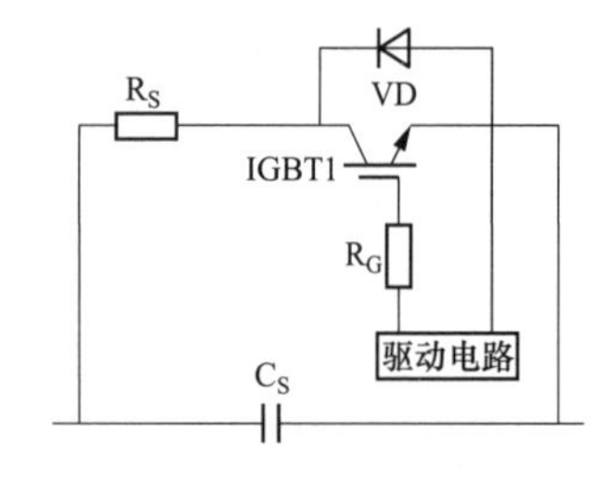

图 5-9　IGBT 关断缓冲电路

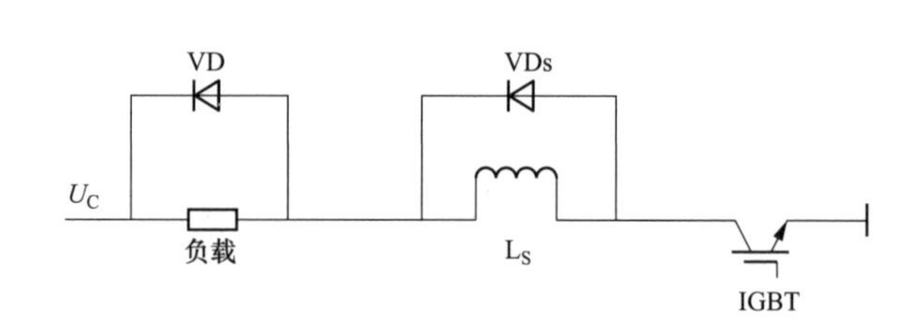

图 5-10　IGBT 开通缓冲电路

在 VDs 和电感上；如果电感储能较大，也可在二极管 VDs 续流支路中串入电阻，电感 L_s 的值可由器件开通前承受的电压值除以所能承受的 di/dt 值，再减去线路中的电感得到。

IGBT 固体开关的特性和安全工作区与温度密切相关，当器件结温升高时，其安全工作区将缩小。如果器件开关轨迹不变，将可能超出安全工作区而损坏，当器件结温超过最高允许值时，器件将产生永久性损坏。由于器件在工作过程中具有导通损耗和开关损耗，本身就是发热源，因此在设计和使用时要非常注意器件的热保护，该方案采用结温降额使用方法。器件的结温通常指芯片的平均温度，由于功率器件芯片较大，温度分布不均匀，因此，局部可能出现高于允许结温的过热点从而导致器件损坏。使用过程中必须降额使用，降额幅度视环境温度和设备可靠性要求不同而不同。

当电力电子器件的电压容量不能满足要求时，往往需要将多个器件串联起来以满足需要。电力电子器件串联时，由于它们的伏安特性、开通时间、恢复电荷等方面的分散性，影响它们直接串联的电压均衡，因此，为了实现串联器件的均压，需要在特性的选配、门极触发脉冲、均压电路等方面采取一定措施。IGBT 固体开关串联运行时面临静态均压和动态均压的问题。静态均压是指要使 IGBT 固体开关处于正向阻断状态时电压均衡，静态不均压主要是由串联器件伏安特性不一致引起的。而影响 IGBT 固体开关串联运行动态均压的因素比较多，如门槛电压、输入电容、密勒电容及栅极电阻、栅极驱动电压的波形等，这些因素共同影响了串联 IGBT 固体开关通断时间的一致性，使得直接串联的动态均压复杂化。串联的 IGBT 固体开关实行均压的目的是为了保证在开通、关断瞬间对每个 IGBT 固体开关的过电压保持均衡，因而要求控制电路的响应是快速的，不允许产生更多的损耗和降低系统的开关频率，同时在工程上是经济有效的。为解决 IGBT 固体开关串联动态不均压的问题，可采用如下一些基本的均压措施：

（1）选用相同型号的 IGBT；

（2）选择合适的缓冲电路，缓冲电路参数和结构应保持一致；

（3）栅极驱动信号应尽可能保持同步；

（4）栅极电路参数应保持一致。

线路中的分布电容、杂散电感和驱动信号的不同步不可避免，因此，必须设计合理的动态均压方案。该技术方案提出了在 IGBT 固体开关两端设计栅极反馈闭环控制的均压电路，如图 5-11 所示。栅极反馈闭环控制的均压电路工作原理如图 5-12 所示。

压控电压源 E1～E4：E1、E2 增益即输出输入比为 0.01，E3、E4 增益为 4.4。E1、E2 用以即时获取 IGBT1、IGBT2 的端电压 U_{ce}，并将其缩小 100 倍送至比较器的同相输入端。比较放大器 LT1720/LT（图 5-12 中的 U1、U2）用以比较 IGBT 端电压 U_{ce} 与设定的参考电压 U_{ref}（接至反相输入端）的大小，若 $U_{ce}<U_{ref}$，输出为 0V；若 $U_{ce}>U_{ref}$，输出为高电平，可以驱动后级三极管。三极管 V1、V2 和 V3、V4 分别组成了功率放大电路。二极管 VD3、VD4 和 5.1V 稳压二极管 VZ1、VZ2 是为了保证 E3、E4 与驱动源 VS1、VS2

之间正常工作时互不影响。如果没有 VD3、VD4，IGBT 正常导通时 E3、E4 输出为 0V，相当于 IGBT 的栅极和射极之间短路；增加上 VD3、VD4 后，VS1、VS2 的+15V 电平将反向施加在 VD3、VD4 两端，显然此时 E3、E4 的输出不会影响驱动源正常工作。同理，增加 VZ1、VZ2 是基于驱动源 VS1、VS2 正常关断时 IGBT 输出−5V 电平而考虑的，如不增加 VZ1、VZ2，控制回路不工作，即 E3、E4 输出 0V 时，可为 VS1、VS2 提供短路通路，将 IGBT 栅极和射极短路。

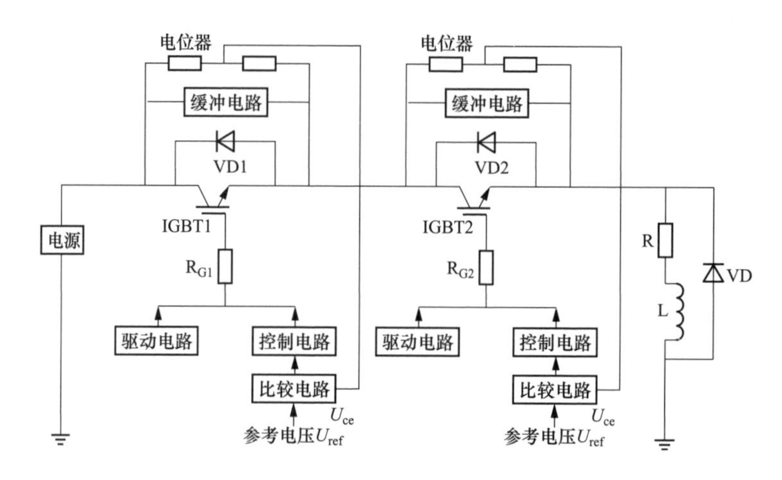

图 5-11　栅极反馈闭环控制的均压电路

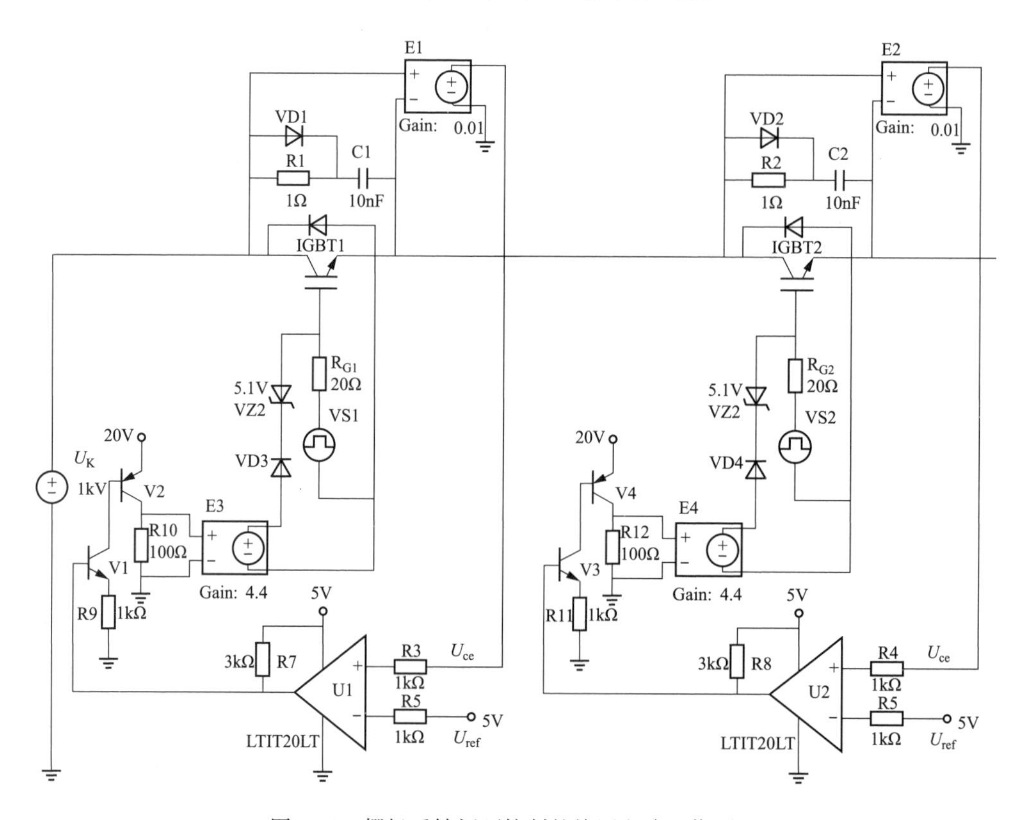

图 5-12　栅极反馈闭环控制的均压电路工作原理

图 5-12 为图 5-11 闭环反馈均压电路的工作原理，串联的 IGBT 固体开关处于正常阻断状态时，每个器件两端的电压应为直流电源电压的一半。当串联的某器件（如 IGBT）因为关断信号提前（此时 IGBT1 栅极和射极之间为－5V 电压），两端出现过电压，即 $0.01U_{ce}>U_{ref}$(5V)时，比较器 U1 输出高电平，V1、V2 导通，V2 集电极输出电压 U_{r10} 经 E3 放大输出至 IGBT1 的栅极和射极，使得在另一个器件（IGBT2）关断之前，IGBT1 栅极和射极之间有正电压使其继续处于导通状态，IGBT1 导通，U_{ce1} 将下降，U_1 输出低电平，V1、V2 截止，E3 输出为 0V。此时，若 IGBT2 的关断信号尚未发出，IGBT1 两端将再次出现过电压而重复前面的过程，直至 IGBT2 关断。

该方案采用光纤隔离触发的方式控制 IGBT 固体开关的通断，光纤是很细的玻璃纤维，用光纤传递信号有比较高的工艺技术要求，特别是其两端的发送器和接收器，需要准确的聚焦和定位。随着光纤技术的发展，用光纤传送信号越来越方便。光纤发送器和接收器具有标准的接口，电路中输入和输出的信号都是兼容的。在输出端只要按所需的触发功率放大信号，即可直接触发 IGBT 固体开关。

为了减小 IGBT 固体开关通断过程中的电压尖峰，晶闸管一般都配有阻容吸收及耦合取能电路，如图 5-13 所示。

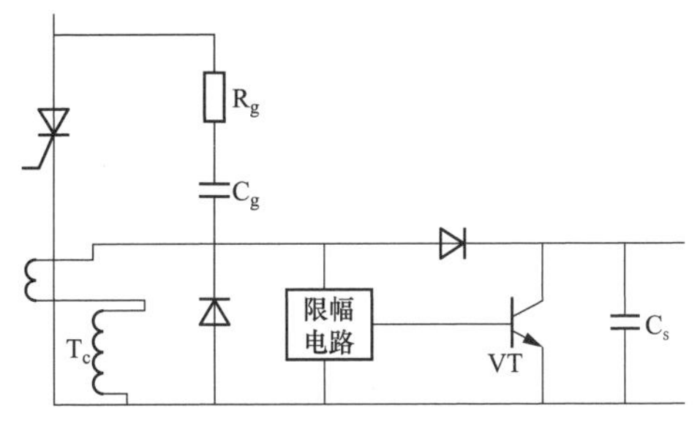

图 5-13　阻容吸收及耦合取能电路

当晶闸管截止时，R_g、C_g 不断地向 C_s 充电，C_s 上的电压经过一定的限幅稳压后，即可得到一个稳定直流电源，其与晶闸管的阴极等电位。当主电路处于截止状态时，由 R_g、C_g 进行电压耦合取能，为触发电路提供电源。主电路导通之后，晶闸管的压降很低，不能再进行电压取能，在这种状态下耦合取能的任务由电流互感器 Tc 来接替，进行电流耦合取能。当储能电容器 C_s 的电压达到一定幅值时，限幅电路动作，三极管导通，储能过程停止，以防止 C_s 的电压过高。晶闸管只有导通和截止两种工作状态：在截止时，由电容进行电压耦合取能；导通时，由电感进行电流耦合取能，以此保证触发电路在任何状态下都能正常工作，完成触发任务。

三、无弧有载调容配电变压器技术方案

传统的有载调容变压器设计是由机械式有载调容开关和相关的电动部件完成的，调容开关带负荷切换时产生较大的电弧，容易烧蚀触头从而造成油污染，影响变压器的绝缘特性和使用寿命，维护工作量大，制约了变压器有载调容功能的发挥。

配电变压器的无弧有载调容复合开关，可实现配电变压器的快速、无弧调容。无弧有载调容复合开关包括机械开关和电子开关两个部分，机械开关和电子开关均具有输入端、输出端和控制端。机械开关的输入端与电子开关的输入端连接构成复合开关的输入端，机械开关的输出端与电子开关的输出端连接构成复合开关的输出端。复合开关的输入端和输

出端与配电变压器的内部绕组连接，机械开关和电子开关的开合用于改变配电变压器的内部绕组的结构，实现配电变压器额定容量运行方式的变换。

无弧有载调容复合开关的机械开关在正常运行状态时接入，损耗低，寿命长；电子开关主要用于两种容量运行方式的过零切换，无冲击、无电弧，可实现变压器的可靠、经济运行。

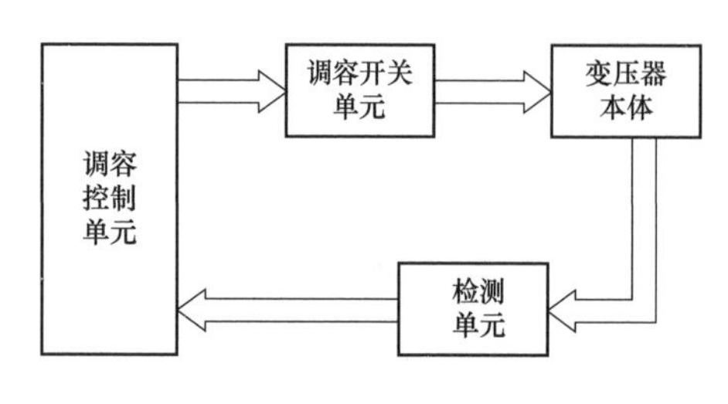

图 5-14　快速无弧有载调容配电变压器的结构框图

快速无弧有载调容配电变压器的结构框图如图 5-14 所示。快速无弧有载调容配电变压器的主要组成部分有：①变压器本体，包含经特殊设计的高压绕组和低压绕组；②检测单元，用于检测变压器本体的低压三相电压，实时计算与监测变压器的低压侧负荷；③调容控制单元，根据检测单元监测到的变压器负荷情况，分析判断形成控制策略，并发出控制变压器调容操作的控制信号；④调容开关单元，接收调容控制信号，根据该控制信号调节变压器的运行容量方式。

配电变压器无弧有载调容实现原理如图 5-15 所示。

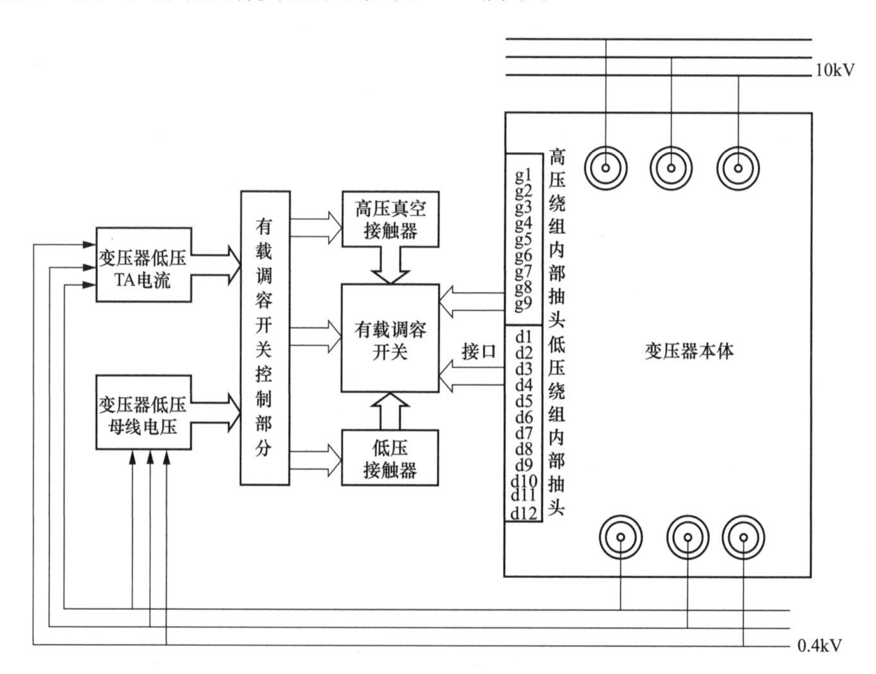

图 5-15　配电变压器无弧有载调容实现原理

通过变压器低压检测单元获取变压器的低压电流、低压母线电压，实时计算与监测变压器负荷，一旦变压器负荷小于设定值超过一定的时间，调容控制单元自动控制调容开关单元将变压器切换到低负荷运行状态，一旦检测到变压器负荷大于设定值超过一定的时间，调容控制单元自动控制调容开关单元将变压器切换到高负荷运行状态。切换过程是通过转换高、低压绕组联结方式来切换到另一种运行状态。由于复合开关切换过程无涌流、无弧，所以切换过程对变压器及开关无损坏，对电网安全运行无不良影响。

快速无弧有载调容配电变压器内部高、低压绕组的结构如图 5-16 所示。

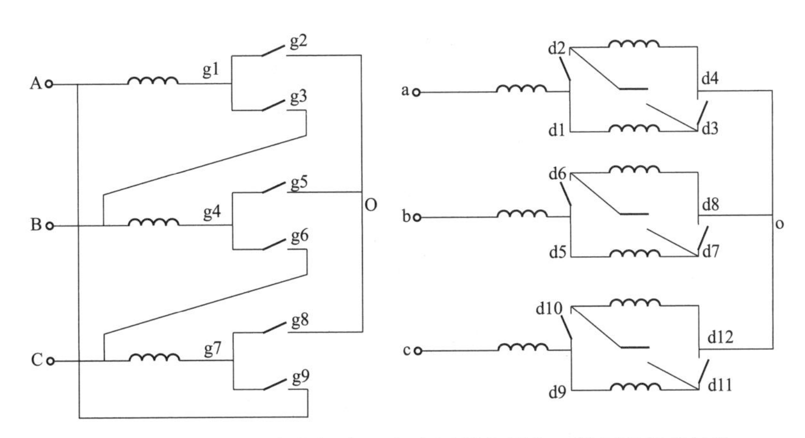

图 5-16　快速无弧有载调容配电变压器内部高、低压绕组的结构

变压器本体中，从高压绕组的 6 个复合开关（机械和电力电子开关组合）中抽出 9 个接点与调容开关单元进行连接；低压绕组需 9 个复合开关，共抽出 12 个接点与有载调容开关进行连接。有载调容变压器的三相高压绕组在大容量时接成三角形，在小容量时接成星形。每相低压绕组的少数线匝部分（Ⅰ段），多数线匝线段由两组导线并绕成两部分（Ⅱ、Ⅲ段）。大容量时Ⅱ、Ⅲ段并联再与Ⅰ段串联，小容量时Ⅰ、Ⅱ、Ⅲ段全部串联。由大容量调为小容量时，低压绕组匝数增加，同时高压绕组变为星形接法，相电压降低，且匝数增加与电压降低的倍数相当，可以保证输出电压不变。

无弧有载调容配电变压器复合开关的结构原理如图 5-17 所示。g1～g9、d1～d12 分别对应图 5-16 中的 g1～g9 和 d1～d12。

高、低压绕组切换均采用复合开关，利用电力电子开关的无弧、无冲击、快速切换特性进行大、小容量方式的转换。由于电子开关本身损耗大，过流过压能力差，正常运行时使用机械式开关，过载能力强，损耗低。通过将电子开关和机械开关各自的优点结合起来，实现在投切过程中无弧、无涌流，在正常工作过程无损耗，开关性能比较理想。下面结合图 5-17 详细介绍无弧有载调容复合开关的开关时序。为了便于说明，以 k_{hn} 表示高压绕组机械开关，以 k_{en} 表示高压绕组电子开关，以 k_{ln} 表示低压绕组机械开关，以 k_{dn} 表示低压绕组电子开关。其中，下标 n 表示序号。开关控制时序具体如表 5-1 所示。

通过监测变压器低压侧的电压、电流来判断当前负荷大小，根据容量整定值并判定相关约束条件，满足设定条件则发出相应的调节控制命令给调容开关，调容开关根据控制指令可靠地执行开合动作，完成变压器内部高、低压绕组的星—角变换和串—并联转换，在不需要停电的状态下，完成变压器容量运行方式的转换，使有载调容变压器在始终满足负荷需求的情况下以经济方式运行。

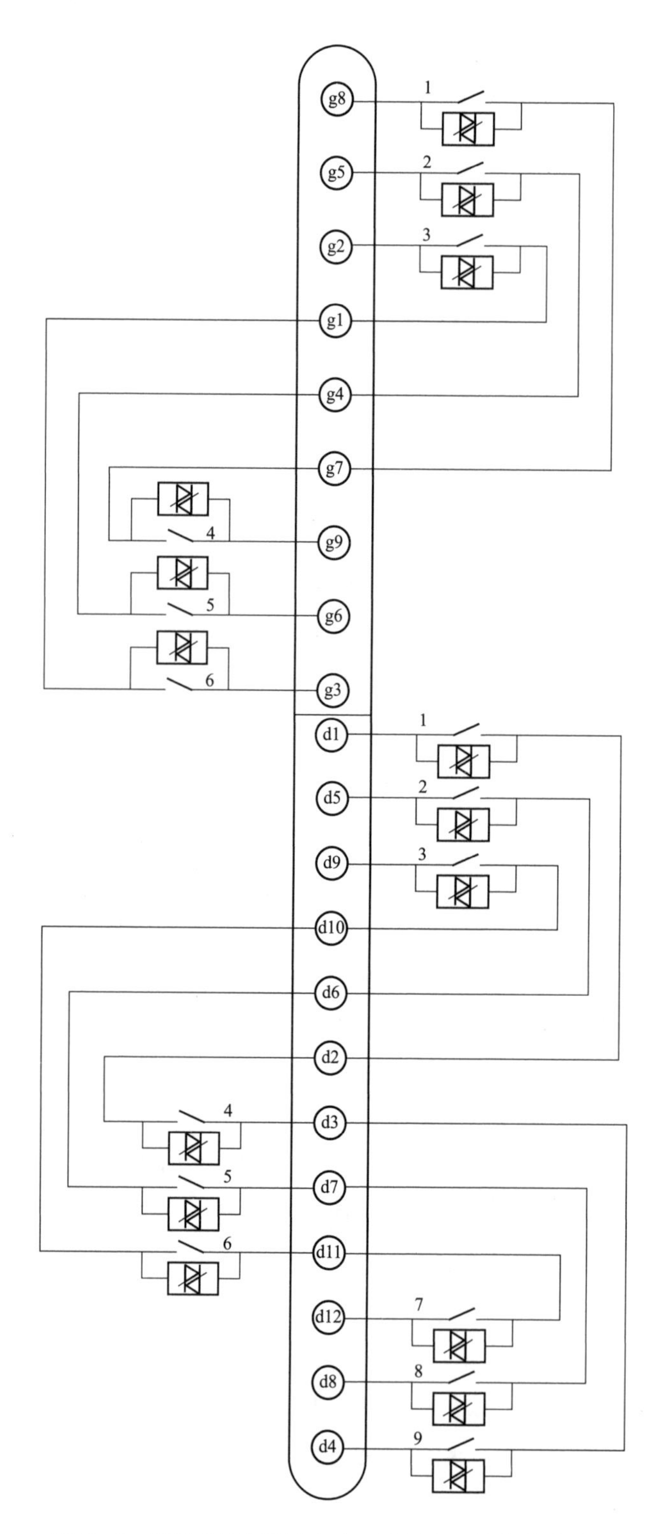

图 5-17　无弧有载调容配电变压器复合开关的结构原理

表 5-1　　无弧有载调容复合开关控制时序

序号	运行方式	闭合状态	断开状态
1	大容量	高压：k_{h4}、k_{h5}、k_{h6}； 低压：k_{11}、k_{12}、k_{13}、k_{17}、k_{13}、k_{19}	高压：k_{h1}、k_{h2}、k_{h3}及所有电子开关； 低压：k_{14}、k_{15}、k_{16}及所有电子开关
2	大容量转小容量	首先打开k_{h4}、k_{h5}、k_{h6}及k_{11}、k_{12}、k_{13}、k_{17}、k_{18}、k_{19}，闭合k_{e1}、k_{e2}、k_{e3}和、k_{d4}、k_{d5}、k_{d6}，再闭合k_{h1}、k_{h2}、k_{h3}和k_{h4}、k_{h5}、k_{h6}；高、低压侧电子开关k_{e1}、k_{e2}、k_{e3}和k_{d4}、k_{d5}、k_{d6}过零自行断开	
3	小容量	高压：k_{h1}、k_{h2}、k_{h3}； 低压：k_{14}、k_{15}、k_{16}	高压：k_{h4}、k_{h5}、k_{h6}及所有电子开关； 低压：k_{11}、k_{12}、k_{13}、k_{17}、k_{18}、k_{19}及所有电子开关
4	小容量转大容量	首先打开k_{h1}、k_{h2}、k_{h3}及、k_{14}、k_{15}、k_{16}，闭合k_{e4}、k_{e5}、k_{e6}和k_{d1}、k_{d2}、k_{d3}、k_{d7}、k_{d8}、k_{d9}，再闭合k_{h4}、k_{h5}、k_{h6}和k_{11}、k_{12}、k_{13}、k_{17}、k_{18}、k_{19}；高、低压侧电子开关k_{e4}、k_{e5}、k_{e6}和k_{d1}、k_{d2}、k_{d3}、k_{d7}、k_{d8}、k_{d9}过零自行断开	

第三节　无弧有载调压变压器技术

一、无弧有载调压变压器技术的发展

自 20 世纪 70 年代以来，国内外许多学者都想到利用电力电子器件的无弧断流特性来改善有载调压变压器的分接头转换过程，进行了研究和探索，提出了多种方案。目前，无弧有载调压的设计思想大体分两种：一种是完全取消机械式触头，采用大功率晶闸管来实现有载调压；另一种是机械触头与晶闸管相结合的混合式有载调压。国内提出的混合式调压方案中，有一种是以晶闸管辅助机械开关的无弧有载调压，这种方案是以电力电子器件为辅助，只在切换时使用晶闸管，正常运行时仍使用机械开关。

本书介绍一种以电力电子器件作为有载分接开关辅助触点的无弧有载调压方案，分接开关在开关器件电流过零时切换，不产生电弧，正常工作时电力电子器件退出主电路。分接开关寿命长短不取决于操作次数，而取决于维护和运行条件。三相分接开关每相单独分开并互相独立操作，实际运行中除保持每相电压稳定外也能补偿各相间的不平衡。

二、电力电子辅助机械型有载分接开关结构原理

辅助型有载分接开关的优点是可以解决分接开关在切换过程中的燃弧问题，延长了开关寿命，因而可以增加切换次数；其缺点是晶闸管的触发脉冲设计与控制相对比较困难，由于机械装置的存在所以调压响应没有提高，装置故障率也没有降低。

辅助型有载分接开关的工作原理是：将电力电子开关与机械开关并联使用，利用电力电子开关无弧切换的优势，减弱在分接头切换过程中产生的电弧。利用机械开关具有耐高压、可持续工作的优点，可进一步提高辅助型有载分接开关在实际运行中的可靠性。电力电子开关只在切换过程中导通，减少了因持续工作而引起的发热。电力电子辅助型有载分

接开关可以解决切换过程中产生的电弧问题，加上对传统机械型有载分接开关的改进，已经在实际生产开始应用。典型的电力电子辅助型有载分接开关结构如图 5-18 所示。

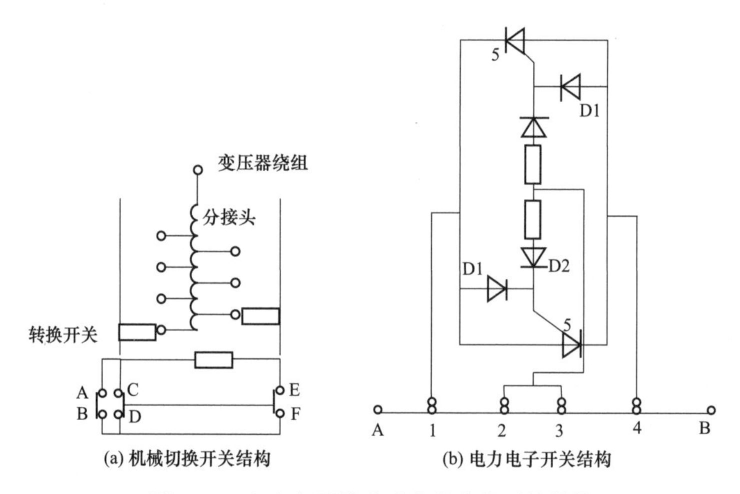

图 5-18　电力电子辅助型有载分接开关结构

在开关 AB 两端并联电力电子开关作为切换过程中的辅助回路，在闭合 AB 时，先闭合机械开关 1 和 2，晶闸管由于电压瞬间升高而触发导通，对机械开关进行分流，再闭合机械开关 3 和 4，开关断开时操作顺序与此相反。这种辅助型的有载分接开关在一定程度上减少了电弧的产生。

随着电力电子技术的发展，以及人们对辅助型有载分接开关结构的改进，它基本可以解决机械触头的燃弧问题，但由于机械装置的存在使得其在调压速度及动作的正确性上仍有待提高，加上该装置制造成本较高，因而其应用受到了一定的限制。如果能有效解决对晶闸管的触发脉冲控制，则可以提高机械传动机构的动作响应，并结合先进的自动控制技术，辅助型有载分接开关在变压器有载调压中将有广泛的应用前景。

三、无弧有载调压分接开关拓扑设计

当前由于现有无弧有载调压开关拓扑结构不合理，一个电力电子分接开关支路只能调节一个档位，造成分接开关路数过多、控制复杂、调节级数和精度不足。本书重点介绍一种新型无弧有载自动调压分接开关拓扑设计，该分接开关既可以是纯电力电子拓扑结构，也可以是电力电子器件与磁保持继电器结合的结构。通过分接开关调节接入主电路的调压绕组的接入状态（正接、反接、短接），达到调节变压器工作绕组匝数的目的，从而实现自动稳定变压器输出电压的效果。下面对两种结构模式进行分析比较。

（一）全电力电子器件的无弧有载调压分接开关

在该结构模式下，变压器的调压开关模块主要由 1 个调压绕组和 5 个电子开关单元（K1～K5）构成，各个电子开关单元的连接方式如图 5-19 所示。

其工作过程为：当电子开关 K1 和 K4 导通、其他 3 个电子开关断开时，相当于调压绕组顺向串接入高压绕组中，增加了高压绕组的等效绕组匝数；当电子开关 K2 和 K3 导通、其他 3 个电子开关断开时，相当于调压绕组反向串接入高压绕组中，减小了高压绕组的等效绕组匝数；当电子开关 K5 导通、其他 4 个电子开关断开时，相当于调压绕组不接入回路，该开关模块对应的调压绕组没有串接入高压绕组。由于电子开关在高压侧电流过零时刻毫秒级的无缝切换，且电子开关并联有吸收电容，用于抑制动作时的电压尖峰，故调压绕组在调压过程中不会出现过电压和短路现象。

从图 5-19 中可以看出，一个调压绕组对应有 5 个电子开关单元；有载调压变压器开关模块中电子开关单元是实现调压绕组以不同方式串接入高压绕组的关键，它不仅具备开关的功能，还起到隔离电压、消除开关动作时燃弧的作用。图 5-20～图 5-23 为 4 种电子开关单元的拓扑结构。

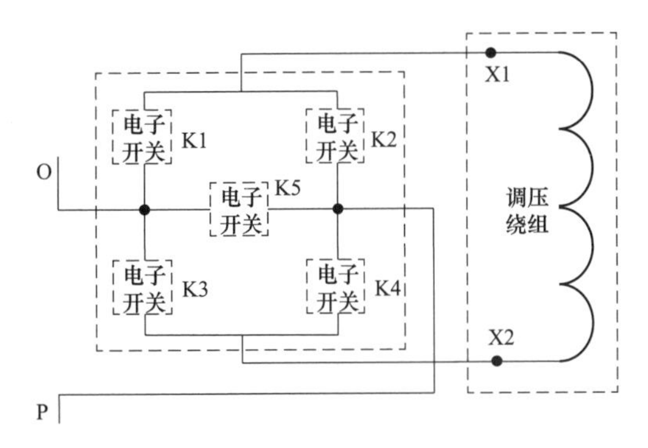

图 5-19　有载调压变压器调压模块拓扑结构

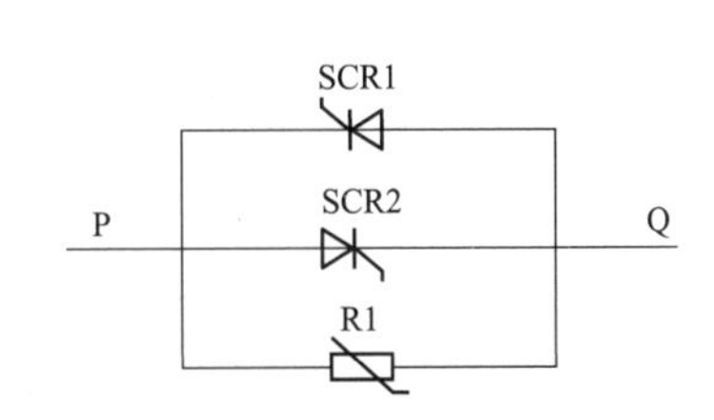

图 5-20　晶闸管型电子开关单元拓扑结构

图 5-20 为晶闸管型电子开关单元拓扑结构图，作为图 5-19 开关模块中电子开关单元的一种具体实施方式，包括两个反向并联的晶闸管 SCR1、SCR2 和一个压敏电阻 R1。SCR1 的阳极分别与 SCR2 的阴极和 R1 的一端相连，SCR2 的阳极分别与 SCR1 的阴极和 R1 的另一端相连，两个公共连接端 P 和 Q 分别作为电子开关单元的对外连接端。由于上述两个晶闸管能够在控制信号的作用下实现各自的导通或关断，因而能够实现电子开关单元在不同条件下的双向通断功能。在该开关单元中，与两个晶闸管并联的压敏电阻 R1 用于限制晶闸管两端的电压，从而保护晶闸管。

图 5-21 为一种 IGBT 型电子开关单元拓扑结构图，作为图 5-19 开关模块中电子开关单元的一种具体实施方式，电子开关单元包括两个绝缘栅双极型晶体管（IGBT）T1、T2 和两个二极管 D1、D2。T1 的发射极分别与 T2 的发射极、二极管 D1 和 D2 的阳极相连，T1 的集电极和 D2 的阴极分别与外部公共连接端 P 相连，T2 的集电极和 D1 的阴极分别与外部公共连接端 Q 相连。在 T1 导通的情况下，电流流向为 P→T1→D1→Q，在 T2 导通的情况下，电流流向为 Q→T2→D2→P；在 T1、T2 关断的情况下，P 和 Q 之间无通路。因此，通过控制 T1、T2 的通断就可以实现整个开关单元的双向通断功能。

图 5-22 是开关模块中电子开关单元的又一种具体实施方式，电子开关单元包括两个绝缘栅双极型晶体管（IGBT）T3、T4 和两个二极管 D3、D4。T3 的集电极分别与 T4 的集电极、二极管 D3 和 D4 的阳极相连，T3 的发射极和 D4 的阴极分别与外部公共连接端 P 相连，T4 的发射极和 D3 的阴极分别与外部公共连接端 Q 相连。该拓扑的控制与图 5-23 的控制逻辑类似。

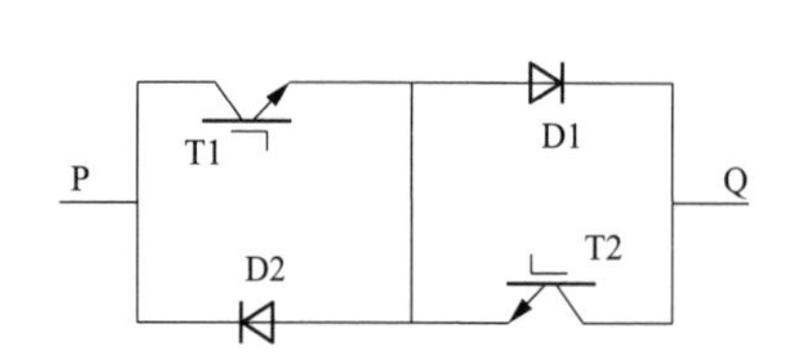

图 5-21　IGBT 型电子开关单元拓扑结构图（1）

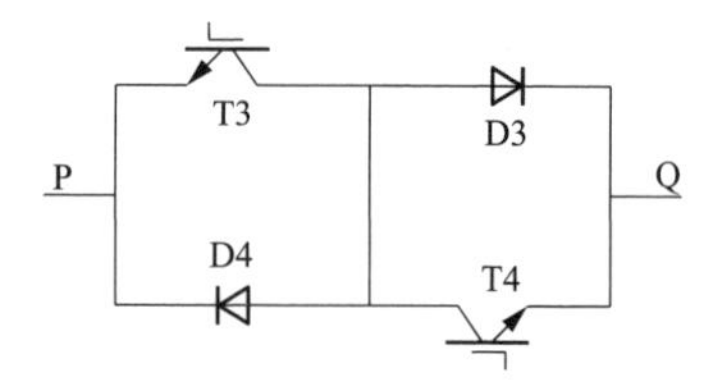

图 5-22　IGBT 型电子开关单元拓扑结构图（2）

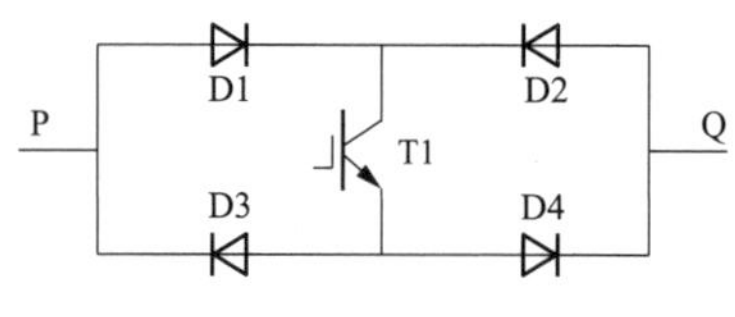

图 5-23　IGBT 型电子开关单元拓扑结构图（3）

图 5-23 是另一种 IGBT 型电子开关单元拓扑结构图，电子开关单元包括绝缘栅双极型晶体管（IGBT）T1 和 4 个二极管 D1、D2、D3、D4，T1 的集电极分别与 D1 和 D2 的阴极相连，T1 的发射极分别与 D3 和 D4 的阳极相连，外部公共连接端 P 分别与 D3 的阴极和 D1 的阳极相连，外部公共连接端 Q 分别与 D4 的阴极和 D2 的阳极相连。在 T1 导通的情况下，电流流向可以为 P→D1→T1→D4→Q 或 Q→D2→T1→D3→P；在 T1 关断的情况下，P 和 Q 之间无通路。因此，通过控制 T1 的通断可以实现整个开关单元的双向通断功能。

以上四种形式的开关单元都是由电力电子开关触发，由于整个变压器无机械开关或可动部件，其调压过程均为电力电子开关动作的过程，因此变压器的调压时间不超过 10ms，调压速度较机械调压开关或有触点开关提高了一个量级。

（二）基于电力电子开关与磁保持继电器结合的分接开关拓扑设计

虽然基于全电力电子器件的开关单元具有控制灵活、切换速度快等优点，但是工作状态下的电力电子器件一直串接在主电路中，工作损耗大，所以存在抗短路能力差等问题，无法通过变压器例行的短路抗冲击等试验。因此，有必要寻求一种新的拓扑结构，使其在调压状态下利用电力电子开关快速切换能力来实现电路快速切换，在正常工作时电力电子开关退出主电路，利用继电器的触点保持主电路的通路，从而达到快速切换和降低损耗的目的。本书提出了一种基于电力电子开关与磁保持继电器结合的分接开关主电路，如图 5-24 所示。

该分接开关模块包括切换开关、电力电子开关单元和动断开关。切换开关可以是磁保持继电器或带有 4 个端子的位置切换开关。其中，一个位置切换开关的两个端子的一端与调压绕组的一端相连，另两个端子分别与开关模块中对外串接的两个端子相连；另一个位置切换开关的两个端子与调压绕组的另一端相连，另外两个端子分别与开关模块对外串接的两个端子相连；电子开关单元和动断开关的两端分别与开关模块对外串接的两个端子相连。电子开关单元的拓扑结构与图 5-20～图 5-23 中四种形式的开关单元类似，都能实现该切换开关的相关功能，区别是本设计中的一个调压绕组只需要一个电力电子开关单元。

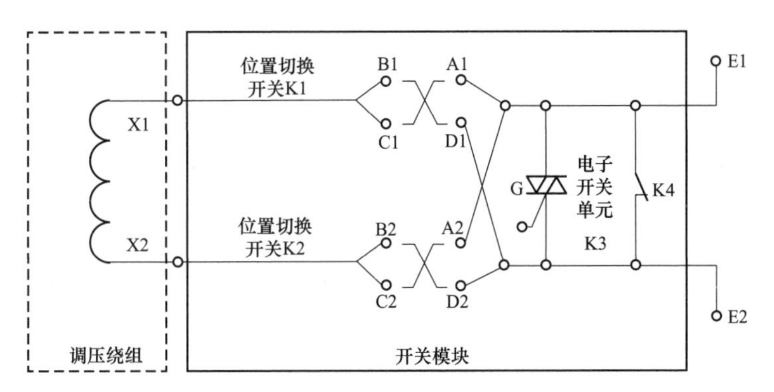

图 5-24　调压绕组和开关模块的电路结构示意图

图 5-24 所示的开关模块和调压绕组的工作过程为：当调压绕组的绕制方向与高压绕组的绕制方向相同时，调压绕组的极性与高压绕组的极性相同，当开关 K4 导通时，电流直接从端子 E1 经 K4 流向端子 E2，相当于调压绕组被短路，即该开关模块对应的调压绕组没有串接入高压绕组，配电变压器高压侧等效绕组匝数不变。当开关 K4 断开时，双路切换开关 K1 切至 A1—C1 导通，双路切换开关 K2 切至 B2—D2 导通，此时电流从端子 E1 经 A1→C1→B2→D2 流向端子 E2，相当于该开关模块对应的调压绕组从端子 E1 至 E2 接入，即调压绕组正向串接入高压绕组，配电变压器高压侧等效绕组匝数增加。当开关 K4 断开时，双路切换开关 K1 切至 B1—D1 导通，双路切换开关 K2 切至 A2—C2 导通，此时电流从端子 E1 经 A2→C2→B1→D1 流向端子 E2，相当于该开关模块对应的调压绕组从端子 E2 至 E1 接入，即调压绕组反向串接入高压绕组，配电变压器高压侧等效绕组匝数减少。开关模块对应的双路切换开关有四个端子，其功能是将四个端子中的两个端子的导通状态变换为另外两个端子导通，而不会出现同时导通的情况，比如双路切换开关 K1 只可能是 A1—C1 之间导通或 B1—D1 之间导通，或者在两者之间变换，如 A1—C1 之间导通变换为 B1—D1 之间导通，而不会有其他状态。该双路切换开关在具体工程实施时可以是磁保持继电器。

四、无弧有载调压变压器技术方案

为了减少调压开关的数量，提高调压的精度和幅度，基于独立调压绕组矢量接入的调压拓扑结构如图 5-25 所示。

有载调压配电变压器包括高压绕组 M0、低压绕组 Md、电压测量及供电绕组 Mc、n 个调压绕组 Mn、n 个开关模块 Tn，其中 n 为正整数（一般为 2 或 3）。每一个调压绕组均与对应的一个开关模块相连，例如，第 1 个调压绕组 M1 与第 1 个开关模块 T1 相连，第 n 个

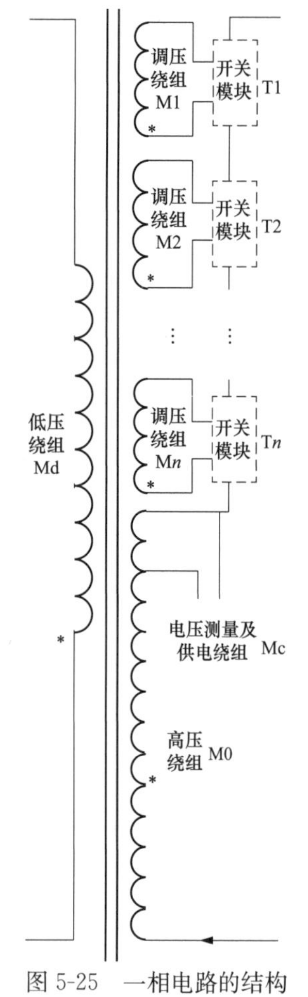

图 5-25 一相电路的结构示意图

调压绕组 Mn 与第 n 个开关模块 Tn 相连，然后 n 个开关模块相互串接后再与高压绕组串接；电压测量及供电绕组 Mc 用于驱动电路的电源和电压测量（为低压侧电压提供参考基准），该绕组与低压绕组无电气联系，从而实现高低压侧的隔离。实际应用中，配电变压器其他两相的连接方式与图 5-25 相同。

该矢量调压分接开关模块拓扑结构中，有载调压变压器的多个调压开关模块串接，每个调压模块的结构都相同，绕组的匝数为 3 倍关系递增，调压绕组的绕制方向与高压绕组的绕制方向相同。配合匝数比为 3 的调压绕组序列，可以形成 3^n（n 为调压绕组数）的调压级数，大幅提高了调压精度和幅度。同时，基于高压绕组分压取电及测量的拓扑设计，消除了高、低压侧的电气联系，提高了可靠性。

配电变压器有载调压装置的调压范围与调压级数、调压精度、调压绕组数量、调压步长、调压绕组匝数有关。由于配电变压器高、低压侧的电压之比与高、低压绕组的匝数成正比，因此通过调节高压侧等效绕组，可以将低压侧的电压调节到一个合理范围。配电变压器的调压范围 U_H—U_L、调压级数 K、调压绕组数量 N、调压绕组匝数 M 是一个互为影响的关系，其中 U_H、U_L 为高压侧在调节范围内的最高电压和最低电压。比如，高压侧的调压级数 K 与调压绕组数量 N 有关，高压侧调压范围 U_H—U_L 等于调压级数 K 与调压基本步长 U_i 的乘积，调压基本步长 U_i 与调压绕组匝数 M 有关。下面介绍调压级数 K 与调压绕组数量 N 的关系。

假设调压绕组个数 $N=3$，通过每一个调压绕组对应的开关模块的变换可以实现调压绕组顺串、反串以及短接接入高压绕组，即开关模块的状态与对应调压绕组的接入状态密切相关，每一个开关模块的状态都对应着不同的高压侧总的等效绕组匝数。

$$S_i=\begin{cases}1, & \text{调压绕组正向串接}\\0, & \text{调压绕组短路串接}\\-1, & \text{调压绕组反向串接}\end{cases} \tag{5-1}$$

根据式（5-1）定义开关模块的状态函数 S_i：当开关 K4 断开时，双路切换开关 K1 切至 A1—C1 导通，双路切换开关 K2 切至 B2—D2 导通，此时电流从端子 E1 经 A1→C1→B2→D2 流向端子 E2，相当于该开关模块对应的调压绕组从端子 X1 至 X2 接入，即调压绕组正向串接入高压绕组，$S_i=1$；当开关 K4 导通时，电流直接从端子 E1 经 K4 流向端子 E2，相当于调压绕组被短路，$S_i=0$；当开关 K4 断开时，双路切换开关 K1 切至 B1—D1 导通，双路切换开关 K2 切至 A2—C2 导通，此时电流从端子 E1 经 A2→C2→B1→D1 流向端子 E2，相当于该开关模块对应的调压绕组从端子 X2 至 X1 接入，即调压绕组反向串接入高压绕组，$S_i=-1$。

由于每一个调压绕组对应的开关模块都存在三种不同的状态将调压绕组接入，因此为了能表征所有情况，以式（5-1）为基础，构建了 3 个调压绕组的调压状态矩阵，如式（5-2）所示，该状态矩阵包括了 3 个调压绕组的全部可能的接入状态。

$$S=\begin{vmatrix} -1 & -1 & -1 \\ 0 & -1 & -1 \\ 1 & -1 & -1 \\ -1 & 0 & -1 \\ 0 & 0 & -1 \\ 1 & 0 & -1 \\ -1 & 1 & -1 \\ 0 & 1 & -1 \\ 1 & 1 & -1 \\ -1 & -1 & 0 \\ 0 & -1 & 0 \\ 1 & -1 & 0 \\ -1 & 0 & 0 \\ 0 & 0 & 0 \\ 1 & 0 & 0 \\ -1 & 1 & 0 \\ 0 & 1 & 0 \\ 1 & 1 & 0 \\ -1 & -1 & 1 \\ 0 & -1 & 1 \\ 1 & -1 & 1 \\ -1 & 0 & 1 \\ 0 & 0 & 1 \\ 1 & 0 & 1 \\ -1 & 1 & 1 \\ 0 & 1 & 1 \\ 1 & 1 & 1 \end{vmatrix} \tag{5-2}$$

从式（5-2）可知，当调压绕组的个数为 $N=2$ 时，调压级数的级数为 9；当调压绕组的个数为 $N=3$ 时，调压级数为 27；当调压绕组的个数为 $N=4$ 时，调压级数为 81。从而可知，调压级数 K 与调压绕组个数 N 的关系为：

$$K = 3^N \quad (N = 1,2,3) \tag{5-3}$$

调压基本步长为：

$$U_i = \frac{U_H - U_L}{K-1} \tag{5-4}$$

假设高压侧基本绕组匝数为 M_0，高压侧额定电压为 U_0，调压基本步长 U_i 对应的绕组

匝数为 M_i：

$$M_i = \frac{U_i}{U_0} \times M_0 \tag{5-5}$$

假定 $M_i = 0.01M_0$，0.01 为基础调压倍数；当调压绕组的个数为 $N=3$ 时，由式（5-3）可知，调压级数对应公式的底数为 3，因此不同调压绕组的倍数关系也应为 3，3 个调压绕组的匝数分别为 $0.01M_0$、$0.03M_0$、$0.09M_0$。用矩阵表示调压绕组 M 与高压侧基本绕组匝数 M_0 的关系为：

$$M = \begin{vmatrix} 0.01 \\ 0.03 \\ 0.09 \end{vmatrix} M_0 = TM_0 \tag{5-6}$$

其中，T 为对应的系数矩阵。

由于高压等效绕组匝数为高压侧基本绕组匝数与接入调压绕组的匝数之和，根据式（5-2）和式（5-6）可以计算出高压绕组的等效绕组匝数，高压侧等效绕组匝数 M_{eq} 为：

$$\begin{aligned} M_{eq} &= (1+ST) \cdot M_0 \\ &= \begin{vmatrix} 0.87 \\ 0.88 \\ 0.89 \\ 0.90 \\ 0.91 \\ 0.92 \\ 0.93 \\ 0.94 \\ 0.95 \\ 0.96 \\ 0.97 \\ 0.98 \\ 0.99 \\ 1.00 \\ 1.01 \\ 1.02 \\ 1.03 \\ 1.04 \\ 1.05 \\ 1.06 \\ 1.07 \\ 1.08 \\ 1.09 \\ 1.10 \\ 1.11 \\ 1.12 \\ 1.13 \end{vmatrix} M_0 \end{aligned} \tag{5-7}$$

从式（5-7）可知，3个调压绕组矢量接入高压绕组后，高压侧等效绕组有27个可调级，匝数变化范围为原有高压绕组匝数的87％～113％，即在原有高压匝数的基础上变化－13％～13％，从而配电变压器低压侧输出电压的变化范围也为额定电压的87％～113％。由于调压配电变压器的调节目标是保持低压侧电压稳定，因此也可以认为在高压侧额定电压的87％～113％范围内，调压变压器能够保持低压侧电压为恒定额定输出电压。

从以上介绍可看出，当调压范围给定时，只要增加调压绕组的数量，就能增加调压级数，增加调节精度，同时减小基础调压倍数；当调压绕组数量给定时，调压级数也就定了，只要增加基础调压倍数，就能大幅增加调压范围。

配电变压器自动调压的目的是通过调整高压侧的等效匝数来保持低压侧电压的稳定，因此不同的高压侧电压对应不同的调压等效匝数，调压过程就是不同绕组投入或退出的过程。

如图5-26所示，仍以调压绕组的个数$N=3$，调压绕组的匝数分别为$0.01M_0$、$0.03M_0$、$0.09M_0$为例来说明变压器的调压逻辑。由式（5-2）和式（5-7）可知，式（5-7）中每一个高压侧的等效匝数都对应式（5-2）中一个调压状态矩阵，来反映不同调压绕组的投入或退出状态，比如式（5-7）中等效匝数为$0.93M_0$时，对应的调压状态矩阵为［－1，1，－1］，$1.01M_0$对应的调压状态矩阵为［1，0，0］。若根据调压需求，对应等效绕组需要从$0.93M_0$变为$1.01M_0$时，只需将对应的调压状态矩阵从［－1，1，－1］调为［1，0，0］，对应$0.01M_0$调压绕组的状态量由－1变为1，即该调压绕组由反向串入状态变为正向串入状态。但由于电子开关支路的短路过渡过程，其实际变换过程为状态量由－1变为0，接着再变为1，即该调压绕组由反向串入状态变为短路状态，接着再变为正向串入状态；对应$0.03M_0$调压绕组的状态量由1变为0，即该调压绕组由正向串入状态变为短路状态；对应$0.09M_0$调压绕组的状态量由－1变为0，即该调压绕组由反向串入状态变为短路状态。其先后顺序为从状态矩阵最左侧变量对应的调压绕组先变换状态，依次向右侧变量对应的调压绕组变换状态，直到最后一个。从以上分析可以看出，本书介绍的矢量调压方法能够实现调压绕组矢量接入主电路，调压精度和范围不小于±4×2.5％（易扩展至±13×1％）的要求。

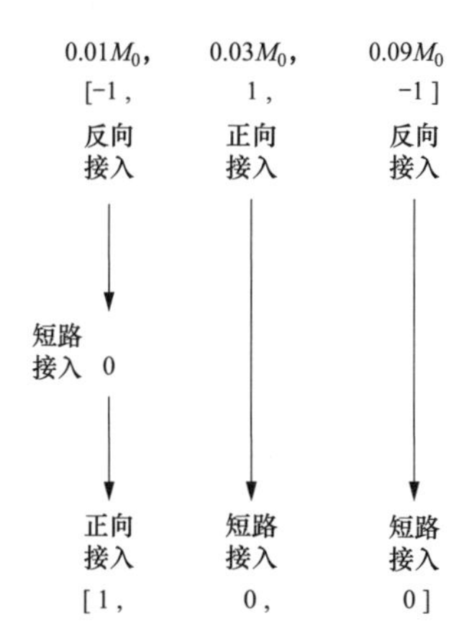

图5-26　调压绕组投入或退出的逻辑示意图

针对机械式有载调压开关存在的问题，不断有新的调压主电路拓扑方案代替机械式有载调压机构，目的是使变压器有载调压实现快速无弧化。国外对无弧有载调压开关的研究起步较早，并提出了多种设计方案，但有的方案处于试验阶段，有的是因为在实际应用过程中存在技术和经济方面的困难而没能得到推广。有些已投运多年的产品也存在某些方面的问题，方案设计仍处在不断的改进中。图5-27为某无弧有载自动调压变压器样机。

图 5-27　某无弧有载自动调压变压器样机

无弧有载自动调压变压器设置在自动调压控制模式，变压器低压侧带随机负荷，在高压侧电压分别调整为额定电压的 90%、92.5%、95%、97.5%、100%、102.5%、105%、107.5%、110%，测试结果如表 5-2 所示。

表 5-2　　某无弧有载自动调压变压器样机装置测试

输入电压（%）	90%U_N	92.5%U_N	95%U_N	97.5%U_N	100%U_N	102.5%U_N	105%U_N	107%U_N	110%U_N
调压动作档位	9	8	7	6	5	4	3	2	1
输出电压（V）	211.1	212.9	218.1	220.1	220.3	220.3	223.2	226.2	227.6

第六章　有载调容调压配电变压器应用技术

第一节　有载调容调压配电变压器技术条件

为了保证有载调容调压配电变压器的运行安全，其在调容前和调容后的基本技术性能和参数都必须要满足有关标准的要求。

一、基本要求与技术参数

在技术性能和参数方面，要符合DL/T 1853—2018《10kV有载调容调压变压器技术导则》、GB/T 1094.1—2013《电力变压器　第1部分：总则》、GB/T 1094.2—2013《电力变压器　第2部分：液浸式变压器的温升》、GB/T 1094.3—2017《电力变压器　第3部分：绝缘水平、绝缘试验和外绝缘空气间隙》、GB/T 1094.5—2008《电力变压器　第5部分：承受短路的能力》、GB/T 1094.7—2008《电力变压器　第7部分：油浸式电力变压器负载导则》和GB/T 6451—2015《油浸式电力变压器技术参数和要求》等标准的规定。在变压器能效方面，必须满足GB 20052—2020《电力变压器能效限定值及能效等级》的规定。

在噪声水平方面，要符合GB/T 1094.10—2003《电力变压器　第10部分：声级测定》、GB/T 1094.101—2008《电力变压器　第10.1部分：声级测定　应用导则》和JB/T 10088—2016《6kV～500kV级电力变压器声级》等标准的规定。

在使用的绝缘液方面，要符合GB 2536—2011《电工流体　变压器和开关用的未使用的矿物绝缘油》或IEC 62770—2013《电工流体　变压器及类似电气设备未使用的天然酯》的规定。

有载调容调压配电变压器所使用的分接开关要符合GB/T 10230.1—2019《分接开关　第1部分：性能要求和试验方法》和GB/T 10230.2—2007《分接开关　第2部分：应用导则》的规定。

有载调容调压配电变压器在大、小容量切换以及电压档位分接变换过程中，必须要保持低压侧供电的连续性，在低压侧产生的操作过电压的持续时间不得大于20ms，波形畸变的持续时间不得大于30ms，并且不得影响低压侧电器设备的安全稳定运行。这里所说的影响低压侧电器设备安全运行，通常是指造成正在运行的设备突然停机、生产流水线中断、具有自熄灭保护功能的大型广场照明用灯重启、台式电脑重启、普通照明灯熄灭或闪烁等。有载调容调压配电变压器使用的套管、油箱、分接开关、压力释放阀、油位计等组部件，在选型、设计、制造及检验等方面必须符合各类组部件所对应的标准要求。

10kV 配电系统中的 S11 型和 S13 型有载调容调压配电变压器的额定容量、电压组合、联结组标号、空载损耗、空载电流、负载损耗和短路阻抗等技术参数应符合表 6-1 和表 6-2 的规定。

表 6-1　10kV S11 型三相油浸式有载调容调压配电变压器技术参数

额定容量（kVA）	高压（kV）	高压分接范围（%）	低压（kV）	联结组标号	空载损耗（W）	负载损耗（W）	短路阻抗（%）	空载电流（%）
100（30）	10 10.5 11	±2×2.5～ ±4×2.5	0.4	Dyn11 （Yyn0）	200（100）	1580（600）	4.0	1.1（0.60）
160（50）					280（130）	2310（870）		1.0（0.50）
200（63）					340（150）	2730（1040）		1.0（0.50）
250（80）					400（180）	3200（1250）		0.90（0.50）
315（100）					480（200）	3830（1500）		0.90（0.50）
400（125）					570（240）	4520（1800）		0.80（0.40）
500（160）					680（280）	5410（2200）		0.80（0.40）
630（200）					810（340）	6200（2600）	4.5	0.60（0.30）

注　1. 括号内为小容量时的参数。
2. 对于其他联结组别及相应技术参数为非优选参数，由用户与制造厂协商。
3. 根据用户需要，也可以采用±5、±2×5 或其他高压分接范围。
4. 根据用户需要，也可以提供低压绕组电压为 0.69kV 调容调压变压器。

表 6-2　10kV S13 型三相油浸式有载调容调压配电变压器技术参数（3 级能效）

额定容量（kVA）	高压（kV）	高压分接范围（%）	低压（kV）	联结组标号	空载损耗（W）	负载损耗（W）	短路阻抗（%）	空载电流（%）
100（30）	10 10.5 11	±2×2.5～ ±4×2.5	0.4	Dyn11 （Yyn0）	150（80）	1580（600）	4.0	1.1（0.60）
160（50）					200（100）	2310（870）		1.0（0.50）
200（63）					240（110）	2730（1040）		1.0（0.50）
250（80）					290（130）	3200（1250）		0.90（0.50）
315（100）					340（150）	3830（1500）		0.90（0.50）
400（125）					410（170）	4520（1800）		0.80（0.40）
500（160）					480（200）	5410（2200）		0.80（0.40）
630（200）					570（240）	6200（2600）	4.5	0.60（0.30）

注　1. 括号内为小容量时的参数。
2. 对于其他联结组别及相应技术参数为非优选参数，由用户与制造厂协商。
3. 根据实际需要，也可以采用±5%、±2×5%或其他高压分接范围。

GB 20052—2020《电力变压器能效限定值及能效等级》规定了三相无励磁配电变压器

的 3 个能效限定值和能效等级，对于具有两种额定容量的调容型配电变压器，该标准给出的评价标准不适用。表 6-1 中 S11 型有载调容调压配电变压器在轻载时间长的场合能达到或优于 3 级能效配电变压器的节能效果，而表 6-2 中 S13 型有载调容调压配电变压器的节能效果显著优于 3 级能效配电变压器。重载运行工况下，有载调容调压配电变压器和同容量 3 级能效 S13 型配电变压器的总损耗基本一致：轻载运行工况下，有载调容调压配电变压器处于小额定容量方式，相比 3 级能效 S13 型配电变压器具有显著节能效果，如图 6-1 和图 6-2 所示。由此可以推导出 2 级能效和 1 级能效的有载调容调压配电变压器技术参数，如表 6-3 和表 6-4 所示。

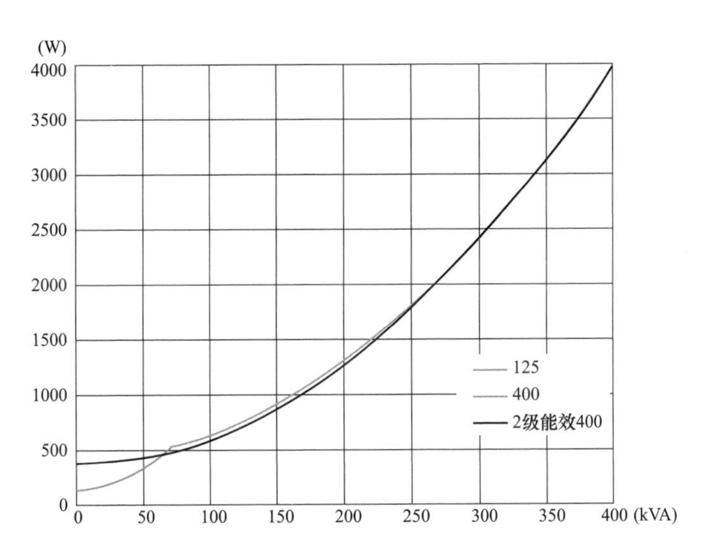

图 6-1 2 级能效调容变压器同普通变压器总损耗曲线对比

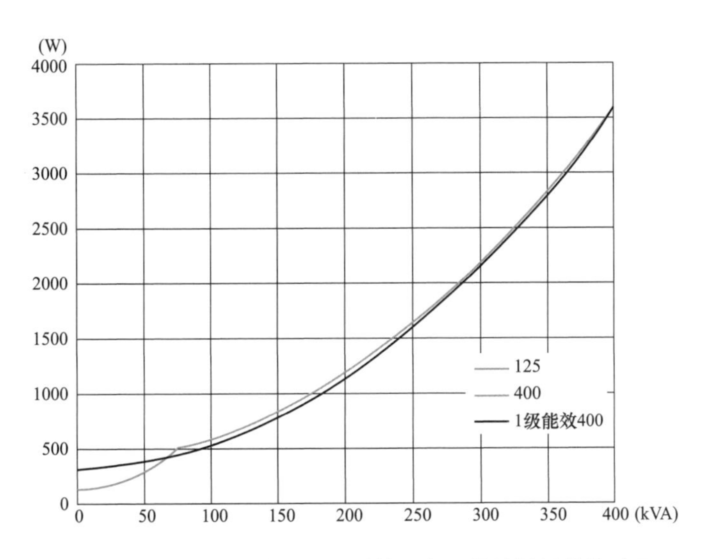

图 6-2 1 级能效调容变压器同普通变压器总损耗曲线对比

表 6-3　10kV 三相油浸式有载调容调压配电变压器技术参数（2 级能效）

额定容量（kVA）	高压（kV）	高压分接范围（%）	低压（kV）	联结组标号	小容量空载损耗（W）	大容量负载损耗（W）	短路阻抗（%）	空载电流（%）
100（30）	10 10.5 11	±2×2.5～±4×2.5	0.4	Dyn11（Yyn0、Yzn11）	50	1250	4.0	1.1
160（50）					70	1830		1.0
200（63）					80	2160		1.0
250（80）					100	2530		0.90
315（100）					115	3030		0.90
400（125）					140	3575		0.80
500（160）					160	4280		0.80
630（200）					190	4905	4.5	0.60

注　1. 大容量空载损耗是小容量时的 3 倍，小容量负载损耗是大容量时的 1/3。
2. 对于其他联结组别及相应技术参数为非优选参数，由用户与制造厂协商。
3. 根据实际需要，也可以采用±5%、±2×5%或其他高压分接范围。

表 6-4　10kV 三相油浸式有载调容调压配电变压器技术参数（1 级能效）

额定容量（kVA）	高压（kV）	高压分接范围（%）	低压（kV）	联结组标号	小容量空载损耗（W）	大容量负载损耗（W）	短路阻抗（%）	空载电流（%）
100（30）	10 10.5 11	±2×2.5～±4×2.5	0.4	Dyn11（Yyn0、Yzn11）	50	1110	4.0	1.1
160（50）					70	1625		1.0
200（63）					80	1920		1.0
250（80）					100	2240		0.90
315（100）					115	2690		0.90
400（125）					140	3170		0.80
500（160）					160	3805		0.80
630（200）					190	4350	4.5	0.60

注　1. 大容量空载损耗是小容量时的 3 倍，小容量负载损耗是大容量时的 1/3。
2. 对于其他联结组别及相应技术参数为非优选参数，由用户与制造厂协商。
3. 根据实际需要，也可以采用±5%、±2×5%或其他高压分接范围。

根据表 6-2 计算可知，400kVA 有载调容调压配电变压器在负载率 50%下运行 4800h，在负载率 10%时调整为小容量运行 1000h，其总损耗可与同样负载率下运行的 2 级能效变压器相等。在典型适用场合应用有载调容调压配电变压器，小容量运行时间一般大于 6000h，节能效果显著。

二、箱体与附件技术要求

有载调容调压配电变压器的油箱应优先选用全密封结构，也可以选用波纹油箱、带有弹性片式散热器的油箱，或内部充有气体的油箱等结构形式。有载调容调压配电变压器的本体上必须安装压力保护装置，当油箱内的压力达到安全限值时压力保护装置必须可靠动作，并将油箱内的压力安全地释放，在压力释放过程中不能有变压器油随着释放气体而溢出。有载调容调压配电变压器在同时满足最高环境温度与最大允许负载运行条件下，其配置的压力保护装置不能动作。有载调容调压配电变压器必须安装带有明显可见的油位指示装置，油位指示装置在有载调容调压配电变压器同时满足最高环境温度与最大允许负载运行，或同时满足最低环境温度和变压器空载运行的条件下，都必须能可靠观察到油位指示。在同时满足最低环境温度和空载运行的条件下，有载调容调压配电变压器内部的油位不能太低，必须能保证变压器的绝缘水平不降低并安全可靠运行。有载调容调压配电变压器箱体上必须安装有供温度计测量用的管座，管座底部为密封结构，管座底部至少要伸入变压器油内 120mm，误差不得大于 10mm。有载调容调压配电变压器的有载调容分接开关油室和有载调压分接开关油室（如果是独立油室）也必须安装压力保护装置和油位显示装置，要求与有载调容调压配电变压器本体的要求一致。

有载调容调压配电变压器的油箱底部应有用于固定的安装支架，安装支架的焊接位置如图 6-3 所示。

有载调容调压配电变压器的油箱的下部壁上必须安装用于抽取油样和放油用的阀门，有载调容调压配电变压器的铁心和金属结构零件均应通过油箱可靠接地。有载调容调压配电变压器的结构设计应该便于拆卸和更换高低压接线套管、瓷件或电缆接头。高压套管接线端子连接处，在环境空气中对空气的温升不得高于 55K，在油中对油的温升不应大于 15K。高、低压套管的安装位置和相间距离应该便于施工和运维时接线，并且高、低压套管带电部分的空气间隙应满足 GB/T 1094.3—2017《电力变压器　第 3 部分：绝缘水平、绝缘试验和外绝缘空气间隙》的要求。有载调容调压配电变压器油箱所配备的用于安装调容调压控制器的控制箱必须采用防腐材料制作（包括门锁和铰链），控制箱的防护等级应不低于 IP54，门的开启角度应不小于 90°，控制箱内部最好要装设具有防潮除湿功能的装置。

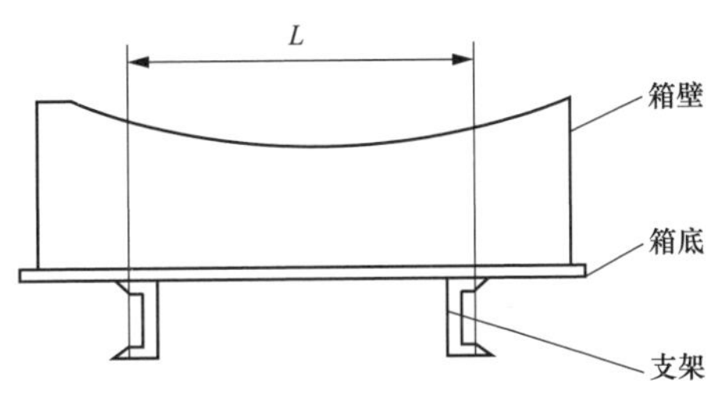

注：尺寸L可按有载调容调压配电变压器的大小选择为300mm、400mm、550mm、600mm。

图 6-3　有载调容调压配电变压器箱底支架焊接位置（面对长轴方向）

三、分接开关技术要求

有载调容分接开关和有载调压分接开关作为有载调容调压配电变压器的核心部件，它们的功能直接决定有载调容调压配电变压器的整体性能，因此通常需要对有载调容分接开关和有载调压分接开关的功能和性能提出严格限定，以保证有载调容调压配电变压器的安全可靠运行。

有载调容分接开关和有载调压分接开关的共性技术要求包括触头接触电阻的允许值、触头温升限值、高压侧对地以及相间与高低压侧之间的主绝缘水平、高压侧内部绝缘水平和承受短路能力五个方面。有载调容分接开关高低压载流触头和有载调压分接开关载流触头的接触压力应符合制造企业的规定，触头接触电阻的允许值不得超过表 6-5 的规定。

表 6-5　　有载调容分接开关和有载调压分接开关触头的允许接触电阻值

通过电流 I（A）	$I \leqslant 350$	$350 < I \leqslant 400$	$400 < I \leqslant 500$	$500 < I \leqslant 600$	$600 < I \leqslant 800$	$800 < I \leqslant 1000$	$1000 < I \leqslant 1200$
接触电阻值（μΩ）	≤500	≤400	≤250	≤180	≤100	≤60	≤40

为保证有载调容分接开关和有载调压分接开关的运行安全，对于运行中连续载流的各式高低压调容触头和调压触头，当施加 1.2 倍最大额定通过电流时，其对周围环境介质（变压器油）的温升不应超过表 6-6 中规定的限值。

表 6-6　　触头温升限值

触头材料	有载调容和有载调容调压开关调容、调压触头对变压器油的温升（K）
裸铜	20
表面镀银的铜/合金	20
其他材料	20

有载调容分接开关和有载调压分接开关高压侧对地、相间及高低压侧之间的主绝缘水平必须满足表 6-7 的规定。

表 6-7　　分接开关高压侧对地、相间与高低压侧之间的主绝缘水平

设备额定电压 U_N（kV，方均根值）	设备最高电压 U_m（kV，方均根值）	1min 额定工频耐受电压（kV，方均根值）	额定雷电冲击耐受电压（kV，1.2/50μs）
10	12	35	75

有载调容分接开关和有载调压分接开关高压侧内部绝缘水平必须满足表 6-8 的规定。

表 6-8　　分接开关高压侧内部绝缘水平

绝缘间距		10kV 等级内部绝缘水平（kV）	
		1min 工频耐受电压	全波耐受冲击电压（1.2/50μs）
有载调容分接开关级间		35	75
有载调压分接开关	级间	2	10
	最大与最小分接间	10	40

有载调容分接开关和有载调压分接开关能够承受的短路电流值必须符合表 6-9 的规定。

表 6-9　　分接开关承受短路能力

最大额定通过电流（A）		变压器的短路阻抗（%）	2s 热稳定电流（A，方均根值）		动稳定电流（A，峰值）	
高压侧	低压侧		高压侧	低压侧	高压侧	低压侧
20	250	4	500	6250	1250	15625
20	500	4	500	12500	1250	31250
30	300	4	750	7500	1875	18750
30	600	4	750	15000	1875	37500
30	1000	4.5	667	25000	1667	62500

有载调容分接开关和有载调压分接开关触头在表 6-10 规定的参数条件下开断时，触头不得损坏同时也不能危及其正常的切换操作。

表 6-10　　　　分接开关的性能要求

开关类别	开断参数	开断次数
有载调容开关	高、低压调容触头在两倍临界转换电流和相关额定级电压下开断	50
有载调压开关	调压触头在两倍最大额定通过电流与额定级电压下开断	50

有载调容分接开关必须具备同时切换高压绕组和低压绕组联结方式的功能，每个切换过程需在 20～40ms 内完成；在大、小容量间切换的时候，三相触头不同期时间应不大于 4ms，三相触头合闸的最大弹跳时间应不大于 4ms。在大、小容量切换过程中，需保持低压侧供电的连续性。这里保持低压侧供电的连续性是指有载调容分接开关在大、小容量切换过程中，不能造成正在运行的设备突然停机、生产流水线中断、具有自熄灭保护功能的大型广场照明用灯重启、台式电脑重启等。需要特别强调的是，对安装于居民小区、村庄、路灯、一般性工厂等场所且对低压侧供电电压质量没有严格要求的有载调容调压配电变压器，允许有载调容分接开关在保持高压侧励磁不断电、低压侧负载短时中断的条件下进行大、小容量切换，低压侧电流波形的中断时间应不大于 20ms，产生截流过电压持续时间应不大于 20ms，但在切换过程中不得造成低压侧明显断电现象。例如，导致低压侧用电设备产生闪烁、波动、断电重启等情况，并且不能造成其他供电设备的损坏。

有载调容分接的额定容量不能低于有载调容调压配电变压器的最大额定容量，电气寿命不应低于 50000 次，机械寿命不应低于 100000 次。其电动操作机构的工作电压为 AC220V/380V，允许偏差范围为－20％～＋20％。有载调容分接开关的电动操作机构需设置切换限流（过流闭锁）装置，当操作机构发生卡滞等故障时，应能够及时切断电源，避免操作机构的电机损坏。

有载调容分接开关工作负载的切换容量等于额定级电压与临界转换电流的乘积，即为调容调压配电变压器的临界转换容量。有载调容分接开关的开断容量等于两倍临界转换电流与相关额定级电压的乘积，即为调容调压配电变压器两倍的临界转换容量。不同转换方式下有载调容开关允许的额定通过电流、临界转换线电流及最大额定通过电流应分别满足表 6-11 和表 6-12 的规定。

有载调压分接开关在功能方面需具备逐级调节电压分接档位的功能，每个电压分接档位间的切换过程需在 20～40ms 内完成，有载调压范围通常设计为±2×2.5％～±4×2.5％（线性调节），也可以根据用户的要求设计为±5％、±2×5％或其他分接范围。有载调压分接开关在进行档位切换时，需保持低压负载侧电压波形连续且不能有中断现象发生。有载调压分接开关在进行电压分接档位切换时，如果采用真空开关，则三相触头不同期时间和合闸的最大弹跳时间均不应大于 2ms；如果是采用机械开关，则三相触头不同期时间和合闸的最大弹跳时间均不应大于 4ms。

表 6-11　有载调容开关（Y—D 转换）的额定通过电流、临界转换线电流与最大额定通过电流

有载调容调压配电变压器的额定容量 S_N(kVA)	有载调容开关额定通过电流		临界转换容量 S_{LZ}(kVA)	临界转换线电流		有载调容开关最大额定通过电流	
	并联高档位额定容量下 I_{1Nb}/I_{2Nb}(A)	串联低档位额定容量下 I_{1Nc}/I_{2Nc}(A)		低压侧 I_{2LZ}(A)	高压侧 I_{1LZ}(A)	高压触头(A)	低压触头(A)
100 (30)	3.33/144.30	1.73/43.30	17.36	25.06	1.00	30	2×150=300
125 (40)	4.17/180.40	2.31/57.74	23.03	33.24	1.92		
160 (50)	5.33/230.95	2.89/72.17	29.41	42.45	1.70		
200 (63)	6.67/288.68	3.64/90.94	37.90	54.71	2.19		
250 (80)	8.33/360.85	4.62/115.47	46.57	67.22	2.69	30	2×300=600
315 (100)	10.50/454.68	5.77/144.34	59.47	85.84	3.43		
400 (125)	13.33/577.37	7.22/180.43	72.61	104.30	4.19		
500 (160)	16.67/721.71	9.24/230.95	93.09	134.37	5.38	30	2×500=1000
630 (200)	21.00/909.35	11.55/288.68	108.73	158.93	6.28		

注　下脚标中的 1、2 分别表示绕组的高压侧和低压侧，D、Y 分别表示高压绕组的联结方式，b、c 分别表示低压绕组的并联与串联，LZ 表示临界转换。

表 6-12　有载调容开关（串—并联转换）的额定通过电流、临界转换线电流与最大额定通过电流

有载调容调压配电变压器额定容量 S_N(kVA)	有载调容开关额定通过电流		临界转换容量 S_{LZ}(kVA)	临界转换线电流		有载调容开关最大额定通过电流	
	并联高档位额定容量下 I_{1Nb}/I_{2Nb}(A)	串联低档位额定容量下 I_{1Nc}/I_{2Nc}(A)		低压侧 I_{2LZ}(A)	高压侧 I_{1LZ}(A)	高压触头(A)	低压触头(A)
100 (25)	3.33/144.30	0.83/36.08	15.97	23.05	0.92	30	2×150=300
125 (30)	4.17/180.40	1.00/43.30	19.00	27.43	1.10		
160 (40)	5.33/230.95	1.33/57.74	24.37	35.17	1.41		
200 (50)	6.67/288.68	1.67/72.17	32.08	46.30	1.85		
250 (63)	8.33/360.85	2.10/90.93	39.54	57.08	2.28	30	2×300=600
315 (80)	10.50/454.68	2.67/115.47	50.50	72.90	2.92		
400 (100)	13.33/577.37	3.33/144.34	62.44	90.12	3.60		
500 (125)	16.67/721.71	4.17/180.42	78.31	113.03	4.52	30	2×500=1000
630 (160)	21.00/909.35	5.33/230.94	93.49	134.94	5.40		

注　下脚标中的 1、2 分别表示绕组的高压侧和低压侧；无论大、小容量，高压绕组的联结方式均为 D 结，低压均为 Y 结，b、c 分别表示低压绕组的并联与串联，LZ 表示临界转换。

有载调压分接开关的额定容量不应低于有载调容调压配电变压器的最大额定容量，电气寿命不得低于 50000 次，机械寿命不得低于 100000 次；电动操动机构必须设有切换限流（过流闭锁）装置，切换过程中必须保证低压侧供电电压不得中断，电动操动机构的工作电压为 AC220V/380V，允许偏差范围为－20%～＋20%。有载调压分接开关工作负载的切换容量和开断容量需满足 GB/T 10230.1—2019《分接开关　第 1 部分：性能要求和试验方法》的要求，其他性能要求需符合 GB/T 10230.1—2019 和 GB/T 10230.2—2007《分接开关　第 2 部分：应用导则》的规定。

四、控制器技术要求

有载调容调压控制器的技术要求包括外观与结构、基本要求、功能和性能要求四个方面。

1. 控制器外观与结构要求

有载调容调压控制器通常单独安装在有载调容调压配电变压器的控制箱内，同时也可以安装在户外配电箱、户内配电柜和箱式变电站低压室等封闭空间中。有载调容调压控制器通常采用密闭壳体，应有足够的机械强度，能够承受使用或搬运过程中可能遇到的外部机械力冲击。安装和固定有载调容调压控制器的紧固件和调整件必须有锁紧措施，以保证在正常使用条件下不会因为振动而导致控制器松动或移动，控制器的防护等级需满足 GB/T 4208—2017《外壳防护等级（IP 代码）》中规定的 IP54 要求。控制器采用金属外壳时，外壳内外表面都必须进行涂覆处理，涂覆层应均匀美观，有牢固的附着力。控制器需提供独立的接地端子，并且设有明显的接地标志。有载调容调压控制器的面板需设置指示灯，用于显示大/小容量位置状态、电压分接档位工作位置状态，自动/手动调容控制模式、闭锁指示、告警指示及运行状态指示等信息。控制器输出接口至少应配备 1 路 RS485 接口和 1 路 USB 接口。

2. 控制器基本要求

有载调容调压控制器应具备手动和自动两种控制方式，并可根据操作需要进行切换。当采用自动控制时，控制器应能够根据所带负载大小、二次输出电压高低进行判别，然后准确控制有载调容分接开关与有载调压分接开关的动作。控制器需具备监测有载调容调压配电变压器运行参数、整定门限参数、记录运行数据和事件、指示运行状态、本地通信以及发出闭锁告警信号等功能，同时还应具备外接扩展通信模块，实现远程与近程通信以及与智能配变终端间相互通信的功能。

3. 控制器功能要求

有载调容调压控制器的功能要求包括监测功能、有载调容和有载调压控制功能、运行数据和事件记录功能、参数整定功能、运行状态指示功能、通信功能、闭锁告警功能、数据下载和远程升级等功能，详细功能要求如表 6-13 所示。

表 6-13　有载调容调压控制器功能要求

功能名称	功能要求
监测功能	1）具备实时数据采集和处理功能，包括监测有载调容调压配电变压器低压侧三相电压、三相电流、三相有功功率、三相无功功率和功率因数等运行数据； 2）具备实时监测有载调容分接开关与有载调压分接开关大、小容量及电压分接档位位置的功能； 3）采集的信息内容需符合 DL/T 698.1—2021《电能信息采集与管理系统　第 1 部分：总则》的规定

续表

功能名称	功能要求
有载调容和有载调压控制功能	1）具备手动控制与自动控制两种工作方式，并且互为闭锁； 2）具备在停机重新供电后自动控制切换到大容量运行方式功能和自动控制切换电压到额定分接档位运行方式功能； 3）当变压器低压侧电压波动超过调压设定门限值时，能够自动调节变压器分接档位来调节电压高低，使变压器低压侧电压输出稳定在合格范围内； 4）能够根据负载变化来改变变压器的容量，当负载电流大于增容门限值时自动将变压器调整到大容量方式运行，当负载电流小于降容门限值时自动将变压器调整到小容量方式运行； 5）具备同时控制调容分接开关与调压分接开关的功能，调容分接开关和调压分接开关不得同时动作，且相互闭锁
运行数据和事件记录功能	1）记录调压动作次数、调容动作次数及运行累计时间，大容量、小容量累计运行时间； 2）记录调容调压瞬态数据：调容和调压时刻的电压和电流值，大容量和小容量调容时间记录，每日整点时刻的三相电流值、电压值、有功功率、无功功率、功率因数，调容调压分接开关位置状态，闭锁信息，装置告警信息，装置重启信息，手动控制，自动控制，远程控制状态切换记录等
参数整定功能	1）具备大、小容量及电压分接档位、动作次数、动作电流、动作电压门限设定和动作时间整定的功能，门限设定参数误差不应大于±5%； 2）具备电流互感器变比、通信参数及通信地址设定功能，电流互感器可与其他测量电流互感器共用； 3）具备时钟设定、调容次数清除、累计时间清除和恢复出厂设定功能； 4）具备二次设定输出电压、调压精度、调压延时时间、单日调容调压最大次数的整定功能
运行状态指示功能	具备对各种控制方式、告警、闭锁、运行等状态指示
通信功能	具备 USB、RS485 及短距离无线通信接口，以及以太网通信接口，既可实现就地通信与短距离通信，也可通过 RS485 接口与 GPRS/CDM/CDMA 模块/以太网模块相连，实现远程通信，还可直接通过以太网接口实现远程通信
闭锁告警功能	1）当检测到调容分接开关发生拒动故障时，闭锁输出回路并发出告警信号，如变压器位于小容量状态时还应输出使低压侧总开关跳闸的动作信号； 2）超出每日设定调容次数后，应闭锁输出回路并使调容分接开关保持在大容量位置； 3）超出每日设定调压次数后，应闭锁输出回路并使调压分接开关保持在额定档位

4. 性能要求

有载调容调压控制器的性能要求包括工作电源、测量准确度、动作误差、灵敏度、延时及其他要求，如表 6-14 所示。

表 6-14　　有载调容调压控制器性能要求

指标名称	性能要求
工作电源	1）采用交流三相四线供电，在断一相或两相电压的条件下，应能维持工作和通信； 2）额定电压为 AC 220V，允许偏差范围为−20%～+20%； 3）额定频率为 50Hz
测量准确度	1）当输入电压模拟量的值在 80%～120%额定值、输入电流模拟量的值在 50%～120%额定值范围内变化时，测量的电压、电流准确度应不低于 0.5 级； 2）测量有功功率、无功功率及功率因数的准确度应不低于 1.5 级
动作误差	动作误差应不大于±2.0%
灵敏度	灵敏度应不大于 0.2A

续表

指标名称	性能要求
延时	1）从小容量调到大容量，延时时间 10～300s 可调，步长为 10s，误差应不大于±5%； 2）从大容量调到小容量，延时时间 60～1800s 可调，步长为 60s，误差应不大于±5%； 3）电压调节延时范围，延时时间 10～300s 可调，步长为 10s，误差应不大于±5%
其他要求	1）事件顺序记录分辨率不大于 2ms； 2）调容、调压控制操作正确率不小于 99.99%； 3）遥控命令输出正确率不小于 99.99%

有载调容调压控制器的电气间隙与最小爬电距离应符合 GB/T 14598.3—2006《电气继电器　第 5 部分：量度继电器和保护装置的绝缘配合要求和试验》的规定。在正常试验大气条件下，有载调容调压控制器的绝缘电阻应不小于 10MΩ；在湿热条件下，有载调容调压控制器的绝缘电阻应不小于 1MΩ（温度为 40℃±2℃，相对湿度为 90%，大气压力为 86～106kPa），绝缘电阻的测试电压应满足 GB/T 14598.3—2006 的规定。在正常试验大气条件下，有载调容调压控制器必须能够承受 GB/T 14598.3—2006 规定的Ⅱ类试验电压，持续时间 1min，不得出现击穿、闪络及电压突然下降等现象，并且泄漏电流不应大于 3.5mA（交流方均根值）。

第二节　试验项目及要求

一、试验分类与试验期限要求

1. 试验分类

有载调容调压配电变压器的试验包括有载调容调压配电变压器整机、有载调容分接开关与有载调压分接开关、有载调容调压控制器三部分；有载调容调压配电变压器整机试验包括例行试验、型式试验和特殊试验。

2. 试验期限要求

有载调容调压配电变压器的例行试验是根据有关国家标准或行业标准，对所进行的出厂试验、现场交接试验以及在设备大修后或必要时进行的预防性试验的统称，试验期限一般为 1～5 年，具体的试验期限由用户自行确定。

有载调容调压配电变压器的型式试验分为定期型式试验和不定期型式试验两种，定期型式试验通常每 5 年进行一次，不定期型式试验没有具体的期限要求。还可以分为四种情况：①在新产品试制生产时；②在产品结构发生重大变化、所使用的关键或核心原材料以及加工制造工艺发生重大改变，而这些变化可能导致产品的性能发生变化时；③在生产企业停产，并且停产期超过 6 个月，需要再恢复生产时；④产品例行试验结果与前次型式试验结果有较大差异时。如果出现前面四种情况中的任意一种，均需要重新对变动部分及时进行型式试验，验证这些变动是否对产品的质量和性能产生重大影响，以确保产品质量及其运行的安全性。

有载调容调压配电变压器的特殊试验主要是指除例行试验和型式试验以外的试验，这类试验通常会对变压器造成一定损毁，通常又称为破坏性试验。特殊试验除了要符合相关标准的规定外，有部分试验项目还需要经制造商与使用方进行商定，以达到试验验证的目的和效果。

二、整机试验项目

有载调容调压配电变压器的整机试验项目如表 6-15～表 6-17 所示。

表 6-15　有载调容调压配电变压器整机例行试验项目

<table>
<tr><th>序号</th><th colspan="2">试验项目名称</th><th>备注说明</th></tr>
<tr><td>1</td><td colspan="2">外观与结构检查</td><td></td></tr>
<tr><td>2</td><td colspan="2">绕组直流电阻测量</td><td rowspan="4">分别在大容量和小容量方式下进行</td></tr>
<tr><td>3</td><td colspan="2">电压比测量和联结组标号检定</td></tr>
<tr><td>4</td><td colspan="2">短路阻抗和负载损耗测量</td></tr>
<tr><td>5</td><td colspan="2">空载电流和空载损耗测量</td></tr>
<tr><td>6</td><td colspan="2">绕组对地绝缘直流电阻测量</td><td rowspan="2">可在大容量或小容量方式下进行</td></tr>
<tr><td rowspan="2">7</td><td rowspan="2">绝缘例行试验</td><td>外施耐压试验</td></tr>
<tr><td>感应电压试验</td><td>分别在大容量和小容量方式下进行</td></tr>
<tr><td>8</td><td colspan="2">带电空载切换试验</td><td></td></tr>
<tr><td>9</td><td colspan="2">额定临界电流条件下带载自动调容切换试验</td><td></td></tr>
<tr><td>10</td><td colspan="2">有载调容调压分接开关操作试验</td><td></td></tr>
<tr><td>11</td><td colspan="2">绝缘油试验</td><td>可在大容量或小容量方式下进行</td></tr>
<tr><td>12</td><td colspan="2">压力密封试验</td><td>可在大容量或小容量方式下进行</td></tr>
<tr><td>13</td><td colspan="2">短时过负载能力试验</td><td>可在大容量或小容量方式下进行</td></tr>
</table>

表 6-16　有载调容调压配电变压器整机型式试验项目

<table>
<tr><th>序号</th><th>试验项目名称</th><th>备注说明</th></tr>
<tr><td>1</td><td>温升试验</td><td>只在大容量方式下进行</td></tr>
<tr><td>2</td><td>雷电冲击试验</td><td rowspan="2">分别在大容量和小容量方式下进行</td></tr>
<tr><td>3</td><td>声级测定试验</td></tr>
<tr><td>4</td><td>油箱机械强度试验</td><td></td></tr>
<tr><td>5</td><td>带载自动调容调压切换试验</td><td>在额定电压与额定小容量满负荷条件下进行</td></tr>
<tr><td>6</td><td>90%和 110%额定电压下的空载损耗和空载电流测量</td><td>分别在大容量和小容量方式下进行</td></tr>
</table>

表 6-17　有载调容调压变整机特殊试验项目

<table>
<tr><th>序号</th><th>特殊试验项目</th><th>备注说明</th></tr>
<tr><td>1</td><td>绝缘特殊试验</td><td rowspan="2">分别在大容量和小容量条件下进行</td></tr>
<tr><td>2</td><td>三相变压器零序阻抗测量</td></tr>
</table>

续表

序号	特殊试验项目	备注说明
3	短路承受能力试验	只在大容量条件下进行
4	空载电流谐波测量	
5	压力变形试验	必要时进行
6	运输适应性机械试验或评估	必要时进行，具体试验方法和要求一般由用户和制造商共同商定后确定

三、整机试验要求

（一）整机例行试验

1. 外观与结构检查

有载调容调压配电变压器整机的外观与结构检查方法和要求如下：

（1）外观应完整、无破损和磕碰现象，变压器油位正常，配套组件完好，铭牌及各种标识清晰；

（2）低压配电箱内接线应牢固、正确，符合图样及相关标准的要求；

（3）元器件的安装应布置合理、固定可靠；

（4）控制箱箱门的开启、关闭应操作灵活，密封可靠；

（5）接地回路应可靠、安全。

2. 绕组直流电阻测量

有载调容调压配电变压器整机的绕组直流电阻的测量结果必须满足 GB/T 1094.1—2013《电力变压器　第 1 部分：总则》的规定，试验方法按 JB/T 501—2021《电力变压器试验导则》的规定进行。

3. 电压比测量和联结组标号检定

（1）有载调容调压配电变压器整机的电压比测量和联结组标号检定结果必须满足 GB/T 1094.1—2013 的规定，试验方法按 JB/T 501—2021 的规定；

（2）电压比测量所使用仪器的精度和灵敏度应不低于 0.2%；

（3）测试要求：电压比测量中计算的比值应按各分接的铭牌电压计算，当电压百分数或对应匝数与铭牌电压无差异时，可按电压百分数或匝数计算的比值，测量时应分别在各分接上进行；

（4）试验结果判定：电压比测量中电压比误差不得超出 GB/T 1094.1—2013 所允许的偏差要求。

4. 短路阻抗和负载损耗测量

有载调容调压配电变压器整机的短路阻抗和负载损耗测试结果必须满足 GB/T

1094.1—2013 的规定，试验方法按 JB/T 501—2021 的规定进行。

5. 空载电流和空载损耗测量

有载调容调压配电变压器整机的空载电流和空载损耗测量结果必须满足 GB/T 1094.1—2013 的规定，试验方法按 JB/T 501—2021 的规定进行。

6. 绕组对地绝缘直流电阻测量

（1）有载调容调压配电变压器整机的绕组对地绝缘直流电阻测量结果必须满足 GB/T 1094.1—2013 的规定，试验方法按 JB/T 501—2021 的规定进行。

（2）试验要求：有载调容调压配电变压器出厂前应进行绝缘电阻测量，并提供绝缘电阻的实测值，包括测量时的湿度及相对湿度。

7. 绝缘例行试验

（1）外施耐压试验。有载调容调压配电变压器整机的外施耐压试验测试结果必须满足 GB/T 1094.1—2013 的规定，试验方法按 JB/T 501—2021 的规定进行，同时还必须满足以下要求：

1）有载调容分接开关和有载调压分接开关高压侧对地、相间及高低压侧之间的主绝缘水平应满足表 6-5 的规定，耐受电压应施加于被试绕组（其所有端子应连接在一起）与地之间，其余所有绕组、铁心、夹件及外壳均应接地，持续 1min，试验过程中不应有击穿、闪络现象。

2）有载调容分接开关和有载调压分接开关高压侧内部绝缘水平应满足表 6-6 的规定，试验过程中不应有击穿、闪络现象。

3）有载调容分接开关低压侧对地（如果有）、相间、各分接端子间的绝缘水平应承受 5kV（方均根值），持续 1min，试验过程中不应有击穿、闪络现象。

4）有载调容分接开关和有载调压分接开关辅助线路应承受 2kV（方均根值），持续 1min，试验过程中不应有击穿、闪络现象。

5）试验前被试有载调容分接开关和有载调压分接开关应按有关规定进行干燥处理，试验应在室温下清洁的绝缘油中进行，绝缘油绝缘强度不应低于 40kV。

（2）感应电压试验。

1）有载调容调压配电变压器整机的感应电压试验测试结果必须满足 GB/T 1094.3—2017《电力变压器　第 3 部分：绝缘水平、绝缘试验和外绝缘空气间隙》的规定，试验方法按 JB/T 501—2021 的规定进行。

2）耐受电压应为两倍的额定电压。

3）当试验频率不大于两倍额定频率时，耐压时间应为 60s。当试验频率超过两倍额定频率时，其耐压时间应为 $120\times\frac{\text{额定频率}}{\text{试验频率}}$（s），但不小于 15s。

4）试验过程中不应有击穿、闪络、电压突然下降的现象。

8. 带电空载切换试验

有载调容调压配电变压器整机的带电空载切换试验按以下规定进行：

（1）在空载条件下，给有载调容调压配电变压器施加额定频率和额定工作电压，手动操作控制器或通过自动装置控制，完成5个调容操作循环，有载调容分接开关不应出现拒动及卡滞现象，动作时的电流值及延时值应准确可靠。

（2）在空载条件下，给有载调容调压配电变压器施加额定频率和额定工作电压，手动操作控制器或通过自动装置控制，完成5个调压操作循环，有载调压分接开关不应出现拒动及卡滞现象，动作时的电压值及延时值应准确可靠。

9. 额定临界电流条件下带载自动调容切换试验

（1）有载调容调压配电变压器整机在额定临界电流条件下带载自动调容切换试验必须在小容量下进行。

（2）在施加额定频率、额定工作电压和额定小容量满负荷条件下，通过控制器设定动作时间及动作延时值，将有载调容调压配电变压器的低压绕组接入可调负载系统，调节负载系统的负载电流，在设定的负载条件下自动重复切换5次调容操作循环，有载调容分接开关不应出现拒动和卡滞现象，动作时的电流值及延时值应准确可靠。

10. 有载调容调压分接开关操作试验

有载调容调压分接开关操作试验从大容量或小容量下开始进行均可，在有载调容调压配电变压器不励磁的条件下，手动操作控制器或通过自动装置控制，有载调容调压分接开关应能承受如下顺序的操作试验，操作应灵活无卡滞及异常现象：

（1）大、小容量切换试验：完成10个调容操作循环，一个调容操作循环是指从一个容量状态到另一个容量状态，并返回到原始位置的过程。

（2）各电压分接档位的切换试验：完成10个调压操作循环，一个调压操作循环是从分接范围的一端逐级调到另一端，并返回到原始位置的过程。

（3）在操作电压分别为额定值的80%和120%条件下，各完成一个调容操作循环，有载调容分接开关不应出现拒动及卡滞现象。

（4）在操作电压分别为额定值的80%和120%条件下，各完成一个调压操作循环，有载调压分接开关不应出现拒动及卡滞现象。

11. 绝缘油试验

（1）有载调容调压配电变压器整机的绝缘油试验测试结果必须满足GB/T 1094.1—2013的规定，试验项目为击穿电压测量和介质损耗因数测量，试验方法按JB/T 501—2021的规定。

（2）进行变压器油耐压试验时，环境相对湿度不得大于75%，样品和规定值偏差大于10%时，应重新取样做平行试验，以便证实是否因操作不当造成的。

（3）试验结果判定：变压器油耐压规定值和介质损耗因数测试结果应符合JB/T 501—2021的规定。

需要特别注意的是：对于油箱内部有充气的密封式变压器，需进行最低油位条件下的绝缘试验。

12. 压力密封试验

有载调容调压配电变压器整机的压力密封试验在大容量或小容量下进行均可，变压器油箱、有载调容分接开关油室和有载调压分接开关油室应在60kPa的气压下持续24h无渗漏。测试结果应满足GB/T 1094.3—2017的规定，试验方法按GB/T 6451—2015《油浸式电力变压器技术参数和要求》和JB/T 501—2021的规定进行。

注意：变压器油箱与分接开关油箱必须分别进行试验（如有独立分接开关油箱）。

13. 短时过负载能力试验

有载调容调压配电变压器整机的短时过负载能力试验方法和试验结果必须满足GB/T 6451—2015中4.3.7条的规定。

（二）整机型式试验

1. 温升试验

（1）有载调容调压配电变压器整机的温升试验结果必须满足GB 1094.2—2013《电力变压器　第2部分：液浸式变压器的温升》的规定，试验方法按JB/T 501—2021的规定进行。

（2）温升试验可采用下列方法之一：短路法、相互负载法、循环电流法、直接负载法。

2. 雷电冲击试验

有载调容调压配电变压器整机的雷电冲击试验在大容量或小容量下进行均可，线端雷电全波冲击试验、线端雷电截波冲击试验和中性点雷电全波冲击试验（Yyn0接法适用）按GB/T 1094.3—2017的规定进行，额定雷电全波耐受电压值、截波冲击耐受电压的峰值和中性点雷电全波耐受电压值必须符合GB/T 1094.3—2017中规定的额定雷电全波冲击耐受电压值（峰值）、额定雷电截波冲击耐受电压值（峰值）和额定雷击全波耐受电压值（峰值）。

3. 声级测定

有载调容调压配电变压器整机的声级测定试验按GB/T 1094.10—2003《电力变压器　第10部分：声级测定》和JB/T 501—2021的规定进行，声级规定值需满足相关技术规范的规定。

4. 油箱机械强度试验（选做项目）

有载调容调压配电变压器整机的油箱机械强度试验可由用户自行选择是否进行，试验要求必须满足GB/T 6451—2015的规定，试验方法按JB/T 501—2021的规定进行。

5. 带载自动调容调压切换试验

（1）有载调容调压配电变压器整机的带载自动调容调压切换试验必须在小容量下进行。

（2）在施加额定频率、额定工作电压和额定小容量满负荷条件下，通过控制器设定动作时间及动作延时值，将有载调容调压配电变压器的低压绕组接入可调负载系统，通过调节负载系统的负载电流，使有载调容调压配电变压器在设定的负载条件下自动重复切换 50 次调容操作循环，有载调容分接开关不得出现拒动和卡滞现象，动作时的电流值及延时值应准确可靠。

6. 90%和 110%额定电压下的空载损耗和空载电流测量

有载调容调压配电变压器整机的 90%和 110%额定电压下的空载损耗和空载电流测量必须在大、小容量下分别进行，测试结果需满足 GB/T 1094.1—2013 的规定，试验方法按 JB/T 501—2021 的规定进行。

（三）整机特殊试验

1. 绝缘特殊试验

有载调容调压配电变压器整机的绝缘特殊试验结果需满足 GB/T 1094.3—2017 的规定，试验方法按 JB/T 501—2021 的规定进行。

2. 三相变压器零序阻抗测量

有载调容调压配电变压器整机的三相变压器零序阻抗测量试验方法和试验结果需满足 GB/T 1094.1—2013 和 JB/T 501—2021 的规定。

3. 短路承受能力试验

有载调容调压配电变压器整机的短路承受能力试验方法和试验结果需满足 GB/T 1094.1—2013、GB/T 1094.5—2008 和 JB/T 501—2021 的规定。

4. 空载电流谐波测量

有载调容调压配电变压器整机的空载电流谐波测量试验方法和试验结果需满足 GB/T 1094.1—2013 和 JB/T 501—2021 中的规定。

5. 压力变形试验（必要时进行）

有载调容调压配电变压器整机的压力变形试验在大容量或小容量下进行均可，试验方法和试验结果需满足 GB/T 1094.1—2013 和 GB/T 6451—2015 的规定。

6. 运输适应性机械试验或评估（必要时进行）

有载调容调压配电变压器整机的运输适应性机械试验或评估在大容量或小容量下进行均可，试验方法和要求由用户和制造商共同商定后确定，试验方法也可参照 GB/T 1094.1—2013 中的规定。

四、分接开关试验要求

有载调容分接开关和有载调压分接开关例行试验项目和型式试验项目分别见表 6-18 和表 6-19。

表 6-18　　有载调容分接开关和有载调压分接开关例行试验项目

序号	试验项目名称
1	机械操作试验
2	顺序试验（触头转换程序试验）
3	辅助线路绝缘试验
4	压力及真空试验
5	触头接触电阻与导电回路直流电阻测量
6	过渡电阻值测量
7	绝缘工频耐压试验

表 6-19　　有载调容分接开关和有载调压分接开关型式试验项目

序号	试验项目名称		试验要求
1	触头温升试验		应选触头接触电阻最大的导电回路进行，采用热电偶法进行测量，周围油介质的温度应在触头下方不小于 25mm 处测量
2	切换试验	工作负载试验	
		开断容量试验	
3	短路电流试验		对于油浸式有载分接开关，该试验应在变压器油中进行
4	过渡阻抗试验		
5	机械寿命试验		对于油浸式有载分接开关，应将其装配好并注以清洁的变压器油或浸在充有清洁变压器油的试验箱内进行试验；在空气中的有载分接开关，可在环境温度下进行该试验
6	绝缘试验	雷电冲击试验	
		外施耐压试验	
7	干燥处理后的功能试验		
8	电动机构操作试验		

（一）分接开关例行试验

1. 机械操作试验

装配完好的有载调容开关与有载调容调压开关在触头不带电的情况下，调容开关进行不少于 200 个操作循环（相当于 400 次）的机械运转试验，调压开关进行不少于 50 个操作循环（不少于 500 次）的机械运转试验。在机械运转试验中还应在最大与最小电源电压（交流电压允许电压偏差为±20%）下各进行不少于 20 次操作循环。其中，有载调容开关的操作循环是指有载调容开关从一个容量位置到另一个容量位置，并返回到原始容量位置的过程；有载调压开关的操作循环是指有载调压开关从分接范围的一端到另一端，并返回到原始位置的过程。调容开关和调压开关在机械运转例行试验中如无任何机械故障发生，所有运动部件无卡滞、损坏和不正常磨损现象，则试验才算通过。

2. 顺序试验（触头转换程序试验）

（1）将装配完好的有载调容分接开关置于清洁的变压器油中，对其进行 5 个操作循环的操作，记录开关动作瞬间的波形，有载调容分接开关三相动作的同步性、高低压侧电压波形的连续性、动作的时间顺序性应满足有载调容分接开关的技术要求。

（2）将装配完好的有载调压分接开关置于清洁的变压器油中，对其进行 5 个操作循环的操作，记录开关动作瞬间的波形，有载调压分接开关三相动作的同步性、高压侧电压波形的连续性、动作的时间顺序性应满足有载调压分接开关的技术要求。

另外，有载调容分接开关和有载调压分接开关的触头转换速度较快，建议采用图 6-4 所示的示波检示法测量其动作程序。在有载调容分接开关例行试验或型式试验中，通常以直流复合波形图或分波形图表示，如图 6-5 所示。在有载调压分接开关例行试验或型式试验中，通常以直流复合波形图（每一个触头使用一个通道）表示，这样更有助于详细地观察相关触头的重叠时间。建议采用采样频率不低于 5000Hz、分辨率不低于 10 位、具有波形放大与存储功能的示波器或数字记录仪记录有载调容分接开关和有载调压分接开关的触头转换程序。

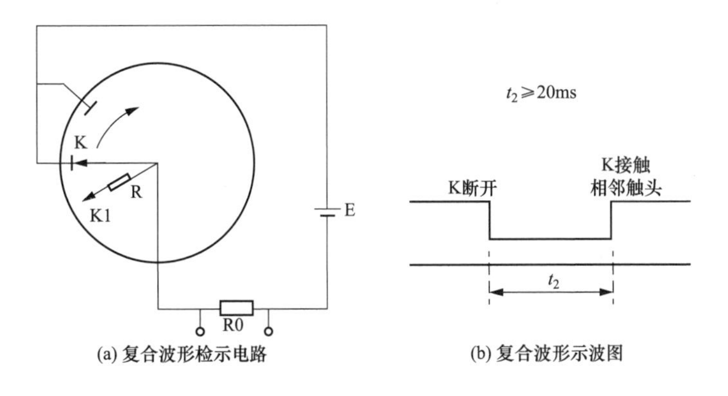

(a) 复合波形检示电路　　(b) 复合波形示波图

图 6-4　有载调容开关复合波形检示

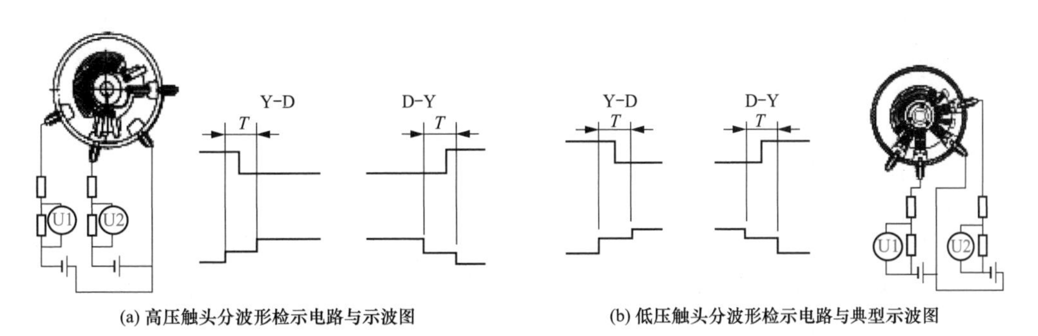

(a) 高压触头分波形检示电路与示波图　　(b) 低压触头分波形检示电路与典型示波图

图 6-5　有载调容开关直流分波形检示电路及典型波形示意图

3. 辅助线路绝缘试验

有载调容分接开关和有载调压分接开关的辅助回路所有带电端子与机座之间必须承受工频电压 2kV（方均根值），持续 1min，试验过程中不应有放电、闪络和击穿现象。

4. 压力及真空试验

有载调容分接开关和有载调压分接开关的所有充油或气体的油室或气室都必须承受住 60kPa 的压力真空试验。对于油浸式的油室可采用在 60kPa 的油柱压力下持续 24h 无渗漏或其他方法进行试验。

5. 触头接触电阻与导电回路直流电阻测量

（1）对于有载调容分接开关和有载调压分接开关的长期载流触头，必须分别测量触头接触电阻值，当其导电主回路由若干串、并联触头组成，在开关装配后又不便于直接测量各触头的接触电阻时，允许测量串、并联触头的导电回路电阻值，并根据回路中的串、并联触头数目进行折算，或直接规定其导电回路电阻值。

（2）触头接触电阻测量通常采用电桥法和压降法，建议采用压降法。

（3）有载调容分接开关高低压载流触头和有载调压分接开关载流触头的接触压力按开关制造方的规定，触头接触电阻需采用压降法进行测量，允许值的指导性判断应按 GB/T 10230.2—2007《分接开关　第 2 部分：应用导则》的要求进行，其值不得超过表 6-3 的规定。

6. 过渡电阻值测量

有载调容分接开关高低压侧过渡电阻与有载调压分接开关过渡电阻的实测值与设计值的误差应不大于±10％。

7. 绝缘工频耐压试验

有载调容分接开关和有载调压分接开关绝缘工频耐压试验需满足以下要求：

（1）有载调容分接开关和有载调压分接开关高压侧对地、相间及高低压侧之间的主绝缘水平应满足表 6-7 的规定。

（2）有载调容分接开关和有载调压分接开关高压侧内部绝缘水平应满足表 6-8 的规定。

（3）有载调容分接开关低压侧对地（如果有）、相间、各分接端子间的绝缘水平必须承受 5kV（方均根值）、持续 1min 的外施工频耐压，试验过程中不应有放电、闪络和击穿现象。

（二）分接开关型式试验

1. 触头温升试验

触头温升试验用以考核有载调容开关或有载调压开关在长期过载条件下的耐受能力，其结果可同样作为对触头接触压力和接触电阻允许值的验证依据。试验方法及要求如下：

（1）有载调容分接开关和有载调压分接开关长期载流触头在施加 1.2I_N 倍最大额定电

流下，若触头与周围油介质的温差变化不超过 1K/h，则其触头对油的温升应不超过表 6-6 的规定。

（2）触头温升试验应选触头接触电阻最大的导电回路进行，采用热电偶法进行测量，周围油介质的温度应在触头下方不小于 25mm 处测量。

2. 切换试验（电寿命试验）

（1）有载调容分接开关工作负载试验。

1）有载调容分接开关高低压侧电弧触头应在额定级电压与临界转换电流条件下进行 50000 次带载切换试验，试验时对变压器低压侧施加额定电压下的三相模拟负载，通过调节三相模拟负载的大小，使有载调容分接开关连续在大、小容量间切换。

2）在试验的初始阶段应连续记录 20 个转换波形，以后每完成 12500 次带载切换试验后再记录 20 个转换波形，直到试验结束再连续记录 20 个转换波形，总计不少于 100 个转换波形，以便分析整个试验过程中有载调容分接开关的转换特征。所有这些示波图的分析结果应能证明有载调容分接开关在整个试验过程中未发生异常和危及安全的情况。

（2）有载调压分接开关工作负载试验。

有载调压分接开关电弧触头应在额定级电压与最大额定通过电流的情况下进行 50000 次操作切换试验，试验方法按 GB 10230.1—2019《分接开关　第 1 部分：性能要求和试验方法》有关规定进行。

（3）有载调容分接开关开断容量试验要求。

1）有载调容分接开关高低压侧电弧触头应在额定级电压与 2 倍临界转换电流的情况下进行 50 次操作试验，开断容量试验按实际运行要求配置高、低压侧过渡电阻器。

2）在开断容量试验期间，记录每一次转换操作的检示波形，所有波形记录的参数需满足有载调容分接开关相关技术要求。

（4）有载调压开关开断容量试验要求。

1）有载调压分接开关电弧触头应在额定级电压和 2 倍最大额定通过电流下进行 50 次操作试验。开断容量试验应按实际运行要求配置过渡电阻器。

2）试验方法按 GB 10230.1—2019 有关规定进行，并记录每一次切换操作的检示波形。所有波形记录的参数需满足有载调压分接开关相关技术要求。

3. 短路电流试验

有载调容分接开关和有载调压分接开关短路电流试验相关要求应满足 GB 10230.1—2019 的规定，所有承载连续电流的各种结构触头，都应承受每次持续时间为 2s（±10%）的短路电流，试验电流值应符合表 6-9 的规定。对于油浸式有载分接开关，该试验应在变压器油中进行。在短路电流的冲击下，触头不应出现熔焊、变形及因过热引起的变色等现象。

4. 过渡阻抗试验

油浸式有载调容开关应浸入变压器油中，在 1.5 倍临界转换电流和相关额定级电压下，按电动操动机构的实际操作速度不间断地进行一个循环（如由 D 联结转换到 Y 联结再返回）的切换操作，高、低压两侧的过渡电阻器对周围变压器油介质的温升不应超过 350K。

油浸式有载调压分接开关应浸入变压器油中，在 1.5 倍额定通过电流和相关额定级电压下，按电动操动机构的实际操作速度不间断地进行半个循环（1→N）的切换操作。过渡电阻器对周围介质的温升，对于在空气环境中的有载分接开关，不应超过 400K；对于在油中的有载分接开关，不应超过 350K。过渡电阻器温升的测量方法应参照触头温升试验，电阻器温升测量点应选择在发热较严重的部位，周围介质的温度测量点应选择在电阻元件下部低于 25mm 处。

5. 机械寿命试验

有载调容分接开关和有载调压分接开关的机械寿命试验应满足以下要求：

（1）有载调容分接开关和有载调压分接开关装配好并完全浸入变压器油中，在触头不带电的情况下按正常条件进行机械寿命试验，有载调容分接开关和有载调压分接开关应分别进行 100000 次转换操作，不应出现卡滞、拒动和误动现象。

（2）在机械寿命试验期间，其中半数操作应在不低于 75℃的油温下进行，而另一半操作则在较低的油温下进行，在油的加热和冷却期间内，允许每日温度循环的变化。

（3）在机械寿命试验期间，有载调容分接开关和有载调压分接开关应在－25℃低温下各操作 100 次，每次均记录操作波形，波形所记录的参数中除切换时间有所增长外（切换时间不应超出常温下动作时间的 30%），应表明开关适宜于低温下运行。

（4）在机械寿命试验开始和结束时，对于有载调容分接开关和有载调压分接开关，应分别拍摄记录 10 个定时示波图。对这些示波图进行比较，不应发现明显的差异，且不应出现卡滞、拒动和误动现象。

（5）在机械寿命试验结束前应进行触头转换程序、压力与真空以及油室密封等验证试验，测试结果应满足 GB 10230.1—2019 的要求。

1）顺序试验。将有载分接开关按实际使用情况装配好，如果是油浸式结构，还应置于清洁的变压器油中，对其进行一个操作循环的操作。在触头上施加记录设备规定的记录电压值下，记录分接选择器、转换选择器、切换开关或选择开关动作的准确时间顺序。

2）压力及真空试验。必须对有载分接开关的油室和套管进行相应的压力和真空试验，以验证其承受压力和真空的耐受值。压力及真空试验应按制造单位公布的耐受值进行。

3）密封试验。油浸式有载调容或有载调压分接开关油室密封性必须采用油中气体分析来检验；将有载调容或有载调压分接开关油室置入一个密封容器内，容器体积不超过有载调容或有载调压分接开关油室容积的 10 倍；有载调容或有载调压分接开关油室的油压至少比容器内压力大 10kPa。在试验开始和结束时分别从容器中抽取油样，油中气体分析结果必须与有载调容或有载调压分接开关操作期间所产生的气体含量相比，其体积增量不得大于 10μL/L。

另外，对于油浸式有载调容分接开关和有载调压分接开关，应将其装配好并注以清洁的变压器油或浸在充有清洁变压器油的试验箱内进行试验；在空气中的有载分接开关，可在环境温度下进行该试验。对于有载调容分接开关或有载调压分接开关油室的密封试验，可在工作负载试验期间进行密封试验或者单独进行密封试验。

6. 绝缘试验

（1）绝缘试验用以全面考核有载调容或有载调压分接开关在各种不同电压作用下的绝缘强度是否满足相关要求。试验前有载调容或有载调压分接开关的干燥处理按有关规定进行，如果干燥后的功能试验周期较长，则有载调容或有载调压分接开关干燥后可先进行绝缘试验。试验应在室温下进行。对于油浸式有载调容或有载调压分接开关，试验应在绝缘强度不低于 40kV 的清洁绝缘油中进行。试验时，有载调容或有载调压分接开关组装、布置和干燥处理应与运行时一样，但不必包括有载调容或有载调压分接开关与变压器之间的连接引线。可以在单独的组件上分别进行试验，只要能证明其绝缘条件不变。

（2）绝缘试验的顺序为雷电冲击试验、外施耐压试验。

（3）施加绝缘试验的部位及试验电压。有载调容分接开关高压侧按 Y—D 联结方式或串并联联结方式进行转换。有载调容分接开关的绝缘水平应通过在下述绝缘部位上进行的绝缘试验来验证：

1）有载调容分接开关主绝缘：高压带电体对地、高压触头相间、高压侧与低压侧带电体之间，试验电压应符合表 6-7 的规定。

2）有载调容分接开关级间绝缘：调容开关的 Y 联结与 D 联结端子间或串并联联结端子间、调容开关主弧触头与过渡触头间，试验电压应符合表 6-8 的规定。

3）有载调压分接开关级间、最大与最小分接端子间，试验电压应符合表 6-8 的规定。

4）有载调压分接开关低压侧绝缘，低压触头相间与相邻低压触头间，调容开关低压侧对地（如果有）、相间、各分接端子间应承受 5kV（方均根值）、持续 1min 的外施工频耐受电压。

5）调容开关辅助线路绝缘。调容开关的辅助线路应承受 2kV（方均根值）、持续 1min 的外施工频耐受电压。

（4）雷电冲击试验。雷电冲击试验的试验波形应采用 GB/T 16927.1—2011《高电压试验技术　第 1 部分：一般定义及试验要求》规定的 1.2/50μs 标准冲击波。每项试验均应施加规定的电压值，正负极性各冲击 3 次。

（5）外施耐压试验。外施耐压试验应采用符合 GB/T 16927.1—2011 规定的单相交流电压，在要求的耐受电压值下进行试验，每次试验的持续时间为 1min。

7. 干燥处理后的功能试验

有载调容分接开关和有载调压分接开关按相应的真空干燥工艺处理后必须重复进行以下功能性例行试验验证，试验方法和试验结果需符合有载调容分接开关和有载调压分接开关例行试验方法的要求。

（1）机械操作试验。

（2）触头转换程序试验。

（3）压力试验。

（4）触头接触电阻与导电回路直流电阻测量。

（5）传动力矩测量（如适用），调容开关传动力矩是指高、低压两侧调容触头离开或合上的阻力矩。调压开关传动力矩是指调压触头离开或合上的阻力矩。转动力矩测量的方法按 JB/T 8314—2008《分接开关试验导则》的规定。

（6）顺序试验（触头转换程序试验）。

（7）开关油室压力与真空试验（如适用）。

8. 电动机构操作试验

有载调容分接开关和有载调压分接开关电动操动机构应在 80%～120%交流额定电压的条件下分别进行 2000 次分接变换操作试验，试验次数作为机械寿命的组成部分。

五、控制器试验要求

有载调容调压控制器（以下简称控制器）例行试验项目和型式试验项目分别如表 6-20 和表 6-21 所示。

表 6-20　有载调容调压控制器例行试验项目

序号	试验项目
1	外观与结构检查
2	介电性能试验
3	功能试验
4	电气性能试验
5	连续通电运行试验

表 6-21　有载调容调压控制器型式试验项目

序号	试验项目
1	外观与结构检查

续表

序号	试验项目	
2	环境试验	温度试验
		湿热试验
		振动试验
		冲击试验和倾斜跌落试验
		电源影响试验
		运输试验
3	耐冲击电压试验	
4	功率消耗试验	
5	电磁兼容试验	

（一）例行试验

1. 外观与结构检查

控制器的外观与结构检查采用目测法结合基本测量操作进行检查，其结果应符合表6-13的规定。

2. 介电性能试验

控制器的介电性能试验包括绝缘电阻测试和绝缘强度试验，试验方法与要求具体如下：

（1）绝缘电阻测试。

1）分别在正常环境条件下和湿热环境条件下进行绝缘电阻测试；

2）正常环境条件下控制器的绝缘电阻不应小于10MΩ；

3）湿热环境条件下（温度40±2℃，相对湿度90%，大气压力86～106kPa），用1000V的绝缘电阻表进行测量，控制器的试验结果应满足以下要求：①控制器接口回路的绝缘电阻不应小于1MΩ；②控制器的接线端子与外壳间的绝缘电阻不应小于10MΩ；③控制器的测试接点间绝缘电阻不应小于10MΩ。

（2）绝缘强度试验。用交流工频耐压测试仪对控制器的接口回路和电源回路进行绝缘强度试验。试验电压从零开始，在5s内逐渐提升到2500V并保持1min，试验中不应出现击穿、闪络及电压突然下降等现象，泄漏电流不应大于3.5mA（交流有效值）。

3. 功能试验

控制器的功能试验应符合表6-13及以下要求：

（1）分别设置控制器升容门限、降容门限及延时时间，调节输入模拟量进行功能测试：

1）调节输入模拟量，使控制物理量的值在稳定范围内变化，控制器输出回路不应动作；

2）调节输入模拟量，使控制物理量的值越出设定升容门限值或降容门限值，经过延时后控制器输出回路应可靠动作；

3）调节输入模拟量，使控制物理量的值在设定的升容门限值、降容门限值及稳定范围内变化，控制器应循环进行升容、降容动作或按照预设定程序动作；

4）调节输入模拟量，使控制物理量的值越出设定升容门限值或降容门限值，在延时设定值时间内将控制物理量值调回到稳定范围内，控制器输出回路不应动作。

（2）分别设置控制器升压门限、降压门限及延时时间，调节输入模拟量进行功能测试：

1）调节输入模拟量，使控制物理量的值在稳定范围内变化，控制器输出回路不应动作；

2）调节输入模拟量，使控制物理量的值越出设定调压门限值，经过延时后控制器输出回路应可靠动作；

3）控制器应循环投切或按照预设定程序投切；

4）调节输入模拟量，使控制物理量的值越出设定调压门限值，在延时设定值时间内将控制物理量值调回到稳定范围内，控制器输出回路不应动作。

4. 电气性能试验

控制器的电气性能试验包括工作电源测试、测量准确度测试（包括输入电压、电流、无功功率及功率因数）、动作误差测试、灵敏度测试和延时时间测试，各项试验需满足以下要求：

（1）工作电源测试。控制器的工作电源应符合表 6-14 的规定。

（2）测量准确度测试。

1）输入电压测量准确度测试。调节输入电压模拟量，使控制器在 80%额定值、100%额定值、120%额定值条件下，根据控制器显示输入电压数值测算其测量准确度，按照式（6-1)计算测量准确度。

$$准确度=\frac{实测值-实际值}{额定值}\times 100\% \tag{6-1}$$

2）电流测量准确度测试。调节输入电流模拟量，使控制器在 10%额定值、50%额定值、90%额定值、100%额定值条件下，根据控制器显示输入电流数值测算其测量准确度，按照式（6-1）计算测量准确度。

3）无功功率和功率因数测量准确度测试。同时输入额定输入电压、电流模拟量，然后改变二者之间的相位角 φ，使控制器在±5°、±10°、±30°、±45°、±60°、±90°条件下，根据控制器显示值测算其测量准确度，按照式（6-1）计算测量准确度。

以上试验结果均应满足表 6-14 的规定。

（3）动作误差测试。测试时先接通控制器输出回路，并将切换延时时间调至最短，输入额定输入电压模拟量，然后改变模拟电流值，使控制器在增容和降容状态间切换，记录切换时的电流值，然后按照式（6-2）计算动作误差。控制器动作误差应满足表 6-14 的规定。

$$动作误差=\frac{实测值-设定值}{设定值}\times 100\% \tag{6-2}$$

（4）灵敏度测试。测试时应先接通控制器输出回路，并将切换延时时间调至最短，输入额定输入电压模拟量，然后改变模拟电流值，使电流模拟量值等于增容或降容切换门限规定值与灵敏度值之和，控制器应可靠动作。控制器的灵敏度应满足表 6-14 的规定。

（5）延时时间测试。

1）接通控制器电源，并将延时时间设定时间调至最短，调节输入电流模拟量，使其高于升容门限值，同时开始用秒表计时，控制器输出升容切换指令时的时间间隔即为升容切换的最短延时时间；然后将延时设定时间调至最长。重复上述过程，可以测出升容切换的最长延时时间。

2）接通控制器电源，并将延时时间设定时间调至最短，调节输入电流模拟量，使其低于降容门限值，同时开始用秒表计时，控制器输出降容切换指令时的时间间隔即为降容切换的最短延时时间；然后将延时设定时间调至最长。重复上述过程，可以测出降容切换的最长延时时间。以上试验结果应满足表 6-14 的规定。

（6）其他要求应满足表 6-14 的规定。

5. 连续通电运行试验

在正常环境试验条件下，对控制器施加额定电压，连续通电运行时间为 72h，试验结束后各项性能指标应满足表 6-14 的规定。

（二）型式试验

1. 外观与结构检查

控制器型式试验中的外观与结构检查要求应满足表 6-13 的规定。

2. 环境试验

控制器环境试验包括温度试验、湿热试验、振动试验、冲击试验和倾斜跌落试验、电源影响试验和运输试验，具体要求如下：

（1）温度试验。控制器的高温试验和低温试验应按 GB/T 6587—2012《电子测量仪器通用规范》规定的参数和要求进行，试验结束后，对控制器进行外观检查、功能检验及绝缘电阻测试，其结果应符合 GB/T 6587—2012 和控制器出厂例行试验的全部要求。对有特殊要求的，低温可设定为－45℃。

（2）有载调容调压控制器的湿热试验、振动试验、冲击试验、倾斜跌落试验、运输试验及电源影响试验应按 GB/T 6587—2012 规定的参数和相关要求进行。试验结束后，对控制器进行外表检查、功能检验及绝缘电阻测试，其结果应符合 GB/T 6587—2012 和控制器出厂例行试验的全部要求。

3. 耐冲击电压试验

控制器的耐冲击电压试验应符合表 6-22 的规定，试验后交流工频电量测量的基本误差应满足其等级指数要求。

表 6-22　　有载调容调压控制器冲击耐压试验要求

施加电压	施加部位	波形要求	电压施加方向	极性要求	施加间隔时间
5kV	电源的输入和大地之间	1.2/50μs 波形冲击	正、负极性	3 个正脉冲、3 个负脉冲	≥5s

4. 功率消耗试验

控制器施加额定工作电源电压及额定输入电压、电流模拟量，采用伏安法分别测试工作电源及模拟量输入端功耗，其结果应不大于 10W。

5. 电磁兼容试验

控制器电磁兼容试验包括静电放电试验、射频电磁场辐射抗干扰度试验、浪涌抗干扰试验、电快速瞬变脉冲群抗扰度试验、阻尼振荡磁场抗扰度试验、工频磁场抗扰度试验以及电压暂降、短时中断和电压变化抗扰度试验七个方面，具体要求如下：

（1）静电放电试验。

1）试验等级：不低于 3 级；

2）接触放电：8kV；

3）放电次数：正负极性各放电 10 次；

4）控制器处于工作状态下进行试验，在操作人员通常可接触到的外壳和操作点上施加静电干扰电压，干扰施加过程中试品应工作正常，不应出现显示混乱、死机等现象，试验结束后应再次进行功能检验，结果应符合表 6-14 的要求。

（2）射频电磁场辐射抗干扰度试验。

1）试验等级：不低于 3 级；

2）射频电磁场辐射场强为 30V/m；

3）在 80～1000MHz 内进行扫描测量；

4）在 80～1000MHz 内进行定频率测量，每隔 5MHz 为一个频率测量点，每点做 60s 的停留发射；

5）控制器处于正常工作状态下施加干扰，干扰施加过程中试品应工作正常，不应出现显示混乱、死机等现象，试验结束后应再次进行功能检验，结果应符合表 6-14 的要求。

（3）浪涌抗干扰试验。

1）试验等级：不低于 3 级；

2）电压峰值：±2kV；

3）重复频率：1min1 次；

4）试验部位：电源和模拟量回路；

5）控制器处于正常工作状态下施加干扰，干扰施加过程中试品应工作正常，不应出现显示混乱、死机等现象，试验结束后应再次进行功能检验，结果应符合表6-14的要求。

（4）电快速瞬变脉冲群抗扰度试验。

1）试验等级：不低于3级；

2）试验电压：电源回路±2kV；

3）重复频率：1次/60s；

4）试验部位：电源回路；

5）控制器处于正常工作状态下施加干扰，干扰施加过程中试品应工作正常，不应出现显示混乱、死机等现象，试验结束后应再次进行功能检验，结果应符合表6-14的要求。

（5）阻尼振荡磁场抗扰度试验。

1）试验等级：不低于3级；

2）波形：衰减振荡波，包络线在3～6周之间衰减至峰值的50%；

3）频率：100kHz；

4）重复率：不少于40次/s；

5）试验电压：共模2500V，差模1000V；

6）试验部位：电源回路；

7）控制器处于正常工作状态下施加干扰，干扰施加过程中试品应工作正常，不应出现显示混乱、死机等现象，试验结束后应再次进行功能检验，结果应符合表6-14的要求。

（6）工频磁场抗扰度试验。

1）试验等级：不低于3级；

2）控制器处于工作状态下进行试验，按照GB/T 15153.1—1998《远动设备及系统　第2部分：工作条件　第1篇：电源和电磁兼容性》的规定；

3）试验中控制器不应出现死机或显示混乱等现象，试验结束后应再次进行功能检验，结果应符合6-14的要求。

（7）电压暂降、短时中断和电压变化抗扰度试验。

1）试验等级：不低于3级；

2）电压暂降和电压变化应满足表6-23的要求，试验结束后各项性能指标应符合表6-14的要求；

3）电压暂降、短时中断和电压变化抗扰度应连续测试3次，间隔10s，试验结束后应再次进行功能检验，结果应符合表6-14的要求。

表6-23　　电压暂降、短时中断和电压变化

电压暂降	试验等级	0%U_N	40%U_N	70%U_N	80%U_N
	持续时间 t_s	0.5周期、1周期	10周期	25周期	250周期

续表

<table>
<tr><td rowspan="2">电压短时中断</td><td>试验等级</td><td colspan="5">0%U_N</td></tr>
<tr><td>持续时间 t_s</td><td colspan="5">250 周期</td></tr>
<tr><td rowspan="2">电压变化</td><td>试验等级</td><td colspan="5">70%U_N</td></tr>
<tr><td>电压降低所需时间 t_d</td><td>突变</td><td>降低后电压维持时间 t_s</td><td>1 周期</td><td>电压增加所需时间 t_i</td><td>25 周期</td></tr>
</table>

第三节　有载调容调压配电变压器选用原则

一、适用区域

有载调容调压配电变压器相对于普通变压器，特别是目前在电力系统中应用的主流配电变压器产品，增加了两项功能：一是在不停电情况下根据实际负荷自动调整变压器的额定容量运行方式，降低变压器轻载或空载运行工况下的电能损耗；二是在不停电情况下根据电压波动自动调整变压器电压分接，保障供电电压质量。因此，有载调容调压配电变压器适用于在用电季节性负荷变化较大、负荷昼夜变化显著或峰谷负荷波动呈现阶段性或周期性变化且电压波动较为明显的配电台区。

（1）季节性交替负荷区域。常见的如农业灌溉的机井供电变压器，在每年的 4～10 月为了满足灌溉抽水的需要，变压器需要正常运行，而在另外的时间段变压器基本处于无载状态。为了避免变压器因长时间不运行而导致的受潮损坏，变压器在这段时间内需要空载运行，这时通过有载调容开关可将变压器的档位降低到最小，有利于节能降耗。这类负荷还包括电气化炒茶设备等。

（2）昼夜交替性负荷或分布式光伏发电区域。常见的昼夜交替性负荷有路灯变压器、单班制的生产企业和商场用电等；分布式光伏发电主要是指分布式光伏并网区域等。这类负荷的特点是呈昼夜交替性往复调整，白天变压器基本处于满负荷运行，夜晚仅需要提供照明、监控等零星负载用电，因此可以充分利用有载调容调压配电变压器的技术特性，实现昼夜间的大小容量自动调节，达到节能降耗和为企业节省电费的目的。另外，分布式光伏发电并网用升压变压器，由于受太阳光照强度影响较大，具有显著的昼夜和天气阴晴不确定性特征，主要表现为夜间光伏发电并网变压器空载损耗占比高；白天光伏潮流倒送导致用户电压过高而影响用户正常用电，同时电压过高触发光伏并网逆变器保护动作脱网，影响光伏发电效率和用户收益。有载调容调压配电变压器应用于峰谷变化显著、年平均负载率偏低的区域时，相对常规变压器具有较大的节能潜力。

（3）间歇性交替负荷区域。这类场景在岸电系统和电动汽车充电桩接入配电区域比较普遍，当船舶靠岸时需要变压器提供足够大的能量牵引船舶安全靠泊码头，而一旦船舶靠岸后或离开，变压器则基本处于空载状态；在居民区或办公区上下班时电动汽车集中充电，导致负荷上升明显，在不充电时段负荷又可能回落到正常。在这些情况下也可通过有载调容开关进行变压器容量调节，达到节能降耗和节省电费的目的。

（4）短期急剧性负荷变化区域。这类场景通常出现在农村或集镇，发生的时间主要是在节假日和冬季，节假日以春节期间最为突出。春节时很多在外务工的年轻人返乡过节，家里的各种电器特别是取暖设备会全部投入运行，这期间的负荷往往比平常负荷高出6～7倍，极个别的台区甚至可以达到几十倍；而有取暖需求的区域，在国家“煤改电”政策的大力推动下，电采暖炉的应用非常普遍，大部分采暖炉的功率为10～20kW，属于大功率家用电器，为节省电费，基本上采用晚上加热和储热、白天供热的方式，这会导致冬季夜间的用电负荷也会急剧上升。这些特定负荷对变压器的运行产生重大冲击，普通的固定容量的变压器难以满足运行需要，因此在这些供电区域可以通过有载调容调压配电变压器的自动调节，既可以保证供电安全和供电质量，又能实现节能降耗。

在适用区域选用有载调容调压配电变压器，其优势体现在以下几个方面：

（1）有效解决现有配电台区由于季节性负荷或昼夜负荷变化所造成的长时间“大马拉小车”轻空载运行或短时严重过载运行，也就是安全节能问题；

（2）有效解决因一次电网电压变化而导致的二次电压不稳及负荷变化较大、线路较长所引起的电压偏离超出允许范围，也就是电压质量问题；

（3）代替传统的“母子变压器”配置方案，提升了智能化水平，节省配电台区占地面积，节约了投资成本。

二、选用要求

有载调容调压配电变压器作为一种新结构、新技术的节能型配电设备，集有载调容、有载调压、三相负荷不平衡治理、分相无功补偿等功能于一体，目前其价格要略高于同容量的普通配电变压器，不同型号和不同容量的价格差异也不尽相同，因此，需要依据应用场合，通过全面的综合技术经济性分析来合理选用，才能体现其技术优势，充分挖掘其应有的功能潜力，从而实现配电台区的节能降损，提升对用户的供电质量和变压器的高效经济运行水平。

（1）有载调容调压配电变压器的选用，要分析供电区域的负荷特性，从而判断是否具有采用该类产品的典型特征。

（2）有载调容调压配电变压器的选型，可根据GB/T 17468—2019《电力变压器选用导则》和DL/T 1853—2018《10kV有载调容调压变压器技术导则》的规定进行，同时要兼顾以下几方面：①优先考虑节能效果，根据投资承受能力和未来发展需求，应该优先选择3级及以上能效的变压器，同时要结合使用场景的最大负荷（预期值）进行容量选择，变压器的最大容量通常按可能出现的最大负荷的120％进行确定；②确认是否取得国家认可的专业检测机构型式试验报告且试验报告在有效期内，是否有节能认证报告；③确定所选择的变压器是否在正常运行条件下，变压器的本体使用寿命应不低于常规变压器，在变压器结构方面应该优先选用密封式结构；④有载调容调压配电变压器的空载损耗和负载损耗值必须要满足 GB 20052—2020《电力变压器能效限定值及能效等级》的规定，且不得低于 3 级能效水平。

（3）有载调容调压配电变压器容量的选择应遵循优先利用小容量空载损耗优势和合理控制调容次数的原则，并根据最佳调容平衡点设定有载调容调压配电变压器的升容门限、降容门限值。当负载功率大于平衡点值时在大容量方式下运行，当负载功率小于平衡点值时在小容量方式下运行，这样可达到最佳综合节能效果。

（4）有载调容调压配电变压器的分接开关、控制器及其整体性能要求可参照现行相关标准，包括国家电网公司企业标准 Q/GDW 10731—2016《10kV 有载调容配电变压器选型技术原则和检测技术规范》和电力行业标准 DL/T 1853—2018《10kV 有载调容调压配电变压器技术导则》，另外还有两项机械行业标准 JB/T 10778—2020《三相油浸式调容变压器》和 JB/T 13750—2020《调容分接开关》。由于有载调容调压配电变压器的相关技术与产品仍处于不断更新换代过程中，一般以较高现行标准作为选用产品的主要依据。

（5）有载调容调压配电变压器的选用还应考虑性能参数要求与制造成本的关系，除负载损耗、短路阻抗、空载损耗、空载电流基本参数外，还包括严酷高低温、高海拔等技术性能。用户可从降低变压器能耗、安全运行或其他角度提出高于标准规定的参数或特殊要求，这样会直接影响有载调容调压配电变压器的制造成本。

（6）有载调容调压配电变压器安装使用前应合理设置调容定值，即使型号相同，不同厂家、不同批次的产品，其性能参数也会略有差异。因此，调容定值需要根据其实际性能参数进行准确核算，从而确定精准的调容临界点。另外，有载调容调压配电变压器的节能效果与实际负载率及其分布情况紧密相关，需综合判断全寿命期内的综合经济性。进行综合经济性判断时应将附加的功能配置相应抵消，不能将全功能配置的有载调容调压配电变压器与普通功能配置的配电变压器进行比较，具体分析方法可参照本章第三节的“综合经济性分析方法”内容部分。如果在 5 年内不能收回有载调容调压配电变压器多投资的部分，则不建议选用该类产品。

（7）有载调容调压配电变压器的实现方式多样，结构设计上主要有两种方式：一种是高压绕组星—三角连接、低压绕组串-并联变换；另一种是高低压绕组均为串-并联变换。目前有载调容调压开关的主流产品也有两种：一种是带独立油箱的立柱式有载调容调压一体化开关；另一种是组合式永磁真空式自动调容调压开关等。由于生产厂家众多，生产工艺参差不齐，所以选用产品不能仅以价格作为主要依据，而应重点关注生产厂家的产品质量和信誉，注重使用后的跟踪与评估分析，为后续选用该类型产品的提供参考依据。

三、综合经济性分析方法

以前有载调容调压配电变压器只考虑在用电负荷季节性特征比较明显的供电区域使用，这是因为有载调容调压开关动作次数受限，需要定期进行滤油或维护，不易频繁动作。但随着技术的改进与提升，有载调容调压配电变压器已经能够满足日负荷波动明显、峰谷差呈现周期性变化区域的使用要求。

通过对变压器的历史运行数据或挂网后实际负载率分布的统计分析，准确评价有载调容调压配电变压器的经济运行情况，明确其适用性，避免选用的盲目性，切实发挥其功能价值，为供电企业变压器选型提供科学判定依据。

有载调容调压配电变压器运行经济性评价的分析流程如图 6-6 所示。

具体实现步骤如下：

（1）首先依据配电台区的配变监测终端（或智能配变终端）实时运行数据的采集密度，即采集的频率，如 5min、15min、30min 或 60min 采集一次，确定数据采集间隔时间 t。

（2）根据有载调容调压配电变压器的型号和额定容量，求取大容量方式下的空载无功损耗 Q_{01} 和负载无功损耗 Q_{K1}。

$$Q_{01} = \frac{I_{01}\% S_{N1}}{100} \tag{6-3}$$

$$Q_{K1} = \frac{U_{K1}\% S_{N1}}{100} \tag{6-4}$$

式中　S_{N1}——大容量运行方式下的额定容量，kVA；

$I_{01}\%$、$U_{K1}\%$——分别为有载调容调压配电变压器大容量方式下的空载电流和短路阻抗。

（3）根据有载调容调压配电变压器的型号和额定容量，求取小容量方式下的空载无功损耗 Q_{02} 和负载无功损耗 Q_{K2}。

$$Q_{02} = \frac{I_{02}\% S_{N2}}{100} \tag{6-5}$$

$$Q_{K2} = \frac{U_{K2}\% S_{N2}}{100} \tag{6-6}$$

式中　S_{N2}——小容量运行方式下的额定容量，kVA；

$I_{02}\%$、$U_{K2}\%$——分别为有载调容调压配电变压器小容量方式下的空载电流和短路阻抗。

（4）根据有载调容调压配电变压器的型号和额定容量及其技术性能参数分别求取大、小容量方式下经济运行临界负载率 β_{c1} 和 β_{c2}。

$$\beta_{c2} = \frac{S_{N1}\beta_{c1}}{S_{N2}} \tag{6-7}$$

$$P_{01} + \beta_{c1}^2 P_{K1} + C(Q_{01} + \beta_{c1}^2 Q_{K1}) = P_{02} + \beta_{c2}^2 P_{K2} + C(Q_{02} + \beta_{c2}^2 Q_{K2}) \tag{6-8}$$

式中　P_{01}、P_{K1}——分别为有载调容调压配电变压器大容量方式下的空载有功损耗和负载有功损耗；

P_{02}、P_{K2}——分别为有载调容调压配电变压器小容量方式下的空载有功损耗和负载有功损耗；

C——无功经济当量，一般取0.1。

依据配电台区配变监测终端（或智能配变终端）采集密度，确定数据采集间隔时间t

⇩

求取有载调容调压变压器大容量方式下的空载无功损耗Q_{01}和负载无功损耗Q_{K1}

⇩

求取有载调容调压变压器小容量方式下的空载无功损耗Q_{02}和负载无功损耗Q_{K2}

⇩

求取大、小容量方式下经济运行临界负载率β_{c1}和β_{c2}

⇩

求取大容量方式下的负载率β_{1i}

⇩

统计得出全年大容量方式下负载率β_{1i}时的采集点数a_i，求取大容量方式下全年负载率β_{1i}下的累积时长T_i

⇩

求取全年大容量方式下的综合损耗P_1

⇩

求取小容量方式下的负载率β_{2j}

⇩

统计出全年小容量方式下负载率β_{2j}时的采集点数b_j，求取小容量方式下全年负载率β_{2j}下的累积时长T_j

⇩

求取全年小容量方式下的综合损耗P_2

⇩

求取有载调容调压变压器全年在该负载率分布情况下的综合损耗P

⇩

求取同损耗水平或低损耗水平同容量（大容量额定容量）变压器全年在该负载率分布情况下的综合损耗P'

⇩

求取有载调容调压变压器相对同损耗水平或低损耗水平同容量（大容量额定容量）变压器年综合损耗降低情况ΔP

⇩

求取有载调容调压变压器采购价格C与同损耗水平或低损耗水平同容量（大容量额定容量）变压器采购价格C的初始投资差值ΔC

⇩

如ΔP和ΔC为正值，则求取有载调容调压变压器在该负载率分布情况下的投资回收期情况a

⇩

综合技术经济性判定，如$a \leqslant 5$年，有载调容调压变压器具有较好的技术经济性

⇩

如ΔP为负值，ΔC为正值，则有载调容调压变压器不适于在该负载率分布情况下的台区运行

图6-6　有载调容调压配电变压器运行经济性评价分析流程

（5）求取大容量方式下负载率β_{1i}及其归类分布。

$$\beta_{1i}=\frac{\sqrt{3}U_iI_i}{S_{N1}} \tag{6-9}$$

$$I_i=(I_{ai}+I_{bi}+I_{ci})/3 \tag{6-10}$$

式中　I_{ai}、I_{bi}、I_{ci}——分别为大容量方式下有载调容调压配电变压器低压侧三相电流；

I_i——大容量方式下的三相电流平均值；

U_i——低压侧电压。

β_{1i}以小数形式表示，分布区间一般为［β_{c1}，2］，归类规则可定为$2(n-1)/100\leqslant\beta_{1i}<2n/100$，则$\beta_{1i}=(2n-1)/100$；设定$N_1=\mathrm{INT}\left(\frac{100\beta_{c1}+1}{2}\right)$；$n$一般介于［$N_1$，100］，即$2(N_1-1)/100\leqslant\beta_{1i}<2N_1/100$，则$\beta_{1i}=(2N_1-1)/100$；若$0.28\leqslant\beta_{1i}<0.3$，则$\beta_{1i}=0.29$；若$0.3\leqslant\beta_{1i}<0.32$，则$\beta_{1i}=0.31$；若$1.98\leqslant\beta_{1i}<2$，则$\beta_{1i}=1.99$；特殊情况亦可依次类推。

（6）统计得出全年大容量方式下负载率β_{1i}时的采集点数a_i，求取大容量方式下全年负载率β_{1i}下的累积时长T_i，以小时为单位；

$$T_i=\frac{ta_i}{60} \tag{6-11}$$

（7）利用统计出的大容量方式运行下各负载率的累积时间，求取全年大容量方式下的综合损耗P_1：

$$P_1=\sum_{i=1}^{n}T_i[P_{01}+\beta_{1i}^2P_{K1}+C(Q_{01}+\beta_{1i}^2Q_{K1})] \tag{6-12}$$

式中　P_{01}、P_{K1}——分别为有载调容调压配电变压器大容量方式下的空载有功损耗和负载有功损耗；

C——无功经济当量，一般取0.1。

（8）求取小容量方式下负载率β_{2j}及其归类分布。

$$\beta_{2j}=\frac{\sqrt{3}U_jI_j}{S_{N2}} \tag{6-13}$$

$$I_j=(I_{aj}+I_{bj}+I_{cj})/3 \tag{6-14}$$

式中　I_{bj}、I_{cj}——分别为小容量方式下有载调容调压配电变压器低压侧三相电流；

I_j——小容量方式下的三相电流平均值；

U_j——低压侧电压。

β_{2j}以小数形式表示，分布区间一般为［0，β_{c2}］，归类规则可定为$2(m-1)/100\leqslant\beta_{2j}<2m/100$，则$\beta_{2j}=(2n-1)/100$，$N_2=\mathrm{INT}\left(\frac{100\beta_{c2+1}}{2}\right)$；$m$一般介于［1，$N_2$］，即$0\leqslant\beta_{2j}<0.02$，则$\beta_{2j}=0.01$；若$0.02\leqslant\beta_{2j}<0.04$，则$\beta_{2j}=0.03$；若$0.04\leqslant\beta_{2j}<0.06$，则$\beta_{2j}=0.05$；若$2(N_2-1)/100\leqslant\beta_{2j}<2N_2/100$，则$\beta_{2j}=(2N_2-1)/100$；特殊情况亦

可依次类推。

(9) 统计得出全年小容量方式下负载率 β_{2j} 时的采集点数 b_j，求取小容量方式下全年负载率 β_{2j} 下的累积时长 T_j，以小时为单位；

$$T_j = \frac{tb_j}{60} \tag{6-15}$$

(10) 利用统计出的小容量方式运行下各负载率的累积时间，求取全年小容量方式下的综合损耗 P_2：

$$P_2 = \sum_{j=1}^{m} T_j [P_{02} + \beta_{2j}^2 P_{K2} + C(Q_{02} + \beta_{2j}^2 Q_{K2})] \tag{6-16}$$

式中 P_{02}、P_{K2}——分别为有载调容调压配电变压器小容量方式下的空载有功损耗和负载有功损耗。

(11) 求取该有载调容调压配电变压器全年在该负载率分布情况下的综合损耗 P。

$$P = P_1 + P_2 \tag{6-17}$$

(12) 求取不具有大、小两种额定容量运行方式的同损耗水平或低损耗水平同容量（大容量额定容量）变压器全年在该负载率分布情况下的综合损耗 P'。

$$P' = \sum_{k=1}^{t} T_K [P_0 + \beta_K^2 P_K + C(Q_0 + \beta_K^2 Q_K)] \tag{6-18}$$

(13) 求取该型号和额定容量的有载调容调压配电变压器相对同损耗水平或低损耗水平同容量（大容量额定容量）变压器的年综合损耗降低情况。

$$\Delta P = P' - P \tag{6-19}$$

(14) 求取该型号和额定容量的有载调容调压配电变压器采购价格 C_y 与同损耗水平或低损耗水平同容量（大容量额定容量）变压器采购价格 C_y' 的初始投资差值 ΔC。

$$\Delta C_y = C_y - C_y' \tag{6-20}$$

(15) 如 ΔP 和 ΔC_y 为正值，则求取该型号和额定容量的有载调容调压配电变压器在该负载率分布情况下的投资回收期情况。

$$a = \Delta C_y / (\gamma \Delta P) \tag{6-21}$$

(16) 综合技术经济性判定。如 $a \leqslant 5$ 年，则该型号和额定容量的有载调容调压配电变压器在该负载率分布情况下相对同损耗水平或低损耗水平同容量（大容量额定容量）变压器具有较好的技术经济性。

(17) 若 ΔP 为正值、ΔC_y 为负值，则该型号和额定容量的有载调容调压配电变压器在该负载率分布情况下具有较好的技术经济性；若 ΔP 为负值、ΔC_y 为正值，则该型号和额定容量的有载调容调压配电变压器不适于在该负载率分布情况下的台区运行。

依据目前成熟的计算机监测与自动统计技术，通过准确统计全年大、小容量运行方式下不同负载率的累计时长，分析计算有载调容调压配电变压器的综合技术经济性，合理评价有载调容调压配电变压器的经济运行水平，能够准确界定其适用范围。该方法科学、合理、有效，且便于实际操作，为变压器容量的合理配置奠定了基础，可提高配电网经济运行水平和建设效率。

四、与非晶合金变压器的对比分析

有载调容调压配电变压器相对同型号同容量的普通变压器来说，最大的优势是在轻（空）载运行工况下能够大幅度降低空载损耗，提高运行的经济性；但相对于同容量的非晶合金变压器，空载损耗偏高，只有在小容量运行方式下，有载调容调压配电变压器的空载损耗与非晶合金变压器的基本相当。非晶合金变压器具有突出的节能降损优势而推广应用却受到制约，这是因为：①非晶合金变压器噪声水平高；②因其悬挂式结构，抗短路能力稍差；③非晶合金铁心无法回收利用。而有载调容调压配电变压器在这三方面却具有优势，此外还具有有载调压功能，并集成了分相无功补偿和三相不平衡治理等功能，通过对配电台区的智能监控与运行优化控制，可以实现经济高效运行。

虽然非晶合金变压器和有载调容调压配电变压器都是以降低自身运行的空载损耗为主，但实现的手段不同，非晶合金变压器主要采用新材料（非晶合金）作为铁心实现节能，而有载调容调压配电变压器则采用新结构和新技术实现节能。尽管已有许多文献对这两种节能型配电变压器进行了应用方面的综合经济性分析，但极少涉及这两种节能型变压器的对比分析。通过对非晶合金变压器和有载调容调压配电变压器性能参数和综合损耗等方面进行深入的对比分析，可以为非晶合金变压器和有载调容调压配电变压器的合理选用提供参考依据。

（一）性能参数比较

1. 空载损耗

SH15 型非晶合金配电变压器与 SZ11-T 型有载调容调压配电变压器的空载损耗比较如表 6-24 所示。

表 6-24　SH15 型非晶合金配电变压器与 SZ11-T 型有载调容调压配电变压器的空载损耗比较

额定容量（kVA）	空载损耗（W）				
	SZ11-T 型有载调容调压配电变压器		SH15 型非晶合金配电变压器	SH15 型比 SZ11-T 型降低的百分数（%）	
	大容量运行方式	小容量运行方式		大容量运行方式	小容量运行方式
100（30）	200	100	75	62.50	25.00
160（50）	280	130	100	64.29	23.08
200（63）	340	150	120	64.71	20.00
250（80）	400	180	140	65.00	22.22
315（100）	480	200	170	64.58	15.00
400（125）	570	240	200	64.91	16.67
500（160）	680	280	240	64.71	14.29
630（200）	810	340	320	60.49	5.88

注　括号内数据为 SZ11-T 型有载调容调压配电变压器小容量方式的额定容量值。

SH15 型非晶合金配电变压器与 SZ11-T 型有载调容调压配电变压器的空载损耗比较，分为两种情况：①当负载率较高（即不小于临界负载率），SZ11-T 型有载调容调压配电变压器运行在大容量方式时，SH15 型非晶合金配电变压器的空载损耗比大容量运行方式的 SZ11-T 型有载调容调压配电变压器平均下降约 63.90%；②当负载率较低（即小于临界负载率），SZ11-T 型有载调容调压配电变压器运行在小容量方式时，SH15 型非晶合金配电变压器的空载损耗比小容量运行方式的 SZ11-T 型有载调容调压配电变压器平均下降约 17.77%。

SH15 型非晶合金配电变压器与 SZ13-T 型有载调容调压配电变压器的空载损耗比较如表 6-25 所示。

表 6-25　SH15 型非晶合金配电变压器与 SZ13-T 型有载调容调压配电变压器的空载损耗比较

额定容量（kVA）	空载损耗（W）				
	SZ13-T 型有载调容调压配电变压器		SH15 型非晶合金配电变压器	SH15 型比 SZ13-T 型降低的百分数（%）	
	大容量运行方式	小容量运行方式		大容量运行方式	小容量运行方式
100（30）	150	80	75	50.00	6.25
160（50）	200	100	100	50.00	0.00
200（63）	240	110	120	54.17	−9.09
250（80）	290	130	140	55.17	−7.69
315（100）	340	150	170	55.88	−13.33
400（125）	410	170	200	58.54	−17.65
500（160）	480	200	240	58.33	−20.00
630（200）	570	240	320	57.89	−33.33

注　括号内数据为 SZ13-T 型有载调容调压配电变压器小容量方式的额定容量值。

SH15 型非晶合金配电变压器与 SZ13-T 型有载调容调压配电变压器的空载损耗比较，分为两种情况：①当负载率较高（大于临界负载率时），SZ13-T 型有载调容调压配电变压器运行在大容量方式时，SH15 型非晶合金配电变压器的空载损耗比大容量运行方式的 SZ13-T 型有载调容调压配电变压器平均下降约 55.00%；②当负载率较低（小于临界负载率时），SZ13-T 型有载调容调压配电变压器运行在小容量方式时，SH15 型非晶合金配电变压器的空载损耗比小容量运行方式的 SZ13-T 型有载调容调压配电变压器平均升高约 11.86%。由此来看，处于小容量运行的 SZ13-T 型有载调容调压配电变压器的空载损耗已低于 SH15 型非晶合金配电变压器，在长期处于轻空载运行工况下优势更加明显。

2. 负载损耗

由于有载调容调压配电变压器小容量时的负载损耗也相应减小，不同负载率下的综合损耗与负载损耗的大小也密切相关。由于 SZ11-T 型和 SZ13-T 型有载调容调压配电变压器的负载损耗相同，因此与 SH15 型非晶合金配电变压器负载损耗比较时，不再区分有载调容调压配电变压器这两种型号。表 6-26 为 SH15 型非晶合金配电变压器与有载调容调压配电变压器的负载损耗比较情况。

表 6-26　SH15 型非晶合金配电变压器与有载调容调压配电变压器的负载损耗比较

额定容量（kVA）	负载损耗（W）			
	有载调容调压配电变压器		SH15 型非晶合金配电变压器	比 SH15 型非晶合金配电变压器降低的百分数（%）
	大容量运行方式	小容量运行方式		小容量运行方式
100（30）	1580	600	1580	62.03
160（50）	2310	870	2310	62.34
200（63）	2730	1040	2730	61.90
250（80）	3200	1250	3200	60.94
315（100）	3830	1500	3830	60.84
400（125）	4520	1800	4520	60.18
500（160）	5410	2200	5410	59.33
630（200）	6200	2600	6200	58.06

注　括号内数据为有载调容变压器小容量方式的额定容量值。

SH15 型非晶合金配电变压器与有载调容调压配电变压器负载损耗的比较，分为两种情况：①当负载率较高（即大于或等于临界负载率时），有载调容调压配电变压器运行在大容量方式时，SH15 型非晶合金配电变压器的负载损耗与大容量运行方式的有载调容调压配电变压器负载损耗相等；②当负载率较低时（即小于临界负载率时），有载调容调压配电变压器运行在小容量方式时，小容量运行方式下的有载调容调压配电变压器比 SH15 型非晶合金配电变压器负载损耗平均降低 60.70%。无论哪种类型的配电变压器，其综合损耗均需考虑空载损耗和负载损耗，有载调容调压配电变压器综合损耗需通过折算后的负载率计算得到。

（二）综合损耗比较

由于非晶合金配电变压器和有载调容调压配电变压器的价格相当，所以仅通过分析年综合损耗情况即可反映其应用的经济性。另外，为了对非晶合金配电变压器和有载调容调压配电变压器能够在同条件进行对比分析，需假设有载调容调压配电变压器大容量运行方式下的平均负载率是一定的，以求取其小容量运行时间与大容量运行时间比例下非晶合金配电变压器和有载调容调压配电变压器的节能优势。而实际应用中，则可以根据应用配电台区全年的监测数据进行更为准确的分析计算。

下面首先求取 SZ11-T 型与 SZ13-T 型有载调容调压配电变压器的临界负载率，计算方法依据式（6-7）和式（6-8），计算结果如表 6-27 所示。

表 6-27　SZ11-T 型与 SZ13-T 型有载调容调压配电变压器的临界负载率　（%）

额定容量（kVA）	SZ11-T 型		SZ13-T 型	
	大容量运行方式	小容量运行方式	大容量运行方式	小容量运行方式
100（30）	17.86	59.53	16.40	54.68
160（50）	18.87	60.37	17.13	54.82

续表

额定容量（kVA）	SZ11-T 型		SZ13-T 型	
	大容量运行方式	小容量运行方式	大容量运行方式	小容量运行方式
200（63）	19.44	61.70	17.73	56.30
250（80）	19.07	59.61	17.60	55.01
315（100）	19.32	60.85	17.54	55.26
400（125）	18.55	59.37	17.10	54.73
500（160）	19.03	59.47	17.41	54.40
630（200）	17.51	55.16	15.88	50.02

由表 6-27 可以看出，不同型号相同容量、同一型号不同容量的有载调容调压配电变压器大、小容量方式的临界负载率也存在较大差异，为便于计算以及与 SH15 型非晶合金配电变压器综合损耗情况进行比较，小容量运行方式下平均负载率分别设定为 0.1、0.2、0.3、0.4、0.5，分别计算分析不同组合下 SH15 型非晶合金配电变压器和 SZ11-T 型、SZ13-T 型有载调容调压配电变压器的综合损耗分析，计算结果如表 6-28 和表 6-29 所示。

表 6-28　不同负载率下非晶合金配电变压器与 SZ11-T 型有载调容调压配电变压器的年综合损耗优势比较

容量（kVA）	各平均负载率下小容量运行时间与大容量运行时间的比例限值				
	0.1	0.2	0.3	0.4	0.5
100（30）	3.49	5.72	−82.29	−3.65	−1.64
160（50）	7.35	25.10	−8.31	−2.90	−1.58
200（63）	6.11	14.40	−11.43	−3.25	−1.70
250（80）	5.72	13.73	−10.28	−2.98	−1.56
315（100）	6.85	19.80	−9.21	−3.02	−1.62
400（125）	5.27	11.69	−11.34	−3.02	−1.55
500（160）	4.71	9.40	−14.28	−3.16	−1.58
630（200）	8.17	125.23	−5.47	−2.22	−1.26

注　1. 括号外数据为非晶合金配电变压器和有载调容调压配电变压器大容量运行方式下的额定容量，括号内数据为有载调容调压配电变压器小容量运行方式下的额定容量。
2. “—”表示无论有载调容调压配电变压器小容量运行时间与大容量运行时间比例如何，非晶合金配电变压器在降低年综合损耗方面均具优势。

表 6-29　不同负载率下非晶合金配电变压器与 SZ13-T 型有载调容调压配电变压器的年综合损耗优势比较

容量（kVA）	各平均负载率下小容量运行时间与大容量运行时间的比例限值				
	0.1	0.2	0.3	0.4	0.5
100（30）	1.54	2.10	5.21	−4.83	−1.39
160（50）	2.60	4.13	261.15	−3.03	−1.32
200（63）	2.25	3.29	14.55	−3.83	−1.46
250（80）	2.07	3.02	12.93	−3.61	−1.36
315（100）	2.60	4.11	110.94	−3.13	−1.35

续表

容量（kVA）	各平均负载率下小容量运行时间与大容量运行时间的比例限值				
	0.1	0.2	0.3	0.4	0.5
400（125）	2.02	2.95	12.32	－3.57	－1.34
500（160）	1.90	2.73	10.08	－3.65	－1.33
630（200）	2.40	4.16	－18.25	－2.14	－1.00

注　1. 括号外数据为非晶合金配电变压器和有载调容调压配电变压器大容量运行方式下的额定容量，括号内数据为有载调容调压配电变压器小容量运行方式下的额定容量。

2. “－”表示无论有载调容调压配电变压器小容量运行时间与大容量运行时间比例如何，非晶合金配电变压器在降低年综合损耗方面均具优势。

当有载调容调压配电变压器在小容量方式下不同负载率时的运行时间与大容量方式下的运行时间比例大于列表中数值时，有载调容调压配电变压器与非晶合金配电变压器相比具有节能优势；当有载调容变压器小容量方式下的运行时间与大容量方式下的运行时间比例小于列表中数值或属于负值部分时，非晶合金配电变压器的年综合损耗低于有载调容调压配电变压器，即非晶合金配电变压器具有较好的节能优势。

以上列表数据均是在特定的负荷特征下计算得到的，当运行工况不属于以上范围时，可根据实际负荷特征分布进行类似统计分析计算，以确定该配电台区是否采用非晶合金配电变压器还是有载调容调压配电变压器。

第四节　有载调容调压配电变压器的典型应用

一、“煤改电”工程

为应对日益严峻的环境压力，国家陆续发布了《关于推进电能替代的指导意见》（发改能源〔2016〕1054号）、《北方地区冬季清洁取暖规划（2017—2021年）》（发改能源〔2017〕2100号）、《关于北方地区清洁供暖价格政策的意见》（发改价格〔2017〕1684号）、《关于做好2017—2018年采暖季清洁供暖工作的通知》（国能综通电力〔2017〕116号）等一系列政策文件，鼓励在生产生活各个领域以清洁、绿色的方式推进能源消费方式革命。我国北方地区空气污染严重，采暖季雾霾情况频发，散煤燃烧是主要原因。清洁取暖是国家防治大气污染的战略决策，“煤改电”是实现清洁取暖、打赢蓝天保卫战的重要手段。“煤改电”一般是采用空气源热泵等电采暖设备替代原有的烧煤供暖，“煤改电”用户在采暖季单户最大负荷可达9～12kW，是非采暖季户均负荷的10倍以上。如果按照采暖季最大负荷配置配电变压器容量，非采暖季配电变压器普遍处于轻、空载运行状态，空载损耗占比较大。用户负荷的大幅波动也导致线路的电压损失随之波动，严重影响对用户的供电质量。“煤改电”配电台区典型年负荷曲线如图6-7所示。

有载调容调压配电变压器因具有3∶1大小两种额定容量运行方式，采暖季运行在大容量方式，非采暖季则依据实际负荷情况自动调整运行在小容量方式，有效降低了“煤改电”工程中配电变压器的空载损耗。同时，利用其有载调压功能，保障了对用户的供电电压质量。因此，有载调容调压配电变压器在“煤改电”工程中得到了大量应用，仅在北京和河北两地应用超过 2 万台，有力支撑了北方地区居民清洁供暖项目的实施。“煤改电”配电台区有载调容调压配电变压器如图 6-8 所示。

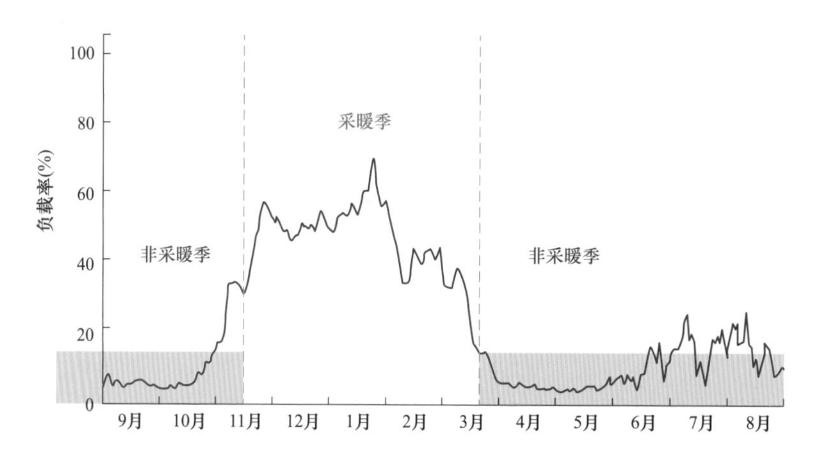

图 6-7　“煤改电”配电台区典型年负荷曲线

图 6-8　“煤改电”配电台区有载调容调压配电变压器

以北京地区为例，在“煤改电”工程中累计应用有载调容调压配电变压器 10000 多台。电取暖负荷增加且主要在温度较低的夜间使用，负荷最高时段集中在 17：00 至 23：00，该时段取暖负荷与晚间电炊和娱乐负荷叠加。

例如某典型“煤改电”配电台区，冬季日平均负荷 50～59kVA，最大负荷可达 150kVA。按负荷年自然增长率 3％测算，10 年后冬季负荷峰值可达 202kVA，20 年后达 271kVA。选择安装的 S13-T-315(100)/10 有载调容调压配电变压器可满足 20 年寿命期内安全运行及负荷增长需求。“煤改电”台区冬季、春季及夏季典型日最大负荷与最小负荷曲线如图 6-9 所示，春季气温回升时负荷快速回落，约为冬季供暖日平均负荷的 1/3。

“煤改电”台区典型日负荷曲线如图 6-10 所示，日负荷高峰主要出现在晚间娱乐时段，全天轻载时段占比超过 3/4。

由图 6-9 和图 6-10 可以看出，“煤改电”配电台区用电负荷日波动和季节性波动较大，日负荷峰谷差率为 50％～95％，全年轻载和空载时段占比超过 3/4。“煤改电”台区安装使用 S13-T-315（100）/10 有载调容调压配电变压器与安装同型号 S13 型配电变压器相比，全年通过调容可减少运行损耗约 8761kWh，节能效果十分显著。

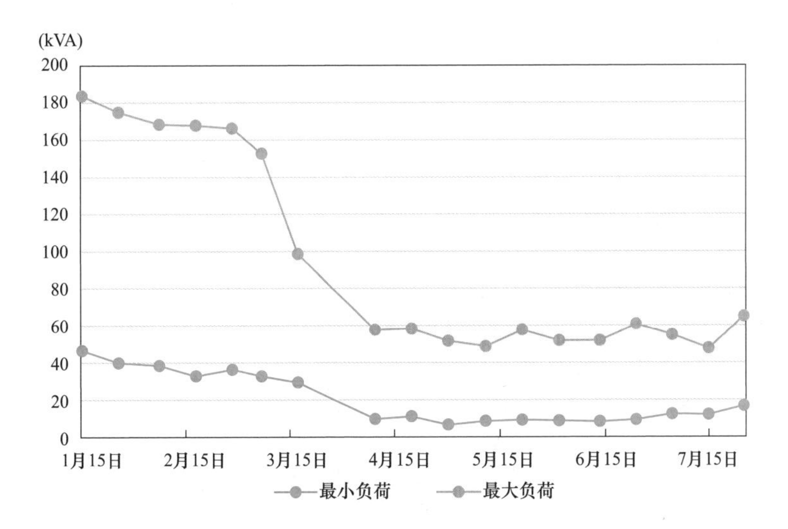

图 6-9　“煤改电”台区冬季、春季及夏季典型日最大负荷与最小负荷曲线

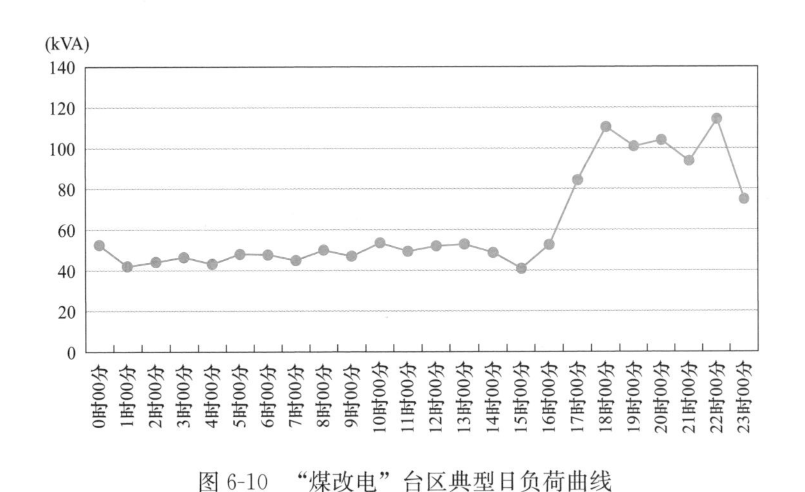

图 6-10　“煤改电”台区典型日负荷曲线

二、分布式光伏并网升压变压器

“十三五”期间，光伏扶贫作为我国首创的精准扶贫、精准脱贫的有效扶贫模式，被列为精准扶贫十大工程之一，向全国贫困地区推广运用。为加快推进光伏扶贫工程，保障光伏扶贫项目的扶贫效果，2017 年国家能源局及国务院扶贫办下发了《国家能源局　国务院扶贫办关于“十三五”光伏扶贫计划编制有关事项的通知》（国能发新能〔2017〕39 号），提出村级光伏扶贫电站容量按户均 5～7kW 配置，单村规模一般不超过 300kW，具备就近接入电网和电网消纳条件的可放宽至 500kW。2018 年，国家还颁布了 GB/T 36119—2018《精准扶贫　村级光伏扶贫电站管理与评价导则》和 GB/T 36115—2018《精准扶贫　村级光伏扶贫电站技术导则》等配套国家标准，促使分布式光伏发电规模迅速扩大，村级光伏电站一般通过升压变压器以 T 接的方式接入 10kV 线路，从而获得相应的发电收益。

有些贫困村还结合当地的实际情况，建设农光、林光、牧光、渔光等形式的复合电站，形成“光伏＋产业（农、林、牧、渔）＋就业”等叠加效益的精准产业扶贫模式。渔光复合电站如图 6-11 所示。

图 6-11　渔光复合电站

光伏发电昼夜性、季节性光辐射强度影响，年均有效发电时间仅为 4h 左右，其余时间光伏并网升压变压器均处于轻空载运行状态，空载损耗占比高，发电高峰期导致用户电压过高，从而影响用户正常用电。同时，电压过高触发光伏并网逆变器保护动作脱网，影响光伏发电效率和收益。图 6-12～图 6-14 均为村级分布式光伏电站典型日光伏发电曲线，每 15min 为一个采样点，全天共 96 个点，纵坐标为发电功率千瓦数。

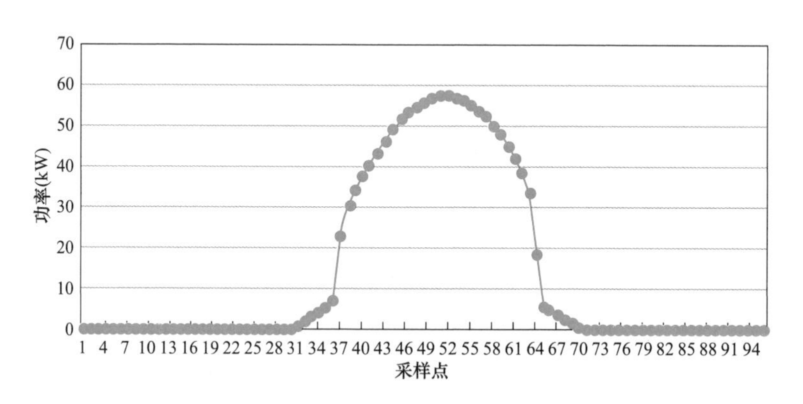

图 6-12　1 月典型晴朗日光伏发电曲线

有载调容调压配电变压器与固定容量的普通配电变压器相比，比较适合作为分布式光伏电站的并网升压变压器，根据分布式光伏发电出力变化及时调整电压分接档位和容量，一方面可调整配电变压器容量，降低发电低谷期配电变压器的空载损耗；另一方面可调节电压分接头档位，避免出现分布式发电并网点及周边节点电压过高的问题。通过有载调容开关的自动调整，仅在光照强度好的发电高峰时段运行于大容量方式，其余时间均可运行于小容量方式，大幅度降低运行损耗，并可以保障电压质量。如果在阴雨天，则可全时段运行于小容量方式，与同型号普通固定升压变压器相比具有较大的节能降损空间。

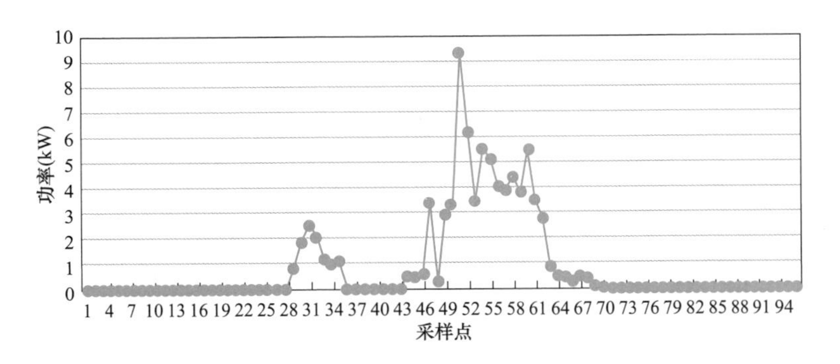

图 6-13　3 月典型阴雨日光伏发电曲线

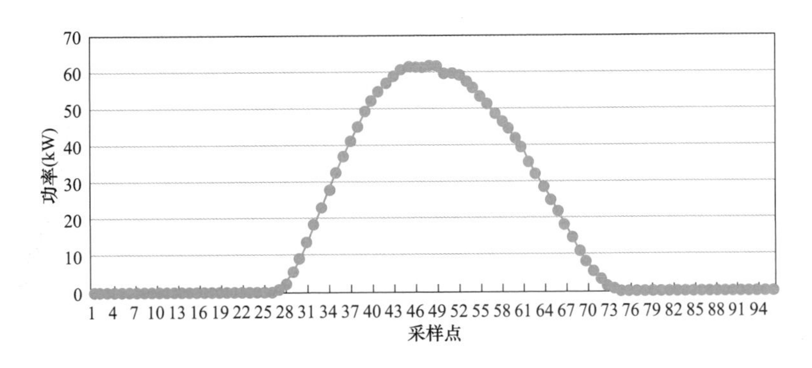

图 6-14　4 月典型晴朗日日光伏电曲线

通过应用有载调容调压配电变压器，实现了配电台区变压器容量和供电电压自动跟随光伏出力的变化而调整，有效解决分布式光伏发电出力高峰并网点及周边电压过高、出力低谷期空载损耗大的问题，实现分布式光伏高效发电和消纳。

三、配电网“低电压”治理工程

近年来，随着我国城乡居民生活水平不断提高，各类家用电器日益普及，照明负荷、电炊负荷、取暖或空调负荷三重叠加，负荷同时率接近为 1，导致部分低压线路和配电变压器过负荷情况严重，供电电压质量低下，故障高发。

（一）典型的“饭高峰”特征

因农村务工人员的流动性，农村剩余劳动力大量转移，农村留守人员以中老年和妇幼为主，其生活习惯节俭，户均用电量极少，日负荷曲线体现为典型的“饭高峰”特征，农村配电台区典型日负荷曲线如图 6-15 所示。

由图 6-15 可以看出，中午 12 点及傍晚 18 点左右出现两个明显的用电高峰时段，傍晚 18 点高峰负荷时段约是凌晨 3 点用电负荷的 8 倍，峰谷差十分显著。由于用电负荷集中，高峰时段处于低压配电线路中后段的用户“低电压”问题普遍，导致部分家用电器无法使用，严重影响电力用户的正常生活。

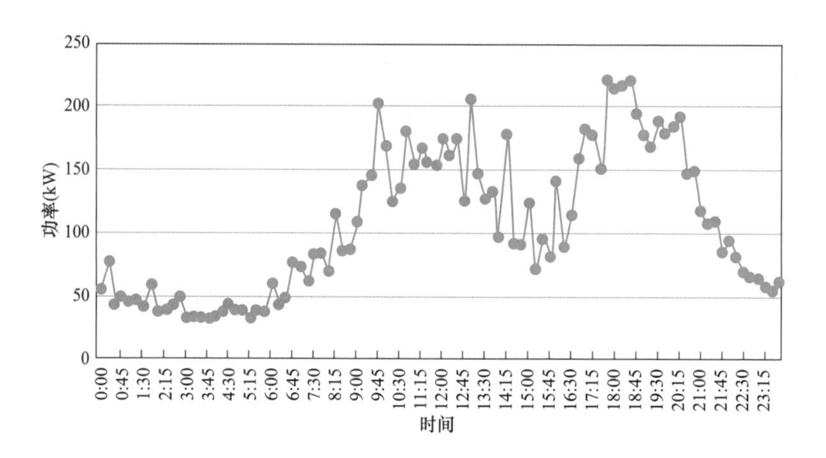

图 6-15　农村配电台区典型日负荷曲线

（二）季节性负荷特征

大部分农村配电台区还具有明显季节性负荷特征，如图 6-16 所示。

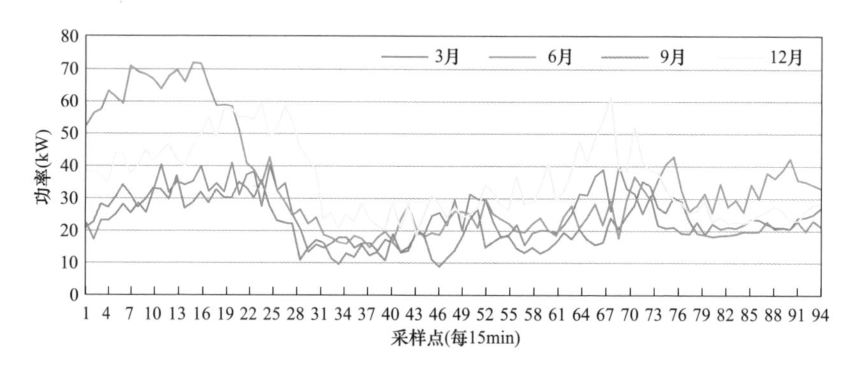

图 6-16　农村配电台区典型日负荷曲线

由图 6-16 可以看出，该配电台区夏季空调负荷或冬季取暖负荷存在用电高峰时段，春秋两季的日负荷曲线高峰负荷期对应时段明显低于冬夏两季的幅值，高峰时段夏季负荷为秋冬季节的两倍左右。当季节性负荷高峰与时段性负荷高峰叠加时常常会超出配电变压器的额定容量，严重影响变压器的运行安全和供电电压质量。以春节为代表的节假日突增负荷的加入往往会加剧这一情况，过负荷将加速配电变压器的绝缘老化，影响使用寿命，甚至导致配电变压器烧毁。配电变压器重、过载运行，线路损耗增大，供电电压质量差，导致冬季大功率取暖设备无法启动或效率低下，无法保证居民实际用电需要。为了同时满足配电台区最大负荷需求和降低轻、空载损耗，采用具有大小两种额定容量且能够自适应负荷大小进行容量调节和电压调整的有载调容调压配电变压器是有效的解决方案。

（三）节假日负荷激增

近年来，我国农村外出务工人员数量庞大，春节集中返乡现象极为普遍，农村配电变压器全年绝大部分时间处于轻载运行状态，年平均负载率低，但用电负荷时段较为集中。春节务工人员集中返乡，造成用电负荷急剧增长，变压器负荷持续在高位运行，致使部分地区春节期间配电变压器普遍超负荷，严重过载运行，甚至出现配电变压器因过载而烧毁的情况，影响供电可靠性。春节日负荷曲线与平日负荷曲线对比如图 6-17 所示。

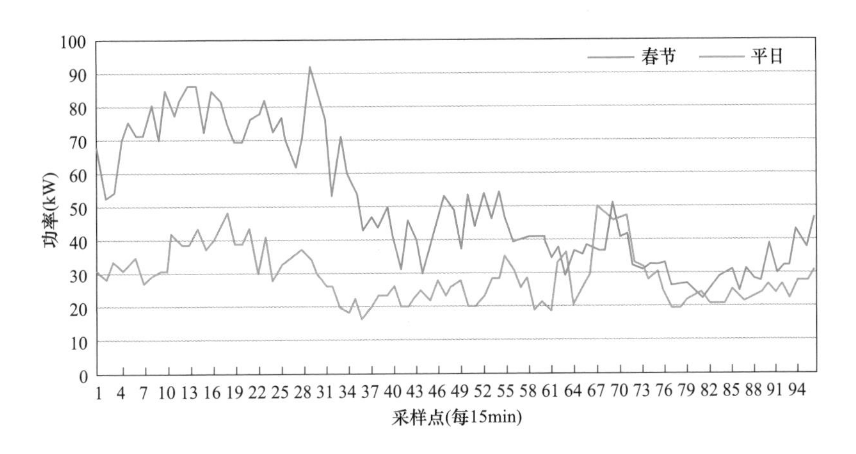

图 6-17　春节日负荷电线与平日负荷曲线对比

由图 6-17 可以看出，春节负荷比相同季节的平时负荷明显增加，且持续时间较长，主要是春节期间我国中部地区大量应用空调、电热扇等电器以及电磁炉、微波炉等大功率家用电器，加剧了春节期间负荷激增的情况，造成配电变压器长时间重、过载。有时为了保证春节居民用电，常出现跳闸后强行送电而引发配电变压器烧毁的事故。如果采用有载调容调容配电变压器，其在春节高峰期间运行于大容量方式，其他轻空载时间长期运行于小容量方式，可有效保障了配电台区的安全、可靠、高效运行，解决了春节务工人员返乡期间的保供电难题。

四、市政路灯供电工程

路灯供电系统具有典型的时段性峰谷变化特征，每日 12h 非照明时段的负荷几乎为零。采用有载调容调压配电变压器一方面可大幅降低变压器空载损耗；另一方面，深夜时段负荷较低，电压相对较高，路灯照度很高，而此时车流人流较少，浪费大量能源，可通过控制策略设定调低输出电压值，如在人车较少的深夜时段，将输出电压从额定电压的 105%降低至 90%，仍可满足照度要求，路灯耗电量可降低 27%，大幅降低能耗水平，实现节能降耗。在用电高峰时段，通过电压分接调整使输出电压保持在合格范围内，保证路灯的照度，确保人车安全。图 6-18 为典型日路灯变压器负荷曲线，自左至右为 0 点至 23 点功率数据，每 15min 采集一次，共 96 个数据。

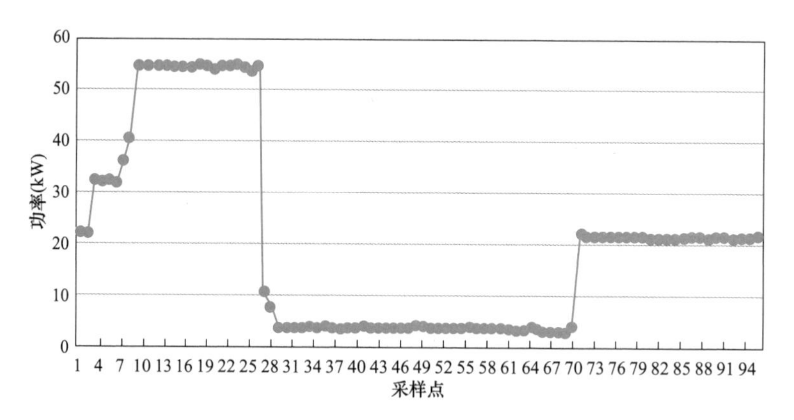

图 6-18　典型日路灯变压器负荷曲线

例如，某地区两个市共投运 10kV 有载调容调压型路灯供电用箱式变电站 26 台，实现了路灯的分时自动停送电控制，同时通过自动调容功能降低了路灯变压器的运行损耗，自动调压功能提升了路灯系统的照度合格率，并大幅降低了过电压时段的照明用电损耗，累计节能 200 万 kWh，取得了良好的经济效益和社会效益。

五、农村机井通电工程

2016 年 3 月，国家能源局、水利部、农业部发布了《关于印发农村机井通电工程 2016—2017 年实施方案的通知》（发改能源〔2016〕583 号）。国家能源局组织各省（区、市）能源主管部门和电网企业抓紧实施，逐县逐乡逐村逐井开展摸排，落实到每一个机井的坐标、所有人等，逐井提出了通电方案。农村机井配电房如图 6-19 所示。

图 6-19　农村机井配电房

农村机井通电工程是新一轮农网改造升级工程的重要内容，关系到国家粮食生产和粮食安全，农村机井通电范围主要是历年来尚未通电的存量机井，截至 2017 年 9 月，全国 1595756 个机井通了电，涉及全国 17 个省（区、市）和新疆生产建设兵团的 1061 个县的

10688个乡镇，惠及1.5亿亩农田。据测算，每年可以节约燃油约300万t，减排二氧化碳约1000万t，每年为农民农田灌溉节约支出约130亿元。

机井通电工程用变压器具有典型的季节性负荷特征，非排灌季无负荷，将变压器停电退出运行，不仅耗费大量人力物力，还增加了变压器被盗的风险。采用有载调容调压配电变压器有效解决了以上问题，通过配电变压器远程监控降低了安全风险，提升了供用电管理水平。

第五节　有载调容调压配电变压器的运维管理

有载调容调压配电变压器作为电力变压器中的一种，它的运维管理与其他类型的变压器基本一致，主要遵循并执行DL/T 1853—2018《10kV有载调容调压变压器技术导则》、DL/T 1102—2021《配电变压器运行规程》、DL/T 596—2021《电力设备预防性试验规程》、DL/T 572—2021《电力变压器运行规程》等电力行业标准的相关规定。具体来说，有载调容调压配电变压器的运维管理分为通用要求、周期检查和注意事项三个方面。

一、通用要求

有载调容调压配电变压器运维管理的通用要求包括定期检查时的运行电压、运行电流和运行温度的记录，以及每两次检查期间曾经达到的最高运行温度、最大负载及最大电流。对于配备了远方监测装置的有载调容调压配电变压器，还要重点关注变压器运行时发生的重/过载、三相不平衡和低电压的时间、持续时间、频次及各参数的最大幅值，如果这些参数持续运行时间较长或幅值过高，要及时处理或上报处理。如果有载调容调压配电变压器所带的低压配电箱中有剩余电流保护装置，那么还需要对剩余电流保护装置进行定期试跳测试。

二、周期检查

可以根据实际情况并结合各区域的管理要求自行确定有载调容调压配电变压器运维管理的周期检查。通常，对运行于城市配电网的有载调容调压配电变压器（如商场），建议每月进行一次巡视检查；而运行于农村地区的有载调容调压配电变压器，则建议每季度进行一次巡视检查。

但在一些特殊情况下要加大巡视检查力度，具体包括：

（1）大风、大雾、大雪、冰雹、寒潮等天气时；

（2）雷雨季节，特别是雷雨后；

（3）高温季节、高峰负载期间；

（4）节假日、重大活动期间、重大保供电时段、迎峰度夏及越冬时段；

（5）新设备或检修、改造的配电变压器在投运72h内；

（6）变压器急救负载运行时；

（7）系统监测变压器负载异常、重/过载、电压低时。

如果条件允许并在确保检查人员安全的前提下，要加强对有载调容调压配电变压器的巡视检查。重点检查内容包括：

（1）查看变压器的外观有无破损、异物挂落等异常状况。

（2）要注意观察变压器的油温和温度计指示是否正常，油位高度和油色是否正常，高低压套管、放油阀及箱盖密封圈等部位有无渗油、漏油现象。

（3）要仔细查看套管外部有无破损裂纹、严重油污、放电痕迹及其他异常现象。

（4）要听变压器运行的声音是否正常，有无异常的放电声、破裂声，高低压套管引线接头、电缆、母线有无过热迹象。

（5）要观察吸湿器是否完好，吸附剂是否有变色现象。

（6）要检查压力释放阀或安全气道及防爆膜是否完好，有无破损现象。

（7）要检查有载分接开关的分接档位及工作电源指示是否正常。

（8）要检查有载调容调压控制箱和低压配电箱的门是否关严，有载调容调压控制器运行状态是否正常，有无受潮现象，门锁是否损坏。

（9）要检查变压器外壳接地是否良好，接地装置是否正常、完整，电气连接点有无锈蚀、过热、烧毁现象，以及各种标志是否齐全、消防设施是否齐全完好。

（10）对安装在室（洞）内的有载调容调压配电变压器，要检查房间的通风设备是否完好，储油池和排油设施是否保持在良好工作状态；变压器室的门、窗、照明站完好，房屋是否漏水，室内温度是否正常。

（11）对变压器箱体、套管、引线接头、连接电缆、高压肘型电缆头等进行红外测温，查看是否有温度异常现象。

（12）对于无远方监测装置的有载调容调压配电变压器，建议开展运行负荷测试。

三、注意事项

有载调容调压配电变压器运维管理的注意事项主要包括以下两个方面：

（1）当有载调容调压配电变压器处于自动调容调压控制方式运行时，必须每季度检查一次负荷与电压曲线是否与变压器的容量和电压档位相匹配；

（2）当有载调容调压配电变压器在手动调容控制方式、小容量状态运行时，建议定期检查变压器的负荷曲线，要确保最大负荷不超过有载调容调压配电变压器的小容量数值；在负荷变化不大的运行月份建议每月检查一次，如果是计划升容的月份，建议每周检查一次，若发现负荷峰值提前达到或超出小容量的80%，必须在24h内进行升容操作，以确保变压器处于大容量档位运行。

参 考 文 献

［1］ 盛万兴，王金丽，王金宇，等. 农村电网电压质量治理技术与应用［M］. 北京：中国电力出版社，2012.

［2］ 王金丽，盛万兴，方恒福，等. 自适应负荷型配电变压器设计［J］. 电力系统自动化，2014，38（18）：86-92.

［3］ 韩筛根，郭献清，汤茜，等. 有载调容变压器的原理及成本分析［J］. 电气应用，2012，31（24）：66-72.

［4］ 王金丽，盛万兴. 调容变压器仿真分析［J］. 变压器，2009，46（7）：19-23.

［5］ 冯仲民. 有载分接开关的应用选型、安装、运行、维护检修、常见故障分析［M］. 北京：中国电力出版社，2003.

［6］ 张德明. 有载分接开关②［J］. 变压器. 1996（5）：38-39.

［7］ 张德明. 有载分接开关⑤［J］. 变压器. 1996（8）：34-36.

［8］ 王金丽，马钊，潘旭，等. 配电变压器有载调压技术［J］. 中国电力，2018，51（5）：75-79，100.

［9］ 王金丽，李金元，徐腊元. 大功率电力电子开关用于配电变压器无弧有载调压方案［J］. 电力系统自动化，2006，30（15）：97-102.

［10］ 王金丽. 有载调容变压器综合经济性分析及应用研究［J］. 高压电器，2009，45（3）：32-35.

［11］ 韩筛根，郭献清，汤茜，等. 有载调容变压器运行中最佳容量调节点分析和计算［J］. 变压器，2013，50（9）：1-6.

［12］ 范闻博，韩筛根. 有载调容变压器安全经济运行控制策略［J］. 电力系统自动化，2011，35（18）：98-102.

［13］ 宋祺鹏，王继东，吴艳敏，等. 静态无弧有载自动调压配电变压器研究与实现［J］. 变压器，2022，59（1）：45-49，53.

［14］ 宋祺鹏，戚振彪，凌松，等. 基于电子开关的高精度宽幅有载调压配电变压器研究［J］. 电网技术，2018，42（9）：3055-3059.

［15］ 贾继莹，方恒福，栾大利，等. 有载调容分接开关的研制［J］. 变压器，2013，50（10）：40-44.

［16］ 刘志虹，王金丽，盛万兴，等. 农村有源配电网电压无功优化控制方法［J］. 农业机械学报，2019（50）：318-323，346.

［17］ 方恒福，盛万兴，王金丽，等. 配电台区三相负荷不平衡实时在线治理方法研究［J］. 中国电机工程学报，2015，35（9）：2185-2193.

［18］ Mariusz Cichowlas，Mariusz Malinowski，Marian P Kazmierkowski，etal. Condition monitoring of power transformer on-load tap-changers. Part2：Detection of ageing from vibration signatures，2005，52（2）：410-419.

［19］ Yongxing Wang，Tong Zhao，Li Zhang，et al. Intelligent control of on-load tap changer of transformer Electric Power Equipment-Switching Technology (ICEPE-ST), 2011 1st International Conference on 23-27 Oct. 2011.

[20] 张平，潘学萍，薛文超. 基于小波分解模糊灰色聚类和 BP 神经网络的短期负荷预测 [J]. 电力自动化设备，2012，32 (11)：121-125.

[21] 黎灿兵，刘梅，单业才，等. 基于解耦机制的小地区短期负荷预测方法 [J]. 电网技术，2008，32 (5)：87-92.

[22] 李光珍，刘文颖，云会周，等. 母线负荷预测中样本数据预处理的新方法 [J]. 电网技术，2010，34 (2)：149-154.

[23] Chen X, Kang C, Tong X, et al. Improving the Accuracy of Bus Load Forecasting by a Two-Stage Bad Data Identification Method [J]. Power Systems, IEEE Transactions on, 2014, 29 (4): 1634-1641.